"十三五"国家重点出版物出版规划项目

中国工程院重大咨询项目　中国生态文明建设重大战略研究丛书(III)

第　五　卷

西部典型区生态文明建设模式与战略研究

中国工程院"西部典型区生态文明建设模式与战略研究"课题组

孙九林　董锁成　高清竹　舒俭民　杨雅萍　主编

科　学　出　版　社

北　京

内 容 简 介

本书是中国工程院重大咨询项目“生态文明建设若干战略问题研究（三期）”成果系列丛书的第五卷。全书包括课题综合报告和专题研究两部分内容：课题综合报告的三个专题研究内容就西部典型区生态文明建设模式与战略研究成果进行了全面提升和总述，内容涵盖生态脆弱贫困区概念的提出，西部生态脆弱贫困区分布与概况，西部生态脆弱贫困区生态文明建设的现实问题、战略目标与原则、战略路线图、战略任务，西部生态脆弱贫困区生态文明建设模式和政策建议 8 个方面；专题研究部分更加深入地运用数据分析、案例分析和情景模拟等就黄土高原生态脆弱贫困区、羌塘高原高寒牧区和三江源生态屏障区的生态文明建设模式与战略进行了探讨。

本书适合政府管理人员、政策咨询研究人员，以及广大教学科研从业者和其他关心我国生态文明建设的人士阅读，也适合各类图书馆收藏。

图书在版编目（CIP）数据

西部典型区生态文明建设模式与战略研究/孙九林等主编. —北京：科学出版社，2020.2

［中国生态文明建设重大战略研究丛书（Ⅲ）/ 赵宪庚，刘旭主编］

“十三五”国家重点出版物出版规划项目　中国工程院重大咨询项目

ISBN 978-7-03-063346-0

Ⅰ. ①西…　Ⅱ. ①孙…　Ⅲ. ①生态环境建设–研究–西北地区 ②生态环境建设–研究–西南地区　Ⅳ. ①X321.2

中国版本图书馆 CIP 数据核字（2019）第 256322 号

责任编辑：马　俊 / 责任校对：郑金红

责任印制：肖　兴 / 封面设计：北京铭轩堂广告设计有限公司

科学出版社 出版

北京东黄城根北街 16 号

邮政编码：100717

http://www.sciencep.com

中国科学院印刷厂 印刷

科学出版社发行　各地新华书店经销

*

2020 年 2 月第　一　版　　开本：787×1092　1/16

2020 年 2 月第一次印刷　　印张：16

字数：373 000

定价：168.00 元

（如有印装质量问题，我社负责调换）

丛书顾问及编写委员会

“西部典型区生态文明建设模式与战略研究”课题组成员名单

组　长　孙九林　　中国科学院地理科学与资源研究所，院士

副组长　董锁成　　中国科学院地理科学与资源研究所，研究员

　　　　高清竹　　中国农业科学院农业环境与可持续发展研究所，研究员

　　　　舒俭民　　中国环境科学研究院，研究员

　　　　李泽红　　中国科学院地理科学与资源研究所，副研究员

专题研究组及主要成员

1. 黄土高原生态脆弱贫困区——平凉市生态文明建设模式研究专题组

孙九林　　中国科学院地理科学与资源研究所，院士

董锁成　　中国科学院地理科学与资源研究所，研究员

杨雅萍　　中国科学院地理科学与资源研究所，高级工程师

李富佳　　中国科学院地理科学与资源研究所，副研究员

程　昊　　中国科学院地理科学与资源研究所，助理研究员

乐夏芳　　中国科学院地理科学与资源研究所，工程师

夏　冰　　中国科学院地理科学与资源研究所，特别研究助理

王　喆　　中国科学院地理科学与资源研究所，特别研究助理

柏永青　　中国科学院地理科学与资源研究所，博士研究生

陈　枫　　中国科学院地理科学与资源研究所，硕士研究生

杨　洋　　中国科学院地理科学与资源研究所，特别研究助理

刘　倩　　中国科学院地理科学与资源研究所，硕士研究生

2. 羌塘高原高寒脆弱牧区生态文明建设模式研究专题组

高清竹　　中国农业科学院农业环境与可持续发展研究所，研究员

干珠扎布　中国农业科学院农业环境与可持续发展研究所，助理研究员

胡国铮　中国农业科学院农业环境与可持续发展研究所，助理研究员

江村旺扎　西藏自治区政协经济人口资源环境委员会，副主任

尼玛扎西　西藏自治区农牧科学院，研究员

巴桑旺堆　西藏自治区农牧科学院畜牧兽医研究所，副研究员

刘国一　西藏自治区农牧科学院农业资源与环境研究所，副研究员

3. 三江源生态屏障区生态文明建设模式研究专题组

舒俭民　中国环境科学研究院，研究员

张林波　中国环境科学研究院，研究员

孙倩莹　中国环境科学研究院，助理研究员

高艳妮　中国环境科学研究院，副研究员

贾振宇　中国环境科学研究院，助理研究员

杨春艳　中国环境科学研究院，助理研究员

虞慧怡　中国环境科学研究院，博士后

课题工作组

组　长　孙九林(兼)　中国科学院地理科学与资源研究所，院士

成　员　李泽红　中国科学院地理科学与资源研究所，副研究员

杨雅萍　中国科学院地理科学与资源研究所，高级工程师

乐夏芳　中国科学院地理科学与资源研究所，工程师

柏永青　中国科学院地理科学与资源研究所，博士研究生

尚　珂　中国科学院地理科学与资源研究所，研究助理

张文彪　中国科学院地理科学与资源研究所，特别研究助理

丛 书 总 序

2017年中国工程院启动了“生态文明建设若干战略问题研究（三期）”重大咨询项目，项目由徐匡迪、钱正英、解振华、周济、沈国舫、谢克昌为项目顾问，赵宪庚、刘旭任组长，郝吉明任常务副组长，陈勇、孙久林、吴丰昌任副组长，共邀请了20余位院士、100余位专家参加了研究。项目围绕东部典型地区生态文明发展战略、京津冀协调发展战略、中部崛起战略和西部生态安全屏障建设的战略需求，分别面向“两山”理论实践、发展中保护、环境综合整治及生态安全等区域关键问题开展战略研究并提出对策建议。

项目设置了生态文明建设理论研究专题，对生态文明的概念、理论、实施途径、建设方案等方面开展了深入的探索。提出了我国生态文明建设的政策建议：一是从大转型视角深刻认识生态文明建设的角色与地位；二是以习近平生态文明思想来统领生态文明理论建设的中国方案；三是发挥生态文明在中国特色社会主义建设中的引领作用；四是以绿色发展系统推动生态文明全方位转变；五是发挥文化建设促进作用，形成绿色消费和生态文明建设的协同机制；六是有序推进中国生态文明建设与联合国2030年可持续发展议程的衔接。

项目完善了国家生态文明发展水平指标体系，对2017年生态文明发展状况进行了评价。结果表明，我国2017年生态文明指数为69.96分，总体接近良好水平；在全国325个地级及以上行政区域中，属于A，B，C，D等级的城市个数占比分别为0.62%，54.46%，42.46%和2.46%。与2015年相比，我国生态文明指数得分提高了2.98分，生态文明指数提升的城市共235个。生态文明指数得分提高的主要原因是环境质量改善与产业效率提升，水污染物与大气污染物排放强度、空气质量和地表水环境质量是得分提升最快的指标。

在此基础上，项目构建了福建县域生态资源资产核算指标体系，基于各项生态系统服务特点，以市场定价法、替代市场法、模拟市场法和能值转化法核算价值量，对福建省县域生态资源资产进行核算与动态变化分析。建议福建省以生态资源资产业务化应用为核心，坚持大胆改革、实践优先、科技创新、统一推进的原则，持续深入推进生态资源资产核算理论探索和实践应用，形成支撑生态产品价值实现的机制体制，率先将福建省建设成为生态产品价值实现的先行区和绿色发展绩效的发展评价导向区。

项目从京津冀能源利用与大气污染、水资源与水环境、城乡生态环境保护一体化、生态功能变化与调控、环境治理体制与制度创新等五个主要方面科学分析了京津冀区域环境综合治理措施，并按照环境综合治理措施综合效益大小将五类环境综合治理措施进行优先排序，依次为产业结构调整、能源结构调整、交通运输结构调整、土地利用结构调整和农业农村绿色转型。

项目深入分析我国中部地区典型省、市、县域生态文明建设的典型做法和模式，提出典型省、市、县和中部地区乃至全国同类区域生态文明建设及发展的创新体制机制的政策建议：一是提高认识，深入贯彻“在发展中保护、在保护中发展”的核心思想；二是大力推广生态文明建设特色模式，切实把握实施重点；三是统筹推进区域互动协调发展与城乡融合发展；四是优化国土空间开发格局，深入推进生态文明建设；五是创新生态资产核算机制，完善生态补偿模式。

项目选取黄土高原生态脆弱贫困区、羌塘高原高寒脆弱牧区及三江源生态屏障区作为研究区域，提出了羌塘高原生态补偿及野生动物保护与牧民利益保障等战略建议和相关措施；提出了三江源区生态资源资产核算、生态补偿，以及国家公园一体化建设模式；提出了我国西部生态脆弱贫困区生态文明建设的战略目标、基本原则、时间表与路线图、战略任务及政策建议。

本套丛书汇集了“生态文明建设若干战略问题研究（三期）”项目的综合卷、4个课题分卷和生态文明建设理论研究卷，分项目综合报告、课题报告和专题报告三个层次，提供相关领域的研究背景、内容和主要论点。综合卷包括综合报告和相关课题论述，每个课题分卷包括综合报告及其专题报告，项目综合报告主要凝聚和总结各课题和专题的主要研究成果、观点和论点，各专题的具体研究方法与成果在各课题分卷中呈现。丛书是项目研究成果的综合集成，是众多院士和多部门、多学科专家教授和工程技术人员及政府管理者辛勤劳动和共同努力的成果，在此向他们表示衷心的感谢，特别感谢项目顾问组的指导。

生态文明建设是关系中华民族永续发展的根本大计。我国生态文明建设突出短板依然存在，环境质量、产业效率、城乡协调等主要生态文明指标与发达国家相比还有较大差距。项目组将继续长期、稳定和深入跟踪我国生态文明建设最新进展。由于各种原因，丛书难免还有疏漏与不妥之处，请读者批评指正。

中国工程院“生态文明建设若干战略问题研究（三期）”
项目研究组
2019年11月

前　言

生态脆弱与贫困并存是我国西部地区绝大多数区域面临的共同难题，如何协调生态屏障保护与区域经济发展，如何实现与全国同步全面小康并迈向富裕是西部地区当前可持续发展面临的重大难题。西部生态脆弱贫困区这一典型类型区的提出具有重要的理论价值，开展西部生态脆弱贫困区生态文明建设模式研究，对促进西部地区人与自然和谐发展具有重大实践意义。本研究选取黄土高原、羌塘高原、三江源作为典型案例区，探索和总结了适合黄土高原贫困区的节约资源、保护与修复环境、优化国土开发格局、发展绿色产业的生态文明建设总体模式；针对羌塘高原国家生态文明建设所面临的科学问题和挑战，评估适宜牧业人口、生态保护和发展机会成本及生态补偿资金需求，提出了羌塘高原生态补偿及野生动物保护与牧民利益保障等战略建议和相关措施；针对三江源自然保护区建设进展，提出了三江源区生态资源资产核算、生态补偿，以及国家公园一体化建设模式。

本书根据全国生态脆弱性评价、全国集中连片特困区分布研究等的权威研究成果，确定了西部地区生态脆弱贫困区基本分布格局，并选取黄土高原生态脆弱贫困区、羌塘高原高寒脆弱牧区及三江源生态屏障区作为研究区域，开展西部典型生态脆弱贫困地区生态文明建设模式与战略研究。本书在对以上三个西部典型生态脆弱贫困区的特征进行分析和对生态文明建设面临的挑战进行分析的基础上，系统总结了西部生态脆弱贫困区生态文明建设存在的共性问题，包括保护生态屏障与发展经济的协调难度较大，生态脆弱与生存条件严酷并存，扶贫攻坚任务艰巨，基础设施与公共服务设施滞后，资本、人才、技术等要素严重不足等。在黄土高原、羌塘高原和三江源三个典型地区生态文明建设模式分析总结的基础上，针对西部生态脆弱贫困区面临的共性问题，提出我国西部生态脆弱贫困区生态文明建设的战略目标、基本原则、时间表与路线图、战略任务及政策建议。

课题于 2017 年 5 月正式启动，孙九林为课题组组长，董锁成、高清竹、舒俭民、李泽红为课题组副组长，柏永青为课题组秘书。课题设置了 3 个专题，在研究工作开展过程中，多次赴新疆、青海、西藏、云南、四川、贵州、甘肃、宁夏、陕西等典型西部地区开展生态文明建设情况调研，最终形成本书，以期为国家推进生态文明建设背景下西部生态保护和发展平衡协调提供科学决策依据与参考。

在书稿的撰写过程中，得到了孙九林院士的指导，课题组多名科研人员参与了本书的编写。其中，中国科学院地理科学与资源研究所李泽红、杨雅萍、乐夏芳、柏永青、尚珂等参与了课题综合报告的文稿撰写，中国科学院地理科学与资源研究所董锁成、杨雅萍、李富佳、程昊、夏冰、王喆、杨洋、刘倩等参与了专题一书稿的撰写，中国农业科学院农业环境与可持续发展研究所高清竹、干珠扎布、胡国铮等参与了专题二书稿的撰写，中国环境科学研究院舒俭民、张林波、孙倩莹、高艳妮、贾振宇等负责专题三书稿的撰写。李泽红、柏永青等协助完成全书的统稿和编排工作。本书在编制过程中由“国家地球系统科学数据中心”和“地理资源与生态专业知识服务系统”提供了部分数据支撑，在此一并致谢。

由于作者水平和时间有限，书中错误在所难免，请读者不吝指正。

作　者

2019 年 8 月

目　　录

课题综合报告

专题研究

课题综合报告

第一章　生态脆弱贫困区概念的提出

生态脆弱贫困区概念的提出得益于人们对环境与贫困关系的认识，这种认识起源于20世纪50年代以后的“贫困恶性循环理论”的逐步成熟和20世纪90年代全球可持续发展理念共识的形成。

第一节　生态脆弱与贫困恶性循环

20世纪50年代，英国著名发展经济学家纳克斯系统地提出了贫困恶性循环理论，用以解释为什么经济发展落后的国家长期滞留于落后状态（Nurkse，1966）。随后，一系列关于摆脱贫困与经济起飞的理论相继出现。Leibenstein（1959）提出打破低水平均衡陷阱论；Lewis（1995）提出靠初级产品出口积累经济腾飞的初始力量；Balassa（2010）、杨叔进（1990）则提出扩大出口特别是制成品出口可作为经济发展的发动机；Rosenstein-Rodan（1943）则提出应优先发展基础设施部门，诱发直接生产部门的建立与发展，从而带动整个经济的全面起飞；Hirschman（1958）提出优先发展消费者最直接需要的部门，再发展间接需要的部门；钱纳里、廷伯金、纳克斯、库兹涅茨、舒尔茨等许多经济学家也都提出了他们的种种设想。在上述这些理论的影响下，一些发展中国家的经济开始了起飞，而更多的则是继续维持着其落后的状态。

20世纪90年代以后，随着全球可持续发展理念的提出并受到广泛认可，生态环境与贫困的关系得到关注。张复明（1991）较早提出了黄土高原生态脆弱与贫困的辩证关系，认为黄土高原的恶性循环，是水土流失和经济落后相互牵掣和制约的结果，是生态与经济功能与劣化萎缩的过程。黄土高原地区的环境结构劣化和农村经济贫困化是一对长期胶着的矛盾。“人口-耕地-粮食”型传统开发思维和行为模式，把农民束缚在超薄的土地表层，迫使经济活动陷入“越垦越流—越流越瘠—越瘠越穷—越穷越垦”的泥沼。本山美彦（1991）重点分析了发展中国家贫困和环境破坏的恶性循环，认为发展中国家沙漠化和森林被毁坏等环境破坏是贫困招致的，贫困人口为了救急，过度开发资源，使生态系统迅速遭到破坏，这种破坏直接威胁到其生存，反过来导致饥饿。而且，发展中国家的环境破坏，很多都是由于发达国家为了自己的利益把开发项目转移到发展中国家所造成的。亚米·卡特拉利（1993）概括了贫困与沙漠化的关系，提出有关沙漠化问题的辩论实际上囊括了许多涉及发展中国家特久发展的议题。斯泰恩·汉森（1994）详细论述了发展中国家的环境与贫困危机关系，精辟地指出了多数发展中国家人口相对增长过速的客观原因，指出这些国家由于投资不足和技术水平低下，以致过速增长的人口对资源的消耗无法得到相应的补偿，对环境的污染无法得到有效的整治，进而提出了这些国家走可持续发展之路所应采取的基本战略和实际行动。刘同德提出“贫困与环境互为因果”，即“生态环境脆弱—农民收入减少—城市工业化缓慢—无法解决就业—大量农民滞留农村—加剧生态环境压力”的生态脆弱与贫困的恶性循环。张玉海等（2006）总结了贵州省由于发展观的落后，长期处于“人口越生越多—越多越穷—越穷越垦—越垦越荒—越荒越穷—越穷越生”的贫困恶性循环怪圈之中，提出了典型的“喀斯特贫困恶性循环怪圈”。赵跃龙和刘燕华（1996）等系统分析了中国脆弱生态环境分布及其与贫困的关系，研究认为脆弱生态环境与贫困之间存在相关性，但这种相关性因不同工业、农业、种植业比重（比例，下同）和不同工业（包括农村工业）、经济发展水平而不同。因不同经济地理位置、交通条件、地形地势而不同。一般地，脆弱生态环境和贫困的相关性大小与农业和种植业比重分别成高度和中度正相关，而与工业比重、工业和经济发展水平成高度、中度负相关；此外还随着交通条件的改善、经济地理区位的优越程度相关性减弱。即：在我国工业比重大而农业和种植业比重小、交通条件好、经济地理区位优越、经济相对繁荣的东南沿海地区，脆弱生态环境与贫困的相关性不明显，甚至还出现微弱的负相关；反之，在我国工业比重小而农业和种植业比重相对较高、地形结构复杂、交通条件和经济地理区位差、经济落后的西部地区，脆弱生态环境与贫困成高度正相关，即我国西部地区脆弱生态环境与贫困几乎互为因果关系。根据已有的文献资料，我国贫困户致贫的直接原因主要包括缺资金、缺技术和受灾等，少数因重大疾病、自然条件恶劣等致贫（Safer，2008）。这其中，灾害、自然条件恶劣等都是典型的生态环境因素，因此，生态脆弱的确是部分地区贫困的原因之一，贫困与生态脆弱的恶性循环是辩证统一的关系。提出生态脆弱贫困区的概念，突破“生态脆弱—贫困”的恶性循环既具有理论价值又具有重大实践指导意义。

第二节　生态脆弱贫困区

董锁成等（2003）于 2003 年首次提出了生态脆弱贫困区这一概念，并对黄土高原丘陵沟壑区的定西地区的生态脆弱与贫困的双重矛盾进行了定性与定量相结合的分析，认为该地区“生态脆弱—贫困”恶性循环是自然与人为因素长期作用的结果，近几十年又以人为因素的作用为主。在总结定西地区自新中国成立以来一手抓生态环境建设，一手抓扶贫攻坚，整体解决温饱的成功经验基础上，提出了黄土高原生态脆弱的贫困地区生态经济发展模式。刘颖琦等（2007）以西部地区为例，第一次界定了生态脆弱贫困区的定义，认为生态脆弱贫困区是贫困人口集中，生态环境稳定性差、恢复能力不强、逐渐向不利于社会经济的方向发展，并且在现有经济和技术条件下，这种负向发展趋势未得到有效控制的连续区域。黄永斌等（2015）分析了我国生态脆弱贫困区的现状，认为生态脆弱贫困区既是生态环境破坏最典型、最强烈的区域，也是贫困问题最集中的区域，生态脆弱贫困区社会经济发展面临贫困与生态环境恶化的双重压力。“国家八七扶贫攻坚计划”确定的 592 个国家级贫困县中有 425 个分布在生态脆弱带上，95%的绝对贫困人口生活在生态环境极度脆弱的地区，覆盖全国贫困人口 70%以上的集中连片特困地区的重要约束之一也是生态环境脆弱与生存条件恶化（国务院，1994；张大维，2001）。

近年来，在新型城镇化和农业现代化建设进程中，生态脆弱贫困区发展的生态压力与经济负担不断加重，如何科学发展是生态脆弱贫困区破解生态环境恶化与贫困的重要议题。国内外对生态脆弱贫困区的研究指出，生态脆弱贫困区经济发展存在“贫困陷阱”

的诅咒，即贫困、人口和生态环境之间形成一种恶性循环，贫困导致人口增长和生态环境趋向脆弱，反过来人口增加又使贫困加剧，致使生态环境更加脆弱。脆弱的生态环境使贫困变本加厉（赵跃龙和刘燕华，1996；Duraiappah，1998）。只有兼顾扶贫与生态环境保护，才有可能摆脱“贫困陷阱”的诅咒。国内学者对生态脆弱贫困区的研究越来越重视，这些研究涵盖了土地利用变化及其生态环境效应、生态重建、产业发展等方面（刘燕华和李秀彬，2001；彭建等，2004；石敏俊和王涛，2005；董锁成等，2005）。这些研究认为，破解“生态脆弱—贫困”双重压力问题的可持续发展模式亟待突破。刘同德（2005）提出，解决生态脆弱贫困区问题的关键点是解决贫困地区“越穷越生，越生越穷”的人口增长怪圈问题，而人口增长问题在贫困落后地区很大程度上是观念问题，需要通过教育进行更新。李芬等（2005）在综合分析生态脆弱经济贫困区农业开发与脆弱生态环境之间的互动作用关系的基础上，提出了农业农村可持续发展的战略与对策。张玉海（2013）提出了一条贵州岩溶山区种草养畜、扶贫开发、石漠化治理相结合的路子，这个路子体现了生态修复与扶贫开发、农民增收的有机结合，被有关专家学者称为“晴隆模式”。董锁成等（2005，2010）在西部生态经济区划基础上，系统总结了西部地区生态经济问题与症结，提出了西部超常规生态经济发展模式、循环经济模式、生态城市建设模式和生态旅游发展模式。西部生态脆弱贫困区生态文明建设问题已经成为当前研究的热点。

第二章　西部生态脆弱贫困区的分布与概况

已有研究表明，我国西部地区的脆弱生态环境与贫困成高度正相关且几乎互为因果关系（赵跃龙和刘燕华，1996），西部地区是我国生态脆弱贫困区分布最多的区域。生态脆弱区指生态系统组成结构稳定性较差，抵抗外界干扰和维持自身稳定的能力较弱，容易发生生态退化且难以自我修复的区域（刘军会等，2015）。生态脆弱区既是生态环境破坏最典型、最强烈的区域，也是贫困问题最集中的区域，贫困与生态环境恶化构成生态脆弱区的巨大挑战（祁新华等，2013）。

第一节　西部生态脆弱区的分布与概况

按西部大开发计划既定方案和国务院西部地区开发领导小组协调确定的范围，西部由四川省、云南省、贵州省、西藏自治区、重庆市、陕西省、甘肃省、青海省、新疆维吾尔自治区、宁夏回族自治区、内蒙古自治区和广西壮族自治区 12 个省、自治区、直辖市及湖北的恩施土家族苗族自治州和湖南的湘西土家族苗族自治州构成。为便于研究，本书选取除湖北的恩施土家族苗族自治州和湖南的湘西土家族苗族自治州外的 12 个省级行政区作为西部的范围进行论述。西部地区疆域辽阔、地质复杂、人口稀少、经济落后、山地较多、海拔起伏大、交通闭塞，是我国经济欠发达、需要加强开发的地区，但由于生态环境脆弱和开发难度较高等条件的制约，西部地区面临开发和保护相对失衡的局面。

20 世纪 80 年代，国内开始出现生态环境脆弱区的基础判定研究，赵跃龙和刘燕华按照脆弱生态环境的主要成因，确定了北方半干旱-半湿润区、西北干旱区、华北平原区、南方丘陵地区、西南山地区、西南石灰岩山地区以及青藏高原区七大类脆弱生态环境类型空间的分布。由于近几十年全球气候变化的影响，年降水量、地下水位、植被覆盖度等评价指标不断发生变化，脆弱生态环境分布范围也相应发生了一定程度的变化。有资料指出，生态脆弱区覆盖了 60%以上的国土面积（祁新华等，2013）。环境保护部（现称“生态环境部”）2008 年印发的《全国生态脆弱区保护规划纲要》指出，我国是世界上生态脆弱区分布面积最大、脆弱生态类型最多、生态脆弱性表现最明显的国家之一，纲要以生态交错带为主体，确定了 8 个生态脆弱区：东北林草交错生态脆弱区、北方农牧交错生态脆弱区、西北荒漠绿洲交接生态脆弱区、南方红壤丘陵山地生态脆弱区、西南岩溶山地石漠化生态脆弱区、西南山地农牧交错生态脆弱区、青藏高原复合侵蚀生态脆弱区、沿海水陆交接带生态脆弱区（仙巍，2011）。

2008 年，环境保护部和中国科学院共同编制完成了《全国生态功能区划》，以水源涵养、水土保持、防风固沙、生物多样性保护和洪水调蓄 5 类主导生态调节功能为基础，确定了 50 个重要生态服务功能区域（邹长新等，2014）。2011 年，国务院印发的《全国主体功能区规划》确定了 25 个重点生态功能区，总面积约 386 万 km^2，约占全国陆地国土面积的 40.2%（刘军会等，2015）。《全国主体功能区规划》指出，我国中度以上生态脆弱区域占全国陆域国土面积的 55%，其中极度脆弱区域占 9.7%，重度脆弱区域占 19.8%，中度脆弱区域占 25.5%。

刘军会等（2015a）针对土地沙化、水土流失和石漠化等典型生态问题，采用遥感和 GIS 技术，建立评价指标体系和模型，对全国的生态敏感性进行了评价。研究表明，生态极敏感区占陆域国土面积的 10.4%，主要分布在北方干旱半干旱地区的沙漠边缘和沙地、降水强度较大的西南湿润地区、东南湿润地区以及环境异常脆弱的黄土高原丘陵沟壑区。高度敏感区占陆域国土面积的 17.8%，主要分布在阿尔泰山、天山、阴山南麓、科尔沁沙地、呼伦贝尔沙地、羌塘高原西部、西南山地和东南丘陵山地等。

第二节　西部贫困区的分布与概况

"国家八七扶贫攻坚计划" 确定的 592 个国家级贫困县中有 425 个分布在生态脆弱带上，占贫困县总数的 72%，贫困人口的 74%；同时，95%的绝对贫困人口生活在生态环境极度脆弱的地区。覆盖全国贫困人口 70%以上的集中连片特困地区的重要约束之一也是生态环境脆弱与生存条件恶劣（祁新华等，2013）。2013 年 3 月 20 日，中国社会科学院发布了由吉首大学党委书记游俊、吉首大学商学院院长冷志明、吉首大学商学院院长助理丁建军主编的我国第一部关注中国连片特困区区域发展与扶贫攻坚的报告《连片特困区蓝皮书：中国连片特困区发展报告（2013）》。蓝皮书指出，我国连片特困区区域面积超过 140 万平方千米（游俊等，2015）。绝对贫困人口在分布上呈现出向边远山区、民族聚居区、革命老区、省际交界区等区域集中的大分散、小集中态势。

根据中国统计年鉴数据，西部省份人均可支配收入在 2013～2015 年逐步提高，但各省份之间贫困水平差异较大，重点贫困区以西藏自治区、甘肃省、贵州省和青海省等最为突出。

2016 年 9 月，国务院印发《关于同意新增部分县（市、区、旗）纳入国家重点生态功能区的批复》指出，国家重点生态功能区的县（市、区）数量由原来的 436 个增加至 676 个，占国土面积的比例从 41%提高到 53%（罗成书，2017）。《全国主体功能区规划》明确了我国以"两屏三带"为主体的生态安全战略格局，是以青藏高原生态屏障、黄土高原川滇生态屏障、东北森林带、北方防沙带和南方丘陵土地带及大江大河重要水系为骨架，以其他国家重点生态功能区为重要支撑，以点状分布的国家禁止开发区域为重要组成部分的生态安全战略格局（刘维新，2011）。青藏高原生态屏障为保护我国多样独特的生态系统、涵养大江大河水源和调节气候提供了重要保障；黄土高原川滇生态屏障为长江、黄河中下游地区水土流失防治、天然植被保护和生态安全保障发挥了重要作用。

黄土高原、三江源和羌塘高原是我国生态脆弱区和重点贫困区，同时也是我国"两屏三带"生态安全战略的重要支撑保障地区。本书选取黄土高原生态脆弱贫困区、羌塘高原高寒脆弱牧区及三江源生态屏障区作为研究区域，开展西部典型地区生态文明建设模式与战略研究，探索总结适合黄土高原贫困区节约资源、保护与修复环境、优化国土开发格局、发展绿色产业的生态文明建设的总体模式，为黄土高原类似生态贫困脆弱地区生态文明建设提供理论指导和实践借鉴；针对羌塘高原国家生态文明建设所面临的科学问题和挑战，评估适宜牧业人口、生态保护和发展机会成本及生态补偿资金需求，评估羌塘高原生态文明区建设进度，提出生态补偿及野生动物保护与牧民利益保障等战略建议和相关措施；通过开展三江源区生态资源资产、生态补偿，以及国家公园一体化管理方面的研究，将有助于实现三江源生态环境保护的进一步改善，促进生态文明建设模式进一步完善。

第三章　西部生态脆弱贫困区生态文明建设的现实问题

西部地区是我国重要的生态屏障区，承载着水源涵养、防风固沙和生物多样性保护等重要生态功能。西部生态脆弱贫困区面临生态安全屏障保护、扶贫攻坚任务艰巨、基础设施和公共服务设施滞后、发展要素相对匮乏等共性问题。

第一节　生态屏障：协调保护与发展难度较大

西部生态脆弱贫困地区多为我国重要的生态屏障区，承载着水源涵养、防风固沙和生物多样性保护等重要生态功能，如羌塘高原、三江源、黄土高原、祁连山等都是我国“三屏两带”生态屏障的重要组成部分。按照我国主体功能区规划，这类地区应以保护为主。但是该类地区又是我国主要的集中连片贫困地区、少数民族人口聚集区，部分地区还是边疆地区，该类地区尽快脱贫，维护民族团结和稳固边疆都需要加快区域经济发展，因此面临着既要保护绿水青山又要创造“金山银山”的双重任务。在当前生态屏障国家生态补偿制度尚未建立的现实下，实现变绿色青山为“金山银山”的难度较大，协调发展与保护的关系成为各地方政府不得不面对的一对难题，需要极大的智慧。在国家环保督察中发现的祁连山自然保护区开发问题就是一个很典型的反面例子。如何协调好国家生态屏障保护与区域经济社会发展的关系，实现既发展好经济又保护好生态、人与自然和谐共生，是西部生态脆弱贫困区生态文明建设的核心问题。

党和国家高度重视生态安全屏障保护，并做出了重要指示。党的十八届五中全会公报提出坚持绿色发展、筑牢生态安全屏障。2016 年 8 月 24 日，习近平总书记在青海考察时强调要筑牢国家生态安全屏障，实现经济效益、社会效益、生态效益相统一。

走绿色发展之路是西部生态屏障地区生态文明建设的必然选择。

第二节　生态脆弱：生存条件相对严酷

西部生态脆弱区主要包括西北干旱及沙漠化、西南山地及石漠化、青藏高寒复合侵蚀等三大类区域。其中，西北黄土高原干旱缺水、丘陵沟壑纵深、水土流失严重、土壤贫瘠；西南青藏高原高寒缺氧，云贵高原山高沟深，山地石漠化严重；部分区域地处地质灾害频发地带，“十年一大灾、五年一中灾、年年有小灾”，发展条件十分严酷，限制了农业的发展和交通基础设施的建设。极其脆弱的生态环境一旦遭到破坏恢复困难，青藏高原、黄土高原、西南喀斯特山地等地区曾被联合国相关机构认为是不适宜人类居住的地区。为防范大规模地开发引致生态系统进一步失衡等，这些地区在开发规模和步骤上受到了一定的限制，当地的经济社会发展严重受限。

第三节　经济贫困：扶贫攻坚任务艰巨

贫困地区与脆弱生态环境具有高度相关性，西部地区生态脆弱贫困问题尤为突出，我国的贫困人口也大都集中分布在西部生态脆弱地区。西部地区贫困人口多、贫困程度深，是我国扶贫攻坚的主战场。2012 年 3 月 19 日，国务院扶贫开发领导小组办公室在其官方网站公布的665个国家扶贫开发工作重点县名单中，西部省份占375个。截至2018年 2 月，全国 585 个贫困县中，有 435 个属于西部地区。由于西部地区贫困现象严重，人民对于生活条件的提升和改善意愿强烈，因此容易忽视对生态环境的保护和重视，人们在思想上对生态文明建设重视不够、积极性不高。由于历史等多方面的原因，许多西部生态脆弱贫困地区长期封闭，同外界脱节。部分民族地区，尽管新中国成立后实现了社会制度跨越，但社会文明程度依然很低。有的地区文明法治意识淡薄，不少贫困群众沿袭陈规陋习。部分贫困人群安于现状，脱贫内生动力不足。

消除贫困，改善民生，实现共同富裕，是社会主义的本质要求。我国要实现 2020 年全面建成小康社会目标，最艰巨最繁重的任务在西部贫困地区。而生态贫困是西部生态脆弱贫困区人民最主要致贫因素，打破贫困与生态脆弱的恶性循环是西部生态脆弱贫困地区脱贫的重要突破口。

第四节　基础薄弱：基础设施和公共服务设施滞后

由于历史、地理位置、生态环境、经济发展水平等因素的影响，从交通条件到文化、教育、卫生条件，从城市到农村，西部生态脆弱贫困地区的基础设施建设严重不足，落后于东部地区。2017 年，我国西部地区公路网密度为 27 千米每百平方千米，而东部地区已高达 118 千米每百平方千米。2017 年，我国西部省市文化产业发展指数显示，西部地区综合指数为 71.84，低于全国的 74.10。而基础设施及公共服务设施的滞后又严重制约了西部生态脆弱贫困地区的经济发展，形成了恶性循环。2017 年 6 月 23 日，习近平总书记在深度贫困地区脱贫攻坚座谈会上的讲话中指出：西南缺土，西北缺水，青藏高原缺积温。这些地方的建设成本高，施工难度大，要实现基础设施和基本公共服务主要领域指标接近全国平均水平难度很大。这是西部生态脆弱贫困地区生态文明建设不得不面临的现实难题。

第五节　要素短缺：资本、人才、科技等要素严重不足

西部地区地处内陆，经济社会发展较为落后，自身吸引力不足，无法吸引足够的资本注入，资本不足使得西部地区在人才教育、科学技术等方面的投资不足，这又导致西部地区无法提供优厚的待遇和政策，较东南沿海地区人才吸引力较低，因此在一开始的人才引进方面就处于劣势。人才引进之后，在沿海地区和经济特区的强大吸引下，西部地区的人才普遍存在着“孔雀东南飞”的现象，特别是年纪轻、职称和学历高且竞争力强的科技人员更容易选择向东南沿海地区流动。由于资本不足加上科研人员的短缺，西部地区科学技术发展水平较低。这些因素都影响了西部生态脆弱地区的持续发展。

第四章　西部生态脆弱贫困区生态文明建设战略目标与原则

2012年11月，党的十八大做出“大力推进生态文明建设”的战略决策；2015年5月5日，《中共中央 国务院关于加快推进生态文明建设的意见》发布；2015年10月，随着十八届五中全会的召开，增强生态文明建设首度被写入国家五年规划。面对西部生态脆弱贫困地区生态系统退化、环境污染严重、资源约束趋紧、经济发展滞后的严峻形势，必须树立尊重自然、顺应自然、保护自然的生态文明理念，把生态文明建设放在突出地位，融入西部地区经济建设、政治建设、文化建设、社会建设各方面和全过程，守住发展与生态两条底线，实现人与自然的和谐相处。

第一节　战 略 目 标

总体目标：守住发展与生态两条底线，促进人与自然和谐共生，全面实现绿色现代化。

守住发展底线就是要保障经济社会充分发展和均衡发展，当前我们的主要任务是脱贫攻坚和全面建成小康社会，中期任务是要为实现现代化奠定良好基础，长远就是要全面实现现代化。

守住生态底线就是要实现生态资产的正增长，当前就是要遏制一切形式的生态环境恶化趋势，实现生态资产的整体转正，中期就是要彻底修复受损自然生态环境，实现生态资产的恢复性增长，远期促进生态环境的良性循环，实现生态资产的自我正向增长，促进人与自然和谐共生。

专栏1-1　西部典型生态脆弱贫困区生态文明建设总体目标

一、羌塘高原

实现高原生态保护与畜牧业协同发展总目标，核心是协调好“人-草-畜”关系。

守住生态底线：保护高原生态系统与生物多样性，就是要通过合理确定草原可载畜量，将畜牧业规模控制在草原承载力之内，彻底缓解草畜矛盾，遏制草地退化趋势，确保生物多样性和生态完整性得到切实保护，高原野生动植物栖息地环境明显改善，野生动物数量进一步提高。

守住发展底线：通过发展高原绿色畜牧业、完善绿色产业体系，结合生态补偿政策、生态移民等工程，稳步提高牧民生产生活水平，改善生活质量，实现全面脱贫，实现人与自然和谐相处，实现生态环境与经济相互协调发展及社会可持续发展的目标。

二、黄土高原

生态环境质量总体改善：生产和生活方式绿色、低碳水平明显上升，污染治理和生态修复实现突破，森林覆盖率和森林蓄积量大幅提升，单位生产总值能耗、主要污染物排放总量和单位生产总值二氧化碳排放量控制在省下达的目标之内，空气和水环境质量保持良好，能源资源开发利用效率大幅提高，政府、企业、公众共治环境治理体系基本形成，系统完整的生态文明制度体系基本建立，建设天蓝、地绿、水清、景美的绿色生态发展模式。

全面推动低碳循环经济发展：全面节约和高效利用资源，加强环境治理力度，推动循环经济体系全面建立，不断带动区域经济发展和环境质量提升，引导节约、健康、环保的生活方式，促进人与自然和谐共生。

通过生态文明建设，形成生态保护与生态经济协调推进、互促互补、共同发展的生态文明建设新格局。

三、三江源

保护江河源头国家生态安全屏障，通过生态补偿促进生态资产提升。通过建立并完善三江源区生态补偿长效机制，将“输血式”补偿转变为“造血式”补偿，补偿资金来源单一化转变为多元化，法律法规健全，监管与保障体系完善，最终实现三江源区生态持续改善，生态系统服务功能逐渐恢复，城镇化进程提高，特色产业结构逐步形成，农牧民生产生活条件明显改善，公共服务能力明显增强，民族地区团结、社会和谐稳定的目标。

第二节　战 略 原 则

一、坚持保障发展原则

守住发展底线，着力补齐短板、做强长板，破解发展瓶颈，挖掘发展潜力，着力解决西部地区发展不充分、不均衡的问题。加大扶贫攻坚力度，确保完成扶贫攻坚任务，确保缩小与东中部地区的发展差距。

二、坚持绿色发展原则

建立可持续发展的长效机制，构建资源节约和环境友好的绿色低碳循环产业体系。

三、坚持保护生态原则

坚决保护国家生态安全屏障，严格执行主体功能区战略，划定生态红线，守住生态底线。正确处理发展和生态环境保护的关系，既要“金山银山”也要绿水青山，能够统筹解决贫困问题与生态问题，做到既要生存又要生态，既要温饱又要环保，实现百姓富与生态美的有机统一。

四、坚持因地制宜原则

西部地区地域辽阔，要对不同区域采取差别化发展战略。对国家生态安全屏障，如三江源、青藏高原、祁连山等西部国家级生态安全屏障地区和黄土高原生态脆弱区等地区，要突出保护优先；对西部重点开发轴带、重点城市圈、资源富集区要强调绿色发展、循环发展、低碳发展。

五、坚持区域协调原则

加大全国财政转移支付，探索区域间生态补偿政策，对西部地区执行优惠的财税政策；继续推进东中部省市对西部的对口支援工作，实现产业、科技、教育、医疗、文化等全方位的对接，促进西部跨越发展，增强全国发展的区域协调性。

六、坚持边疆稳固、民族和谐原则

支持西部民族地区及边疆地区加快发展；对西部少数民族贫困地区加大扶贫力度，确保如期脱贫；加大打击恐怖主义、分裂主义、宗教极端主义“三股势力”，巩固边疆安全，保护西部地区生产生活的正常进行。

第五章　西部生态脆弱贫困区生态文明建设战略路线图

以农牧民人均纯收入和时间节点为横轴，以生态资产为纵轴，绘制西部地区生态脆弱贫困区未来一段时期现代化建设进程中实现生态资产与农牧民人均纯收入同时实现正增长的生态文明发展战略路线图，如图 5-1 所示。

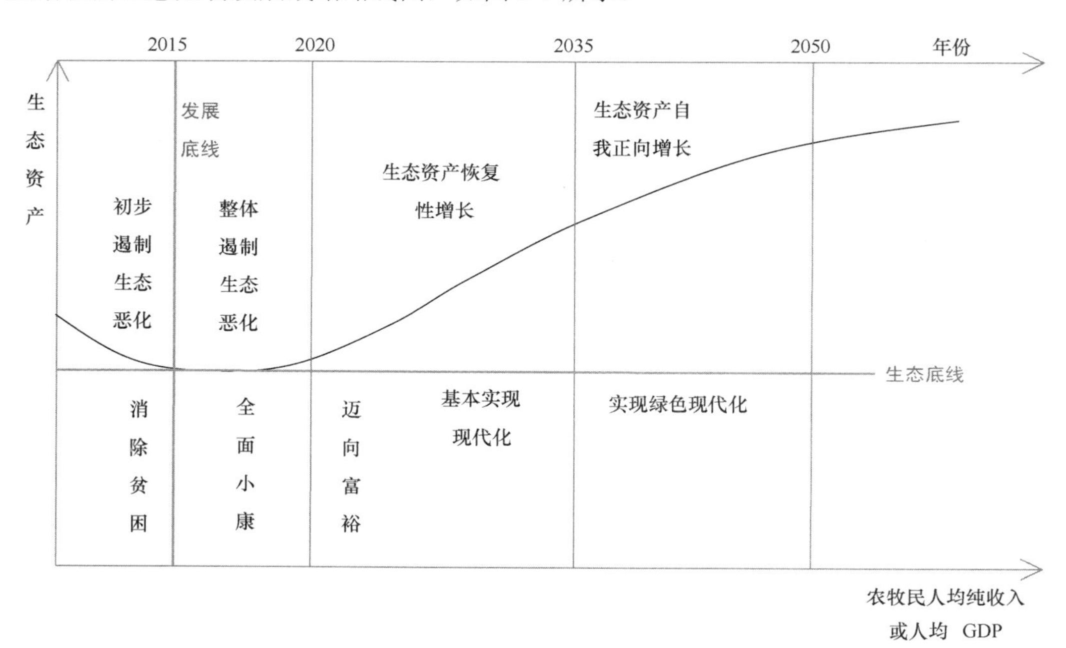

图 5-1　西部生态脆弱贫困区生态文明发展路线图

当前，西部地区整体消除绝对贫困；彻底遏制国家生态安全屏障生态恶化趋势，生态资产趋于触底。

近期到 2020 年，西部地区基本消除相对贫困，与全国同步实现全面小康，为基本实现现代化奠定基础；彻底遏制一切形式的生态恶化趋势，生态资产触底达到拐点，启动恢复性增长。

中期到 2035 年，西部地区整体消除相对贫困，与东中部地区实现均衡发展，基本实现现代化；彻底修复受损自然生态环境，实现整体生态恢复，经过 10 多年生态资产的恢复性增长，进入生态资产全面自我正向增长阶段。

远期到 2050 年，实现资源节约、环境友好、社会经济全面发展的绿色现代化；形成生态美、百姓富，人与自然和谐共生的局面，实现绿色现代化。

第一节　羌塘高原生态文明建设发展时间表与路线图

当前到2020年，草地退化趋势得到有效遏制，草地植被覆盖度平均提高5%，草畜矛盾初步得到缓解；野生动植物栖息地环境明显改善，牧民生产生活水平稳步提高，实现全面脱贫。

近期到2025年，草地退化趋势得到进一步遏制，退化草地比例减少5%以上，野生动物数量进一步提高、生境条件明显改善；实现牦牛产业化，牲畜棚圈等生产条件和基础设施趋于完善，资源保障能力和利用效率明显提高。

中期到2035年，羌塘高原生态环境明显好转，退化草地比例减少10%以上；生物多样性和生态完整性得到切实保护；生态补偿机制进一步完善，生态系统稳定性明显增强，生态屏障作用得以提升；高原特色畜牧业快速发展，产业体系进一步完善。

远期到2050年，退化草地比例减少25%以上；人民群众生活质量明显改善，社会事业蓬勃发展，区域经济水平大幅提高；将羌塘高原建设成为经济繁荣、环境优美、生活富裕的国家级生态文明先行示范区和综合展示区，实现人与自然和谐相处、生态环境和经济相互协调发展、社会持续发展的宏伟目标。

第二节　黄土高原生态文明建设发展时间表与路线图

到2020年，通过生态文明建设，形成生态保护与生态经济协调推进、互促互补、共同发展的生态文明建设新格局。生态环境明显改善，循环经济体系基本确立，人民生产生活水平稳步提高，实现全面小康社会。

到2035年，黄土高原循环经济体系成果完全显现，单位生产总值能耗、主要污染物排放总量和单位生产总值二氧化碳排放量达到西部地区先进水平，空气和水环境质量保持良好，能源资源开发利用效率大幅提高，人民生产生活水平进一步提升。

到2050年，黄土高原循环经济体系辐射带动作用充分发挥，建设成为西部地区绿色经济发展示范区和国家级生态文明先行示范区。全面实现生态文明和经济繁荣，区域经济、生态、社会协同并进、可持续发展。

第三节　三江源生态文明建设发展时间表与路线图

当前到2020年，建立、完善以国家投入为主的补偿制度，加大补偿力度，全面开展生态补偿，突出重点地针对减畜工程、生态环境治理、移民工程、居民生活水平和基础服务能力改善、后续产业等开展补偿，使该区城乡居民收入接近或达到本省平均水平，基础服务能力接近全国平均水平，生态系统服务功能明显提升，实现草畜平衡，特色优势产业初步发展，移民工程结束，社会保障体系初步建立。

中期到2035年：再用10年时间，逐步建立、完善多元化补偿资金补偿机制，区域整体经济实力显著增强，生态补偿主要针对生态环境治理与维护、环境监测与监管、野生动植物保护、教育工程等开展补偿，实现城乡居民收入接近或达到全国平均水平，基础服务能力达到全国平均水平，生态系统良性循环，后续产业稳定发展，产业结构更趋合理，完善社会保障体系。

远期到 2050 年：建立完善多元化补偿资金补偿机制，主要针对生态环境的管护等开展补偿，实现城乡居民收入达到全国平均水平，基础服务能力达到全国平均水平，生态系统良性循环，特色产业稳定发展，完善社保制度。从根本上解决三江源区生态保护与区域经济可持续发展问题，实现生产与生活绿色化、共同服务均等化、机构运行正常化。

第六章　西部生态脆弱贫困区生态文明建设战略任务

第一节　加快形成西部绿色生态屏障保护制度体系

一、建立以国家公园为主体的西部生态屏障保护体系

保护体系以国家公园为主体，自然保护区、风景名胜区、森林公园、湿地公园等各类保护地为重要组成部分，明确西部生态屏障保护对象。以三江源、藏北无人区等为先行试验区，探索国家公园管理体制。完善国家自然保护区等各类保护地管理制度，逐步形成以国家公园为主体、各类保护地为补充的西部绿色生态屏障保护体系。

二、完善生态屏障保护依法管理制度

推进重点区域、重点领域生态保护专项立法，制定生态屏障保护指标体系，建立政府目标责任制。加强生态资源监管，开展荒漠化、沙化、湿地等生态资源调查监测。开展领导干部自然资源资产责任审计，建立生态环境损害责任终身追究制。健全生态屏障保护执法体系，依法惩处破坏生态行为，真正做到违法必究、执法必严。

第二节　强化生态修复、促进生态资产正增长

一、深入实施各类重点生态修复工程

重点加强青藏高原水源涵养区及各类江河源头地区植被恢复、黄土高原区重点流域水土流失治理、西北重点地区风沙治理和草原荒漠化防治、西南重点地区石漠化治理。加强“山水林田湖草”综合治理与修复，提高西部生态屏障自我修复能力和抗干扰能力。羌塘高原和三江源地区重点开展退化草地生态修复，加强黑土滩治理，推进禁牧与草畜平衡，加大退牧还草力度，完善生态环境监测体系建设。黄土高原地区要通过生物技术与工程技术相结合，治理水土流失。

二、完善生态修复投入机制

积极探索政府主导与市场参与相结合的多元化生态修复机制，进一步完善各类生态修复奖励政策，探索建立生态修复基金，吸引各类主体参与到生态修复中来。

三、加强生态资产用途管制

加快生态红线划定和管理落实，确定各类生态资产类别与属性，严禁随意改变各类生态用地性质，明确用途管制制度，确保各类生态资产保值和增值。

第三节　建立西部绿色低碳循环产业体系

结合西部各地区自身资源特色、产业基础、生态环境承载力，因地制宜发展绿色低碳循环产业，重点发展以下产业。

一、积极发展特色优势绿色农牧业

西南地区重点发展山地特色农业，西北干旱地区重点发展高效旱作农业，内蒙古高原、青藏高原等地区重点发展高原生态畜牧业。利用现代绿色科技成果，大力发展绿色有机蔬菜、果品、粮油、花卉等地方优势特色农业。

二、大力发展生态文化旅游业

西部地区有丰富的旅游资源，初步形成了良好的旅游业基础，今后要延伸旅游产业链，推进生旅（生态-旅游）联动、文旅（文化-旅游）联动、农旅（农业-旅游）联动、工旅（工业-旅游）联动、交旅（交通-旅游）联动，大力构建大旅游产业体系，“一三对接，接二连三”带动一二三产业联动发展。

三、保护性开发利用矿产资源，发展循环工业

西部地区是我国重要的能源原材料供应和加工基地，矿产资源开发和利用是西部地区重要支柱产业。西部生态脆弱贫困区优势资源开发利用必须坚持生态保护优先原则，在保护中开发，走绿色开发之路。重点生态功能区和保护地要彻底关停矿产资源开发活动。要加大矿业下游产品开发力度，积极发展矿业循环经济，提高矿业经济和生态综合效益。

四、积极发展绿色能源产业

加大对西部地区太阳能和风能资源的开发力度。对于重点生态屏障周边地区太阳能和风能资源开发，国家应给予电力上网指标倾斜政策。

五、探索西部碳汇产业

西部地区各类保护区占全国保护区总面积的85%以上，森林、草原、湿地、冰雪等构成完整的生态屏障地带碳汇潜力较大，可在西部地区开展碳汇工程试点。

第四节　积极探索生态脱贫制度体系

一、完善生态移民机制

易地搬迁是开展精准扶贫工作的重要方向之一。要构建生态脆弱和贫困程度的双重指标体系，科学识别易地搬迁生态移民对象，甄别不具备发展空间、生态环境脆弱、扶贫工作难度过大地区的贫困群体，实施易地搬迁。一方面，结合各地区的实际情况，将移民搬迁与新型城镇化发展相结合，解决生态搬迁群体的去向问题，通过搬出生态恶劣的地区以谋求更好的发展空间；另一方面在易地扶贫搬迁工作中，要充分尊重搬迁户的意愿，结合土地流转与区域规划等一系列工作盘活相关资源，解决生态移民的生计问题，保障其合法权益。此外，协调民政、教育、扶贫等相关部门进行综合管治，着力解决生态移民在迁入新地后的一系列社会融入问题，严格落实相关政策，保证生态移民的迁出安置避免陷入“由贫迁贫”的问题出现。

二、完善生态补偿扶贫机制

逐步在各个贫困片区间建立横向生态补偿机制，通过生态补偿实现脱贫一批贫困群众并构建相应的工作机制，是当下实现生态扶贫的重要工作：一方面，进一步加大对贫困地区生态环境的保护力度，注重区域生态保护，强化贫困地区的生态科学管理，维持可持续发展能力与生态恢复力；另一方面，通过就地吸收转换生态功能区内的劳动力流向，通过资金支持、产业引进、人力培养等方式，实施补偿以解决其发展问题，努力实现贫困人口的就地脱贫。

三、扶持生态产业发展

通过建立一批、扶持一批、引进一批的发展方式，推动地方生态产业的发展。注重整个产业链配置，通过广泛利用社会资源，搭建“生产－供给－消费”的完整市场关系，配合国家当下供给侧改革的大背景，实现绿色产业的良性发展，从而使生态产业的效能得到最大程度的发挥。

四、完善生态考评管理机制

加强扶贫职能部门与其他相关部门的沟通协作，制定更为完善且行之有效的考评标准，将生态扶贫工作与乡村振兴战略相结合，统合扶贫、环保、农业、林业、科技等多个相关职能单位进行统筹管理，实现生态贫困问题的综合治理。

第五节　以新型城镇化推进基础设施和公共服务设施建设

一、构建长期稳定的绿色城镇发展战略

建设和谐文明的绿色社会环境、持续高效的绿色经济环境、健康宜人的绿色自然环

境、特色舒适的绿色人工环境是西部新型城镇化的重要方向。生态城市是破解城市生态环境与人类活动矛盾，实现绿色、低碳、循环和可持续发展的金钥匙，西部地区应把生态城市作为促进新型城镇化的重要支撑点。

二、探索符合区情的绿色城镇化路径

生态脆弱贫困区与传统工业区、资源富集区和人口密集区城镇化的基础和条件截然不同，不能照搬传统城镇化模式。各地区要结合自身特点，探索人与自然和谐相处的绿色城镇化路径。如甘肃平凉市静宁县，依托绿色农业开发，走出了一条农业现代化带动新型工业化和新型城镇化的道路。在广大牧区，要积极探索牧民定居工程、易地搬迁扶贫与城镇建设相结合的绿色城镇化模式。在三江源等生态屏障区，城镇化要坚定不移地走生态城市发展之路。

构建“六城”（安全城市、循环城市、便捷城市、绿色城市、创新城市及和谐城市），建设生态城市模式。其中，构建“安全城市”就是要增强城市资源、环境及社会经济承载能力，建设城市安全、可靠、快速反应的预防灾害和突发事件的应急预警系统，这是生态城建设最基本的要求；构建“循环城市”就是要充分考虑人口、产业与技术特点，全面推进企业循环、产业循环、区域循环和社会循环的大循环经济系统工程；构建“便捷城市”就是要建设内外畅通的，快速、高效、便捷的交通基础设施和完善的公共服务系统，降低城市居民工作生活时间成本；构建“绿色城市”就是要建设城市绿色景观系统，以及绿色基础设施系统和生态宜居、宜业的环境；构建“创新城市”就是要实施“科技创新、产业创新、区域创新、人才创新、文化创新，以及体制、机制创新”等城市创新工程，培育城市创新发展动力；构建“和谐城市”就是要建设城市与环境、人与自然、经济与社会、城市与乡村和谐互促，实现良性互动、生态平衡、可持续发展的新格局。

三、优化城镇化战略格局

西部生态脆弱贫困地区城镇空间布局必须与主体功能区规划保护一致，确保区域城镇化建设不会对区域资源环境承载能力造成破坏。西部生态脆弱贫困地区有大量社会发展水平较低甚至还处于传统农耕时代的荒漠、农村和少数民族部落聚居区，且大都处于生态环境脆弱区，区域生态环境难以负荷城镇建设压力。因此，西部地区的城镇化建设应当在重点建设中心城镇的同时有选择地培育一批特色鲜明的中小城镇。西部重点生态功能区城镇化建设方面应当实施“据点”式开发战略和“内聚外迁”的城市发展与人口政策，将重点放在发展现有城市、县城和有条件的建制镇上，使之成为地区集聚经济、人口和提供公共服务的中心，尽量避免城镇扩张（邓祥征，2013）。

四、进一步完善西部生态脆弱贫困区城镇基础设施水平

国内外的发展经验均表明，在对落后地区进行开发的过程中，必须将城镇基础设施放在首位。西部地区有丰富的煤炭、石油、天然气和有色金属资源，资源优势明显。通过现代化的基础设施建设、优化城镇化发展的外部环境，可以使西部相对丰富的能源与

矿产资源在区域间自由、便捷地流动，从而实现西部地区能源、矿产等资源优势向社会经济优势的转变，有利于西部城镇化进程的推进。

第六节 补齐要素短板、盘活生态资产

一、通过制度创新盘活生态资产，培育自我发展能力

强化生态资产管理，积极探索绿水青山转变为“金山银山”的体制和机制，通过生态资产入股、抵押等方式实现生态资产资本化，探索各类生态资产的实现方式。

二、加大外部支援

对国家重要生态功能区，要通过生态补偿、对口支援等方式，促进资金、人才和技术等要素集聚。着力推进东西部协调发展，加大中央对西部财政的支持力度，重点强化对西部生态屏障保护和生态修复重点工程投入，缓解西部生态屏障保护和生态修复的资金不足。继续实施好西部人才与科技计划，重点加强对西部生态保护领域人才和共性科技问题攻关的支持力度。

第七章　西部生态脆弱贫困区生态文明建设模式

第一节　羌塘高原生态保护与特色畜牧业协同发展模式

羌塘高原是我国重要生态屏障区和水资源战略保障基地之一。作为地球第三极的核心区，羌塘高原的生态地位极为重要，是长江、怒江和澜沧江等亚洲重要江河的源头区（高清竹等，2007）。羌塘高原草地占藏北高原面积的94.4%，一旦遭到破坏，将对下游地区带来一系列生态灾难，对我国生态安全的影响不可估量（高清竹等，2005）。此外，羌塘高原也是我国重要的畜牧业生产基地，草地畜牧业占整个该地区国民经济收入的80%以上（甘肃草原生态研究所草地资源室和西藏自治区那曲地区畜牧局，1991）。但近年来，在气候变化与超载放牧的共同作用下，羌塘高原高寒草地出现了大范围退化，严重制约羌塘高原生态安全屏障作用和羌塘高原高寒牧区畜牧业可持续发展（Gao *et al.*，2013；曹旭娟等，2016）。此外，羌塘高原拥有大面积的自然保护区，而目前，自然保护区内仍居住着大量的牧民并有大量的家畜，加之近年来野生动物数量不断增加，对羌塘高原高寒草地带来了巨大的压力，人、草、畜矛盾亟待解决。

随着国家生态文明建设和生态保护的大力推进，羌塘高原的资源开发利用将受到进一步限制，生态保护与畜牧业发展之间矛盾日益突出，必将减缓当地经济发展和农牧民生活水平提高的速度。如何在全面解决好保护生态的同时，改善民生和发展社会经济的诸多难题，是生态文明建设中面临的重要任务和挑战。在保护中发展、发展中保护，既是羌塘高原生态文明建设的强烈需求，也是社会主义新时代对羌塘高原提出的要求。因此，生态保护与高原特色畜牧业协同发展是羌塘高原生态文明建设的必然选择和必由之路。

一、羌塘高原生态保护现状与畜牧业协同发展的关键问题

党和政府历来高度重视羌塘高原生态保护，先后在羌塘高原设立了三个国家级自然保护区和一个西藏自治区区级自然保护区。近年来，虽然保护区投资力度很大，生态保护取得了一定成效，但四个保护区中仍存在大量的乡镇、村庄，牧民从事的畜牧业生产活动对高寒生态系统带来巨大的压力，并且存在家畜和野生动物争草现象，不仅不利于草地生态和野生动物保护，也限制了草地畜牧业的发展，成为了羌塘高原生态保护与畜牧业协同发展的主要障碍。

1. 羌塘国家级自然保护区

羌塘国家级自然保护区总面积29.8万km^2，其中包括那曲市14.45万km^2，涉及安多、双湖、尼玛三县，主要保护对象为国家重点保护野生动物藏羚、野牦牛、雪豹、藏

野驴、藏原羚等物种及其栖息分布的高寒荒漠生态系统。目前，在羌塘国家级自然保护区核心区内，还有着 3 个乡镇、5 个村、338 户牧民；实验区有着 11 个乡、22 个村、1227 户、4463 人；缓冲区有着 6 个乡、9 个村、112 户、698 人。

2. 色林错国家级自然保护区

色林错国家级自然保护区总面积 2.03 万 km^2，涉及尼玛、申扎、班戈、安多、那曲五县，主要保护对象为黑颈鹤等野生动物及其栖息的湿地自然生态系统。色林错国家级自然保护区设有核心区、缓冲区和实验区，均有人类居住，人畜还未撤出。

3. 麦地卡国家级湿地自然保护区

麦地卡国家级湿地自然保护区总面积 880.5km^2，保护对象为国际重要湿地生态系统。保护区位于嘉黎县境内，主要保护黑颈鹤等野生动物及湿地自然生态系统。麦地卡国家级湿地自然保护区设有核心区、缓冲区和实验区，均有人类居住，人畜还未撤出。

4. 昂孜错-马尔下错自治区级湿地自然保护区

昂孜错-马尔下错自治区级湿地自然保护区总面积为 940.4km^2，主要保护昂孜错和马尔下错周边及两湖之间的河流、沼泽、湖泊等湿地生态系统。昂孜错-马尔下错自治区级湿地自然保护区设有核心区、缓冲区和实验区，均有人类居住，人畜还未撤出。

二、羌塘高原生态保护与畜牧业协同发展保障措施

1. 草原经营权承包到户

截至 2013 年年底，通过自治区验收的承包到户草场面积 4.1 亿亩[①]，占可利用面积的 87.3%，覆盖 114 个乡（镇）、1190 个行政村，涉及 86 732 户、28.88 万人口、722.79 万头（只、匹）牲畜。推进草地资本经营权长期承包到户的工作，明确了草地资本的“所有权、经营权、管理权、保护责任、建设责任”，为草原生态建设和建立生态补偿机制提供了体制保障。

2. 实施草原生态保护奖励机制

自 2011 年开始，国家共向 11 县、93 个纯牧业乡（镇）、944 个纯牧业村及 21 个“半农半牧”乡（镇）、246 个行政村（居委会）发放禁牧补助、草畜平衡奖励、牧草良种补贴、牧民生产资料综合补贴、村级草原监督员补助，截至 2015 年年底，共兑现资金 29.68 亿元。2010 年，牲畜存栏 1306 万个羊单位；2015 年，牲畜存栏量 1205 万个羊单位，总减畜 101 万个绵羊单位。实现草畜平衡户数达 46 032 户。

3. 实施退牧还草工程

自 2004 年起，实施退牧还草工程，工程范围不断扩大，采取草原禁牧、休牧、减畜、草地改良等方式，建立天然草原生态修复系统。截至 2015 年，全地区累计草场退

① 亩，面积单位，1 亩≈666.7m^2。

牧还草工程面积3285万亩，草场禁牧面积1268万亩，草场休牧面积2017万亩，在2011～2015年，共建设牲畜棚圈66 405个，总投入11.95亿元，其中国家投入7.97亿元，个人自筹3.98亿元。

4. 关闭砂金矿点

通过政府环境保护的干预措施，2005年以来羌塘高原关闭了33个沙金矿点，涉及面积达78.21km^2，主要涉及申扎、尼玛和班戈三县，当年三县财政收入减少了1135万元。

5. 设立保护区管护岗位

保护区管护人员及疫源疫病监测人员共计782人，其中羌塘国家级自然保护区专业管护员390人、野保员205人；色林错国家级自然保护区野保员94人；麦地卡国家级湿地自然保护区野保员24人。昂孜错-马尔下错自治区级自然保护区野保员23人；重点野生动物分布区域疫源疫病监测员共计16人。野保员、医院疫病监测员每人每月工资待遇为600元，专业管护站站长每人每月2000元、副站长每人每月1900元、专业管护员每人每月1800元。

三、羌塘高原生态保护与畜牧业发展协同发展重点方向

1. 实行草地生态系统分区管理

为了统筹协调生态保护与社会经济发展关系，实施分类指导和管理，将羌塘高原划分为生态严格保护区、重点治理与控制利用区、生态资源有效利用区等3类生态功能区，并制定各生态功能区的生态保护和产业发展方向。

（1）生态严格保护区

生态严格保护区是羌塘高原周边地区乃至长江、怒江、澜沧江、拉萨河等大江大河源头水源涵养和生态安全的保障区域，以水源涵养和生物多样性保护为主，禁止大规模开发活动。其生态保护要求和发展方向是：遵循景观生态学原理，树立大生态观念，突出在景观层次上对水源涵养区进行保护；对于河流、高原湖泊以及冰川和雪山保护区，要制定其周边地区草地管理条例或管理办法，其中冰川与雪山水资源涵养保护生态区应禁止人为干扰；加强对草地破坏活动的处罚力度，规范人类行为，减少人类活动的强度和范围，提高牧民生态保护意识，封山育草、封山护草；开展水土流失治理和沙漠化控制，运用生物措施和工程措施，进行退化草原生态系统的恢复和重建；适当开展生态旅游项目，禁止发展大规模开发项目，尽量限制畜牧业活动，要求已有畜牧业开发活动（项目）必须有生态保护措施。

（2）重点治理与控制利用区

重点治理与控制利用区包括羌塘高原草地退化严重的生态功能区和藏北可可西里生物多样性保护与沙漠化控制生态功能区。其生态保护要求和发展方向是：加强畜牧业开发活动的环境管理，重点治理草地退化，通过生物和工程措施，进行退化草地生态系

统的恢复和重建；鼓励开展生态旅游，限制大规模建设项目，在中度退化草地可以开展生态牧业项目，但必须有生态保护措施。

（3）生态资源有效利用区

生态资源有效利用区是羌塘高原可以发展畜牧业经济的地区。在资源开发利用区发展畜牧业经济，以经济发展为主，同时要兼顾生态与环境承载能力，实行载畜量和养畜规模控制。其生态保护要求和发展方向是：制定科学的合理载畜量、有效控制养畜规模，加强草地生态系统保护，防治草地退化、沙漠化和水土流失；大力开展草地生态建设，加强传统畜牧业的生态化改造，发展新兴生态畜牧业，有效控制环境污染；在畜牧业项目中推广生态保护措施，旅游项目必须配套建设污染治理设施；重点发展一批风力、水力、太阳能发电等有利于发挥羌塘高原自然资源和生态环境优势的可再生能源及畜牧业产品深加工项目，建设项目必须配套建设污染治理设施，有效控制环境污染。

2. 协调野生动物保护与畜牧业发展

羌塘高原栖息着大量的野生稀有动物种群，如藏羚约有 15 万余只，野牦牛有 10 万多头，藏野驴有 8 万余匹。这里生息繁衍着其他哺乳类 39 种、鸟类 150 余种、昆虫类 340 余种、节肢动物类 20 多种。

目前，羌塘高原各级自然保护区均有牧民居住。保护区内野生动物与家畜处于混杂状态。居住在保护区的牧民群众已有悠久的历史，并受草原经营承包到户长期不变的政策和法规的保护。因此，要使野生动物得到真正意义上的保护和管理，就需要政府制定各保护区的食草动物数量上限、群众家畜饲养数量上限和野生动物发展数量底线，以及牧民退草、减畜、改行择业的具体指标体系，对野生动物进行分区保护。

野生动物保护与畜牧业发展建议

将羌塘高原北部无人区设为野生动物“保留地”，禁止牧民迁徙及任何形式的开发活动。

在核心区边缘乡镇严格控制人口和牲畜数量，逐步减少人口和牲畜，将牧民转化为保护者，通过野生动物保护补偿制度保护牧民的权益，同时为野生动物种群恢复留出空间。

在缓冲区留足野生动物活动空间，制定适当的养畜标准，减少人为干扰，提高现有的生态补偿和野生动物保护补偿标准，实行严格的减畜政策。

在目前草食动物严重超载的区域，分区域制定食草动物上限饲养指标、减畜指标和野生有蹄类控制指标，降低畜牧业所占比例，建立生态补偿和野生动物保护补偿机制，加强对草地变化的监测。

建立其他食草类动物受保护的野生动物区，给野生动物划定足够的活动区域，制定食草动物上限指标和减畜指标，降低畜牧业所占比例，建立生态补偿和野生动物保护补偿制度，加强各种制度指标的检测力度。

3. 重点发展特色牦牛产业

高原畜牧业是羌塘高原的支柱产业，是广大牧民赖以生存的传统产业。但发展传统畜牧业不仅带来了严重的生态问题，并且已不能满足经济社会发展需求。牦牛产业是羌塘高原经济的基础产业、支柱产业和特色优势产业，在羌塘高原畜牧业生产中占有绝对优势，在实现牧区生产、生活、生态“三生共赢”、增进各民族团结、保持社会和谐稳定中具有不可替代的地位。

羌塘高原有近200万头牦牛，占全西藏牦牛总数的39%，占全国牦牛总数的16%，具有牦牛产品绿色原产地的绝对优势。牦牛已成为高寒草地生态链中最重要、最不可缺少的一环。近几年来，国家对牦牛产业的投资力度不断加大，投资规模和建设领域不断拓宽，牦牛养殖科技创新能力和成果应用水平明显提升，已初步形成了全区牦牛产业区、种质资源保护区、育肥带。牦牛业产值在畜牧业产值中的比例约占50%以上，全区牦牛肉类总产量17.94万吨，占肉类总产量的58.7%。牦牛产业的快速发展，带动了加工产业、旅游业等二三产业的发展。

受自然条件、人口快速增长、传统牧业粗放式经营和全球气候变暖等因素的共同影响，羌塘高原草场超载过牧和草原退化现象严重，人、草、畜矛盾日益突出。羌塘高原牦牛产业面临着饲草料供给不足、良种供给不足、科技供给不足、草地生态压力大、养殖设施条件滞后、生产经营管理粗放、牦牛产品附加值低、牦牛肉类自给不足、季节性供应短缺等诸多问题。因此，以保护草地生态和野生动物为基础，提高牦牛养殖科技含量，加强饲草供给、提升牦牛产业管理水平，发展以牦牛产业为核心的高原特色生态畜牧业，是协调羌塘高原生态保护与畜牧业发展的重要途径，对传统畜牧业转型升级，退化草地恢复、生物多样性保护、水源涵养、国家生态安全保障及区域经济可持续发展具有重要的意义。

（1）进行母牦牛补饲保暖

针对藏北生态安全屏障区冬春饲草严重不足而导致母牦牛冬瘦春乏、牦牛畜群结构不合理及母牦牛质量差和产能低等问题，主要以冬春母牦牛补饲保暖为突破口，调整牦牛畜群结构，推广和选育地方优良品种，进行冬春季精（草）饲料补饲，优化夏秋季放牧管理，提升母牦牛产能，保障藏北生态安全屏障区牦牛奶业的奶源质量和数量。

（2）实行犊牦牛差异化育肥出栏

以牧业经济合作组织作为推广政策和技术的落脚点，大力推广犊牦牛快速育肥18个月龄出栏集成技术。通过牲畜冬春季节性减员，减少商品牛越冬数量，可以摆脱缺草少料、天寒地冻的季节性限制，避免冬季掉膘减重及“春乏、夏活、秋肥、冬瘦”的恶性循环，既缩短了饲养周期，又能保护脆弱的草原生态，同时促进牧民增收，达到多赢效果。

（3）加强牧区饲草料供给

紧紧抓住国家生态安全屏障体系建设的重要战略机遇期，坚持立草为本、草业先行、以草兴牧的原则，实施天然草地植被恢复关键技术研究与集成应用重大科技专项，主攻草地生态修复与保护、乡土牧草驯化与制种、草地科学补播与建植、草地灌溉改良、天然草地生物灾害综合防控等关键技术，有效保护草地生态环境，促进草原生态文明建设。立足于解决家畜冬春缺草和休牧舍饲饲草供应，减轻天然草地载畜的压力，加速草地生态系统的恢复，以退牧还草、草原生态补助奖励机制政策为引导，在西藏土地面积大、光热水资源富集、农业基础设施良好的农区和半农半牧区，通过土地开发、土地流转、草场治理等方式，建立饲草料供给基地，实施集中连片规模化种植，逐步扩大种植面积，推广人工草地持续利用技术模式，建立和实施南草北调补贴政策，实现牦牛饲草料生产与轮供有机统一，有效解决牦牛产区冷季饲草料供需矛盾。高寒牧区充分利用房前屋后和两用日光暖棚、畜圈，广泛推广冬棚夏草、窝圈种草、牧草冬春储备等技术，确保牧草季节性供应平衡。大力发展饲料加工业，实行饲草料种植与加工企业补贴政策，鼓励和扶持中小型饲料加工企业加大产品开发，进一步提高牦牛养殖饲草料储备能力和供给能力。

（4）强化牦牛产品深加工

以企业为主体，牧业经济合作组织作为推广政策和技术的落脚点，建立带动示范研究、典型示范、区域推广等的“三个层次基地”；组织收购牛奶、牛肉和牛皮等系列高端产品的原料，扶持深度加工和营销等企业；改进草畜产品加工技术手段，开发具有自主知识产权的牧业产品；发展畜牧业产品市场体系，形成畜产品生产、加工和销售的完整产业链。

（5）创建牦牛产业组织模式

采取“政府主导、行政推动、项目带动、企业主导、企农联合”的模式，强化金融政策、生产补贴政策、招商引资政策，鼓励和引导企业进军牦牛产业、引领牦牛产业，大力开展饲草种植、牦牛养殖、循环农业、屠宰加工、产品营销的全产业链运营模式，提高牦牛养殖的综合效益，提升牦牛产业链整体水平，打造高原净土、绿色知名品牌。

（6）建立牦牛全产业链

建立优良品种繁育、草地高效培育、畜产品加工、产品包装销售一体的牦牛全产业链。加强牦牛全产业链技术创新、协同创新，破解牦牛在牧区繁育、农区育肥的生态适应性技术难题；研制农区秸秆资源化利用、牦牛营养参数、设施养殖、饲养工艺、产品加工等关键核心技术；以技术创新强有力支撑产业发展模式，推动产业基地稳步推进。改进草原畜牧业生产方式，提高草畜产品加工技术手段，发展完善畜牧业产品市场体系。

在经济发展的过程中，羌塘高原的牲畜数量保持着较高的水平。针对超载、过牧现象，该区域实施了退牧还草、生态移民等一系列的工程举措；但由于对转变牧民生产方式引导不足，舍饲畜牧业基础设施建设薄弱，牧业生产仍以传统放牧为主，强制性减畜手段为辅，退牧还草饲料粮补助、草原奖补机制等也只能满足农牧民基本生活，难以保障实现脱贫致富的目标。因此，至今超载问题尚未得到根本解决，“草畜矛盾”仍较为突出，禁牧减畜任务依然繁重。草场承载力下降使得原本和谐的自然保护区内出现畜牧业生产活动与野生动物直接的冲突。同时，环境污染及野生动物疾病也对羌塘高原野生动物保护构成了一定程度的威胁。草原生态保护、野生动物保护和畜牧业可持续发展是羌塘高原生态文明建设的重中之重。因此，以保护草地生态和野生动物为基础，提高牦牛养殖科技含量，加强饲草供给、提升牦牛产业管理水平，发展以牦牛产业为核心的高原特色生态畜牧业，是协调羌塘高原生态保护与畜牧业发展的重要途径，对传统畜牧业转型升级，恢复退化草地、保护生物多样性、涵养水源、保障国家生态安全及区域经济可持续发展具有重要的意义。

第二节　黄土高原循环经济发展模式——以平凉市为例

一、旱作农业循环经济发展模式

平凉市循环农业系统形成了由旱作种植、肉牛养殖、沼气制造、有机种植等产业构成“养牛—制沼—粮、果、菜种植—秸秆造纸、秸秆饲料—养牛”的近似闭合的产业循环系统（图 7-1）。图 7-1 中绿色箭头表示农业产业链及各产业间的物质流动方向；蓝色箭头代表各产业的产品、副产品、废弃物等生态、经济、社会综合效应路径；红色箭头为政策管理路径。

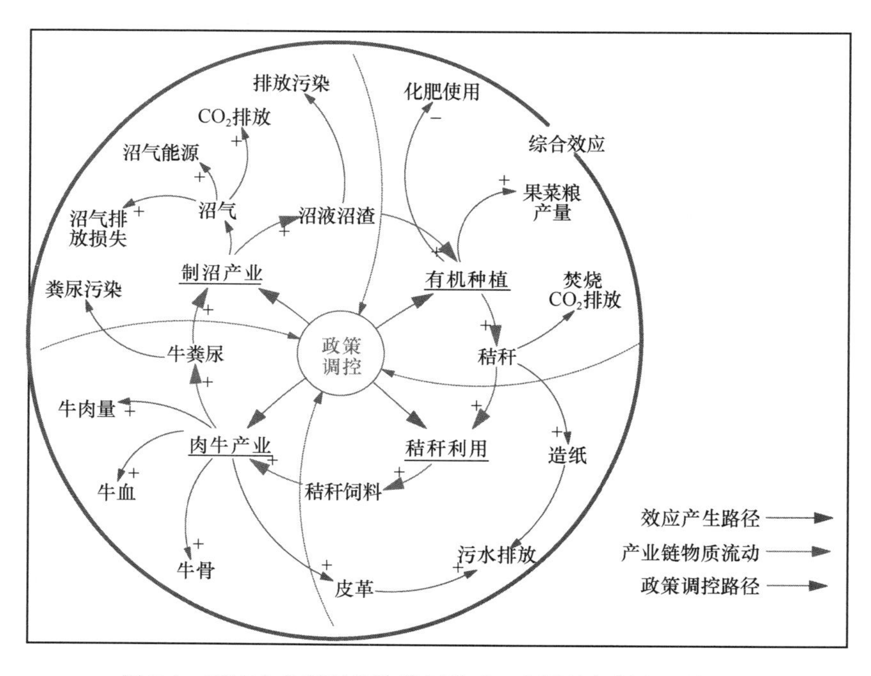

图 7-1　平凉农业循环经济发展模式（彩图请扫封底二维码）

1. 高效旱作农业循环经济体系

将旱作农业循环经济体系建设重点放在秸秆回收和秸秆饲料生产环节。充分利用玉米等农作物秸秆，大力发展秸秆饲料，重点在全区玉米主要产区附近布局大型饲料生产企业，运用生物工程技术，科技化、专业化、规模化生产秸秆饲料产品。

以环境治理、节水旱作为核心，继续深化小流域治理工程建设，配合节水集雨系统的推广完善，提高安定区土地保水、保肥能力，减少水土流失风险。大力发展双垄沟播玉米、地膜马铃薯等旱作农业经济。不断提高机械化耕种水平，大力推广地膜残膜收集、再利用工程（图 7-2）。

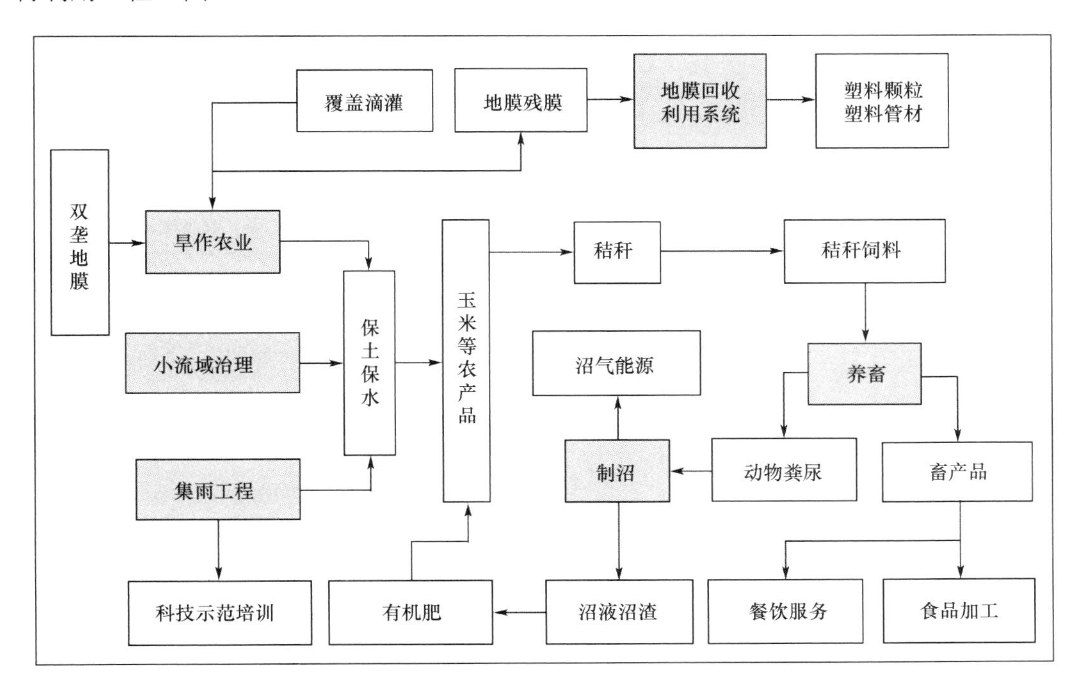

图 7-2　高效旱作农业循环经济体系

2. 畜草肉牛养殖及食品保健品循环农业体系

畜草养殖循环经济体系以规模养殖为核心，以大范围畜草种植、秸秆回收利用为基础，以养畜副产品和废弃物的资源化综合利用为特色。综合发展以平凉红牛为主，以乳、蛋、肉多种畜产品为辅的生产及食品加工产业，培育和扶持规模养殖企业发展。充分利用牲畜屠宰后产生的皮、内脏、血、毛、骨等副产品，积极培育和发展生物医药、食品、保健品、化妆品等产业（图 7-3）。

3. 沼气制造及沼液沼渣综合利用循环产业体系

配合规模养殖企业，在规模养殖场配套建设大、中型沼气制造、存储、供应和沼气发电系统，以及有机肥生产企业。集中处理养殖场的大量畜禽粪尿，转化为养殖场所需的能源供应，同时沼液沼渣经过专业处理后小部分用于蛋白饲料添加剂，大部分制造为有机肥料，应用于设施有机农产品的生产（图 7-4）。

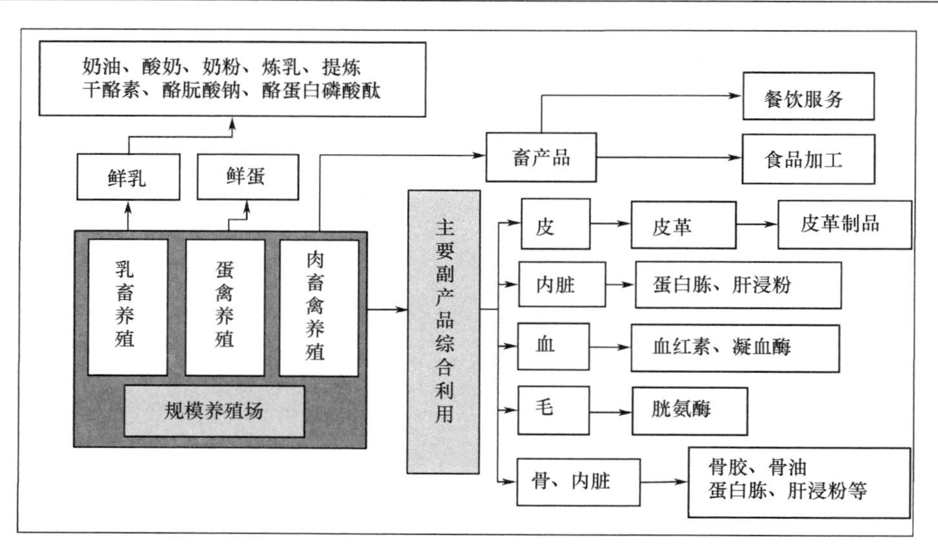

图 7-3　畜草肉牛养殖及食品保健品循环农业体系

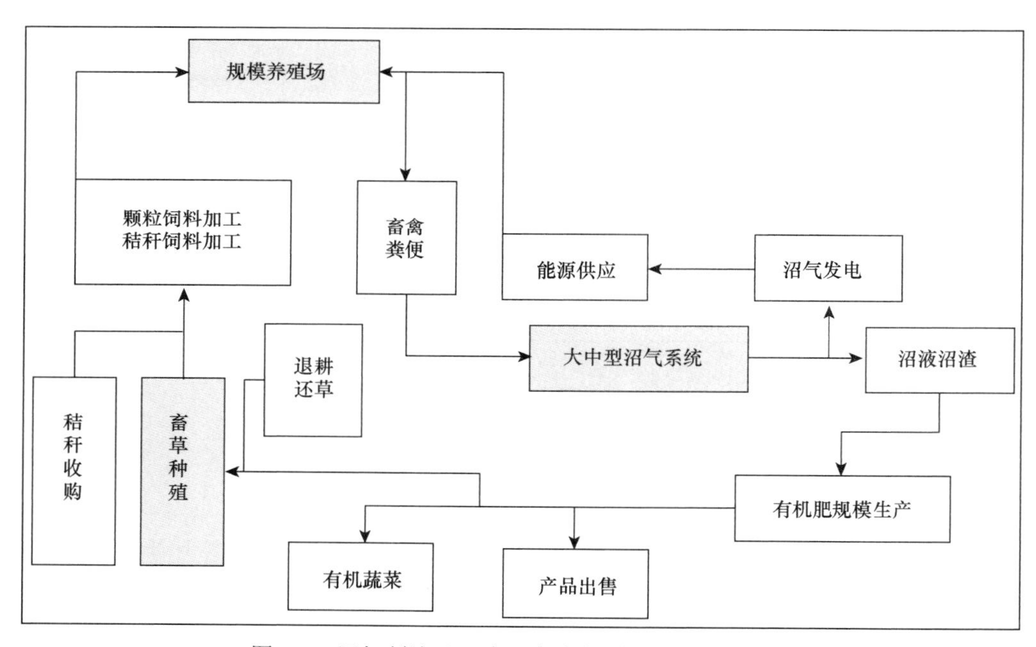

图 7-4　沼气制造及沼液沼渣综合利用循环产业体系

4. 设施蔬菜种植及有机肥生产利用循环产业体系

以沼液沼渣综合利用为基础，发展设施蔬菜种植产业，打响绿色蔬菜的生态有机品牌，通过推广有机肥施用、加强蔬菜产品提炼萃取与精深加工等途径发展，逐步建立起有机蔬菜产业基地，以生产优质有机高原夏菜为主，综合发展脱水蔬菜、蔬菜食品等延伸产业，逐步发展高端蔬菜萃取物等功能性产品研发和生产，最大限度提高设施蔬菜产业的附加值。利用分拣加工、生物处理等尾菜综合处理技术，将尾菜作为营养添加成分，用于生产有机肥，回用于蔬菜种植体系（图 7-5）。

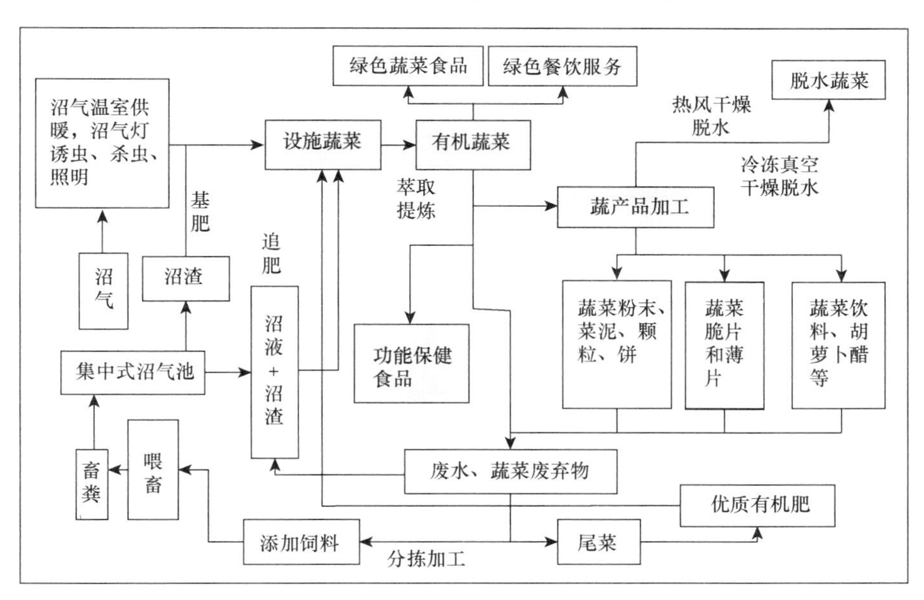

图 7-5　设施蔬菜种植及有机肥生产利用循环产业体系

二、旱作农业发展模式系统模拟

根据生态农业系统中的农业、效应、政策三个子系统间的相互作用，建立 EA-SD 模型的积量流量框架图（图 7-6）。为方便论述，将模型按产业链分成如下三个部分加以讨论。

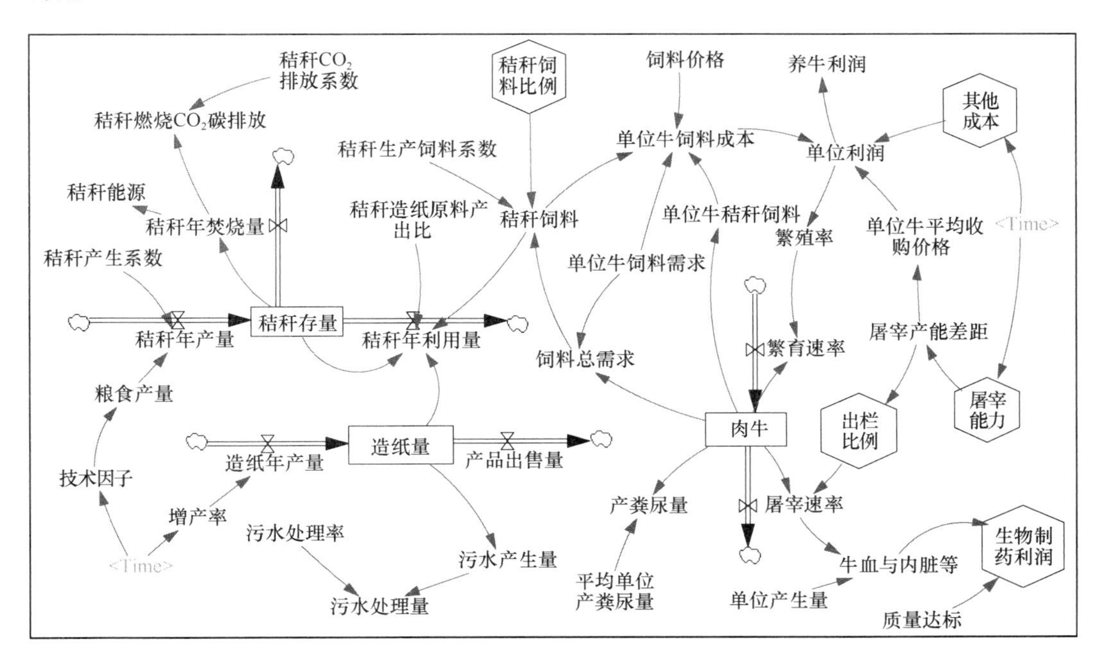

图 7-6　肉牛繁育与秸秆利用积量流量图

六边形变量为受到调控政策作用发生变化的变量；“<Time>”为隐藏变量，是系统动力学模型中的常见符号，余同

1. 肉牛繁育与秸秆利用

该部分模型包括“肉牛、造纸量、秸秆存量”3个水平变量，受到“繁育速率”“屠宰速率”等7个速率变量的控制和其他32个辅助变量的影响。肉牛的繁育速度和屠宰速度变化，决定了肉牛总量的变化。肉牛总量的变化直接改变牛粪尿的产生量和秸秆饲料的需求量，从而影响下游沼气制造产业和上游秸秆回收利用产业的发展。

在上游秸秆利用产业中，秸秆的利用主要有造纸、制造饲料、焚烧三种途径。肉牛养殖产生的秸秆饲料需求决定了每年用于制造饲料的秸秆数量；造纸厂的产量变化情况直接决定了用于造纸的秸秆数量；除去以上两种应用途径，剩余的秸秆基本全部被农民作为能源焚烧，造成CO_2排放。

此外，养牛产业产生的牛粪、牛尿除一部分作为沼气制造的原料，一部分还田还造成了大量污染。造纸厂在生产过程中产生大量的污水，污水处理费用提高了成本，导致企业必须控制秸秆收购价格，限制了秸秆利用的数量。

2. 制沼与有机农业发展

这部分是生态农业体系中生态正效应的主要产生单元，包括：“沼气存量、沼渣和沼液存量、有机果菜增值量”3个水平变量；“产生沼气速率”等9个速率变量；25个辅助变量。变量用于模拟沼气的制造与利用、有机肥料的使用和有机果菜产业的发展潜力。

牛粪、牛尿量及其用于制沼的比例决定着沼气产生量；沼气使用率反映沼气的利用、普及程度和散逸损失情况，其变化直接决定沼气产业的发展趋势。沼液、沼渣、粪、尿还田为当地发展有机果菜种植提供肥料供应，二者折算为氮、磷、钾肥的折纯量体现了当地利用有机肥的数量和质量（如图7-7）。

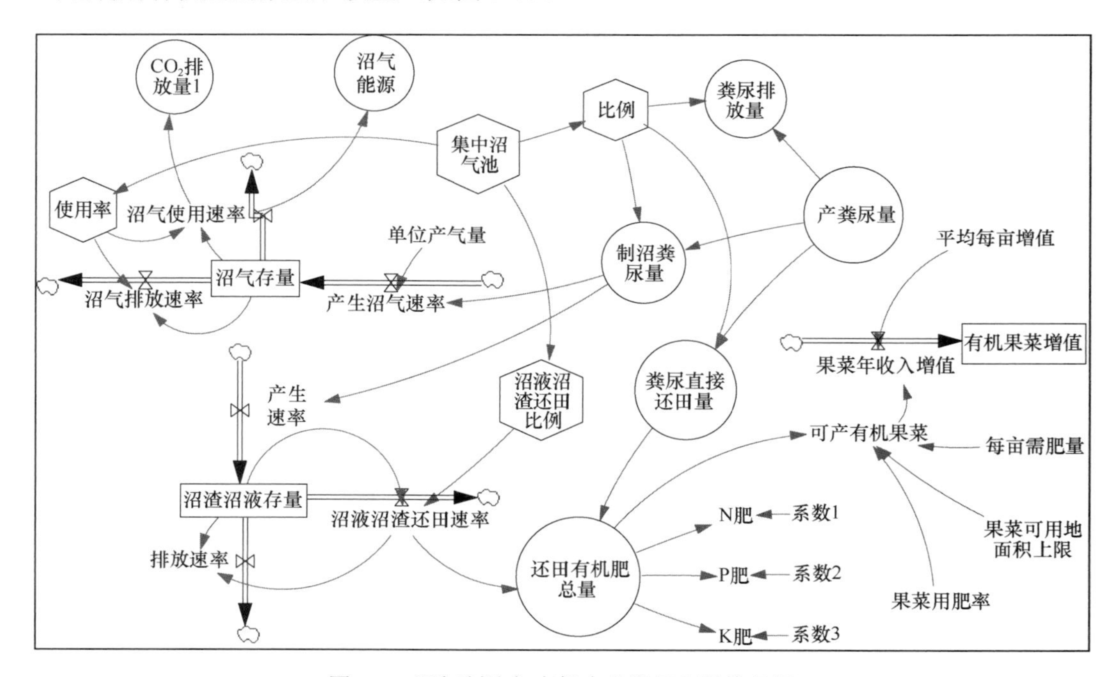

图7-7　沼气制造与有机农业发展积量流量图

3. 能源结构与碳排放

平凉市崆峒区生态农业体系通过秸秆回收利用和推广沼气、推广太阳能等新能源，大量减少了煤炭、秸秆燃烧，降低了 CO_2 排放量，能源消费结构有所改变。EA-SD 模型（ecological agriculture-system dynamics model，生态农业-系统动力模型）将能源利用与碳排放纳入模拟过程，通过“农村总人口、电能使用量、太阳能普及率”等三个水平变量、5 个速率变量和 18 个辅助变量，计算崆峒区农村生活能源需求量、各类能源消耗量和 CO_2 排放量，模拟能源消费结构和碳排放变化趋势，并与以煤炭、秸秆燃烧为主的传统能源结构相对比，量化评价生态农业体系在节能减排方面的经济、生态效益（图 7-8）。

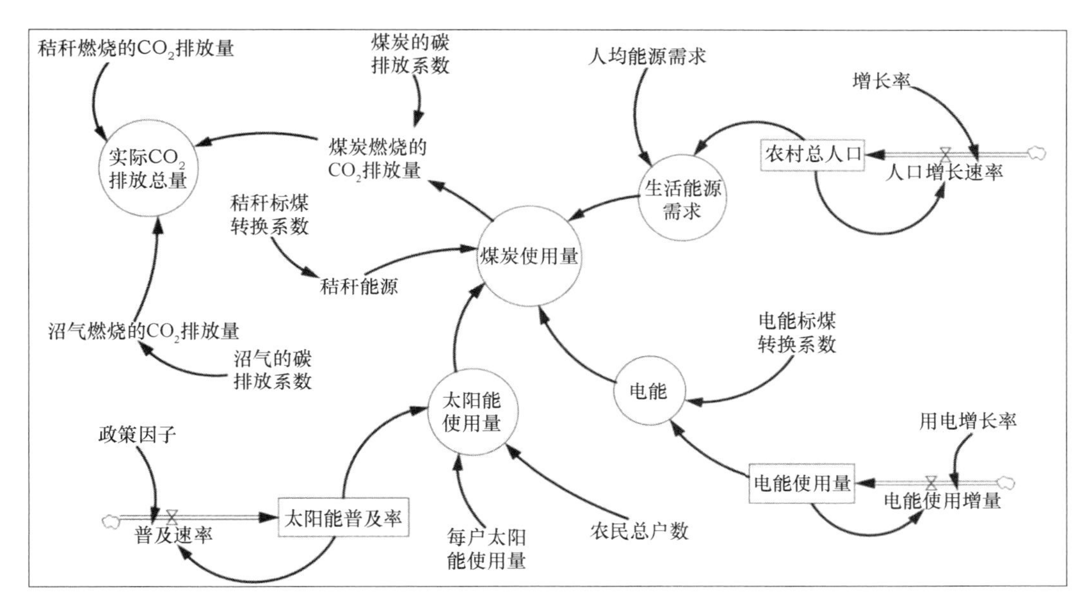

图 7-8　能源与碳排放积量流量图

崆峒区农村能源使用和 CO_2 排放情况受生活能源需求、能源消费结构等因素影响。其中，能源消费结构取决于沼气能源、太阳能、秸秆能源的比例。借助 EA-SD 模型对这些能源的生产消费模式进行优化，就可以降低当地的能源使用成本，提高节能减排效益。

三、循环农业发展模式优化

借助模型，模拟平凉市崆峒区生态农业系统如果按照当前的结构和模式发展，从 2009 年至 2050 年可能出现的综合效应变化趋势，模拟过程命名为“normal”。

1. 肉牛饲养与秸秆利用

根据模拟分析，崆峒区养牛产业处于起步阶段，肉牛屠宰企业规模小、数量少，加之近年来政府的大力扶持，肉牛繁育率不断提高，导致屠宰速率低于繁育速率，肉牛总量快速上涨。2009 年，牛肉产量达到 48 356 吨，皮革 109 900 张，肉牛饲养利润 1.826 亿元，牛骨 14 506.8 吨，牛血及内脏 38 684.8 吨，牛粪尿 294.58 万吨，经济效益快速提高。但由于目前崆峒区肉牛大多为当地农户自行屠宰，牛血、内脏、牛骨的数量及其卫生、技术条件都不能适应生物制药等高端产业的原料需求，当地又没有以此为原料的大型生产企业，导致这些副产品多以极低的价格出售，甚至当作垃圾被扔掉，造成了巨大的资源浪费和生态污染，成为系统负效应。

未来由于屠宰企业的快速发展，屠宰速率、出栏速率快速提高，逐渐超过肉牛的繁育速率。到 2026 年，牛总量将达到 392 116 头，出现峰值，之后将快速下降，直到 2042 年降至 168 169 头后，由于供应减少，企业屠宰速率远低于屠宰能力，总量降低速率才开始趋缓，但降低趋势仍未改变；至 2050 年以后逐渐稳定在不足 10 万头。牛总量的下降导致牛粪、牛尿量减少，下游制沼量、上游秸秆回收利用量均随之下降。而且由于未来牛血、牛骨、牛内脏等副产品产量下降，未来仍难以得到规模利用，将长期造成巨量浪费和污染。

此外，养牛利润的降低也意味着大量的养殖户将寻求新的经济来源，可能会进一步加速农村人口的外迁，使当地农村人口老龄化和空巢等社会问题加重。而且，由于从事农业劳动的青年人口的减少，也将直接影响农业的发展，同时减缓农村城镇化、缩短城乡差距的步伐。

2. 沼气制造与有机农业

根据模拟，到 2026 年，平凉市崆峒区利用牛粪、牛尿生产沼气量将达到峰值 895.886 万 m^3，大量减少煤炭燃烧和 CO_2 排放。牛粪、牛尿和沼液、沼渣还田量折纯后约合氮肥 13.36 万 t，磷肥 7.127 万 t，钾肥 4.4546 万 t，替代大量的化肥使用，生态、经济效益明显。但 2026 年以后，随着肉牛产业的衰落，牛粪、牛尿大量减少，制沼产业将难以维持，还田的有机肥量也将大大减少，有机农业将因缺少有机肥的持续供应而难以持续，回到大量使用化肥的传统发展模式。

更重要的是，由于当地昼夜、季节间温差较大，加之采用单户制沼方式，受设备、农民技术水平等因素限制，当地沼气制造不稳定，冬季产气量明显减少，农户沼气使用率逐渐下降。据实地调查，至 2009 年，当地已有约 11%的沼气池被弃用，造成了前期投入的巨大浪费。同时，产生的沼气不能完全被利用，每年约有 30%直接排放到空气中造成污染。

3. 能源与碳排放情况

平凉市崆峒区通过发展沼气、太阳能，提高电能消耗比例，节约燃煤量不断增加。到 2036 年，非煤炭能源使用量将达到 52 558.46t 标煤，从而大幅降低能源使用成本，减少 CO_2 排放。到 2027 年，CO_2 年减排量将达到 3.25 万 t，生态效益良好。但随着牛粪、牛尿的减少和沼气池的不断弃用，沼气能源将走向衰落，秸秆焚烧将大量增加，CO_2 减排量也将从 2028 年开始逐步降低，节能减排效果不可持续。

4. 优化模式调控目标

根据以上分析，平凉市崆峒区生态农业系统中存在以下重要缺陷和负效应，是优化调控的目标和重点。

崆峒区生态农业系统中存在的重要缺陷和负效应

1）肉牛产业的屠宰速率与繁育速率增长速度不匹配，造成肉牛总量有降低风险，导致系统整体可能走向衰落。

2）肉牛散户养殖和屠宰模式不利于副产品的清洁收集和加工，下游企业缺乏，造成牛血、牛骨大量浪费和污染。

3）单户制沼方式受设备、技术、气候、维护便利性等的影响严重，导致制沼不稳定，大量沼气排空浪费，大量沼气池弃用。此外，还造成牛粪、牛尿不能完全利用，沼液、沼渣难以集中处理而产生污染。

4）受污水处理成本、肉牛总量限制，秸秆回收利用需求有限，造成大量秸秆焚烧。加上沼气能源有衰落可能，导致 CO_2 排放量逐年升高，节能减排成果变为短期效应。

四、优化模式与效果预测

根据以上分析，针对生态农业系统的 4 大缺陷，制定相应调控政策、措施，消除隐患，促进系统可持续发展。

1. 肉牛繁育与屠宰产业优化发展模式

针对缺陷 1）和 2），调控重点在于改变现有饲养方式，平衡肉牛繁育与屠宰速率。

（1）优化模式

第一，由政府通过设立财政补贴和税收减免政策，在 2010～2020 年扶植新建或扩建 30～50 个现代化大中型养牛场，实现全区 95%以上肉牛进场养殖。培育形成龙头养牛企业，农户可持有股份或成为养牛工人。

第二，采用税收调控手段，合理控制屠宰速率。2020 年以前补贴肉牛屠宰企业完善设施、扩大规模，但不提供税收优惠；2020～2025 年，对屠宰企业给予阶段性税收减免，2026 年优惠结束。

第三，建设肉牛交易市场和网络交易平台，扩大肉牛来源。2011 年起，由地方财政拨款建设肉牛交易市场和网络交易平台，2015 年建成该平台，2020 年形成区域性活畜、畜产品交易和物流中心。吸引周边地区的肉牛原料供应，分担屠宰需求压力。

（2）效益预测

规模化养殖可逐渐降低肉牛养殖成本，提高繁育率和育肥速度。至 2020 年，全区单位牛平均饲养成本可降低 5%左右，繁育速率提高 11.52%；2050 年，成本降低 13%，繁育速率提高 1.29 倍；税收控制使屠宰速率增幅低于繁育速率，区外肉牛补充量波动上升，至 2040 年，屠宰与繁育速率基本持平，肉牛年引进量稳定在年屠宰量的 45%左右。调控政策使肉牛总量稳步上升，至 2050 年达 772 932 头，养牛利润达到 7.16 亿元；年屠宰量达到 29 万余头。不但大幅提高了经济效益，更避免了肉牛种群可能锐减的生态恶果。

同时，通过养牛场与屠宰场的对口衔接，肉牛将全部进入专业屠宰车间，牛血、牛骨等副产品供应充足，且质量可达到制药标准，在政策扶持下，生物制药企业将迅速在当地引进、发展。肉牛副产品的浪费和排放污染将得以消除，系统缺陷 1）和 2）将得以优化弥补。

此外，农民通过入股或工作的形式进入养牛企业、生物医药企业等产业体系中，将大量增加当地的就业人口。据测算，每增加一个万头肉牛饲养场。可增加维护、运输、卫生、技术、杂物处理、管理等就业岗位 80～100 个，带动配套上下游产业增加就业岗位 50～70 个。待全区范围的规模养牛场建设完善后，将能够在很大程度上解决农村劳动力就业问题，提高社会稳定、推动社会和谐。此外，随着牛粪、牛尿污染的消除和配套乡镇企业的逐渐进入，也将加速基础设施和公共服务设施的建设、推动城镇化进程，提高城乡公共服务均等化程度。

2. 沼气制造与综合利用优化发展模式

针对系统缺陷 3），调控重点在于优化制沼方式，加大沼气综合利用水平。

（1）优化模式

第一，建设大中型沼气池，变单户制沼为集中供应。政府由资助农户修建单户沼气池，转为补贴养牛场进行集中式沼气池建设。自 2011 年开始，逐步在每个养牛场配套建设可满足附近居民使用需求的大中型沼气池，铺设沼气输送管线。至 2020 年，建设完成覆盖农村地区的沼气供应体系。聘用专业人员长期维护和处理沼渣、沼液。在养牛场入股的农户可免费使用沼气，其他农户可通过交纳合理的使用费用获得沼气使用权。

第二，逐步开展沼气发电项目，推广沼气灯照明、取暖。综合利用沼渣、沼液作为高效有机肥、环保杀虫剂、浸种营养液、饲料添加剂等，科学提高沼渣沼液利用率。

（2）效益预测

集中式沼气池可增加产气量，提升制沼的安全性和稳定性，进而不断提高沼气的产量和使用量。至 2020 年，年产沼气可达到 5538.58 万 m^3，相当于 173 457t 标准煤；2041 年以后，年产量将稳定在 3 亿 m^3 以上，相当于 93.95 万吨标准煤。沼气使用率也将在 2023 年后稳定在 99%以上。由于使用率的上升，沼气排放消耗将不断减少，到 2021 年降至 85.16 万 m^3；至 2030 年，沼气排放污染可基本消除。此外，由于制沼的原料需求增加，牛粪、牛尿直接还田量将大幅降低，90%以上将用于生产沼气。制沼过程产生的沼液、沼渣能消灭细菌、提高肥力，具有杀虫功效，成为更理想的有机肥料。

随着制沼系统的逐渐完善、沼液和沼渣还田量将快速提高，到 2028 年有机肥将全部以沼渣、沼液形式还田，达到 442.238 万 t，是未优化方案的 30 倍，有机果菜种植将扩大到 28 万亩左右，经济效益提高 14 003.6 万元。至 2035 年以后，有机肥将达到 550 万 t 以上，其肥力经折纯后相当于氮肥 33 万 t，磷肥 17 万 t，钾肥 11 万 t 以上，全区化肥使用将大幅减少。系统缺陷 3）将得以弥补。

此外，集中的沼气供应体系，势必需要集中布局居住单元。因此，政策的落实可与新农村建设相互促进，加速农村人居环境改善和社区式管理模式的推进，从而能够促进当地居民的生活条件的改善。

3. 能源、碳排放与秸秆利用优化发展模式

针对系统缺陷4)，调控重点在于降低污水处理成本、提高秸秆利用需求。大力推广清洁能源，减少CO_2排放。

（1）优化模式

第一，政府可为造纸企业提供专项财政补贴或奖励，支持企业引进造纸黑液制造复合有机肥技术。一方面生产有机肥可以增加企业收入、降低成本；另一方面生产的复合有机肥又可广泛应用于有机种植产业，形成新的物质循环过程。

第二，推广清洁能源。崆峒区自2008年推行太阳灶下乡计划，政府为安装太阳灶的农户补贴150元（所需费用为160元），已使2000余户农民用上太阳灶，受到了农户的欢迎。政府应在推广沼气能源的同时，将太阳能推广计划延长至2020年，并对照明、取暖等太阳能设施的推广提供相应补贴。

（2）效益预测

至2019年，太阳能利用设施将覆盖90%以上农村地区，年可替代燃煤2693t标准煤。沼气能源量不断增加，发电规模逐步形成，至2030年，理论发电产能达50万t标准煤以上。平凉市崆峒区煤炭使用量将快速减少。至2022年，煤炭理论上可以完全被其他能源所取代。此外，利用造纸黑液制造有机肥的技术将得到广泛应用，大大降低了造纸企业的治污成本，使企业年收入增加20%～30%，有能力快速扩大企业规模，秸秆原料需求大量增加。而且，肉牛总量的增加将产生大量秸秆饲料需求，从而进一步加大秸秆利用需求。到2028年，崆峒区秸秆回收率可达到100%，秸秆焚烧现象得以消除。化石能源燃烧量的减少，大量减少了CO_2的排放，从2009年到2022年，CO_2年排放量将由32万t降至12.57万t；年均减排量将比优化前大幅扩大，系统缺陷4）得以消除。

五、工业循环经济双驱动总体模式

平凉市崆峒区工业循环经济发展总体模式是“政府—市场”双驱动发展模式（图7-9）。该模式以循环经济的“3R原则”为基础，立足典型黄土高原欠发达地区产业基础薄弱、技术水平落后的区情特征，遵循党的十八届五中全会提出的绿色、低碳、循环的发展理念，在摆脱贫困、提升民众生活水平的同时改善生态环境质量、节约自然资源，实现发展工业循环经济的核心目标，即区域的绿色发展，以市场驱动为核心驱动力，以政府驱动为重要推力，积极引进绿色先进生产技术，选择电力、水泥等矿产资源型产业和肉牛屠宰等农牧业资源型产业等区域优势行业进行重点突破，并联动相关产业建立工业循环经济系统。借鉴发达地区在循环经济发展中的经验，政府部门通过循环经济相关规划指导企业在自身经济效益的驱动下第一时间践行先进的循环经济产业组织理念，在重点行业推进循环化改造并逐步拓展到全行业，培育自我增长能力。逐步建立一二三产业循环经济体系，并通过物质流、能量流、价值流循环，建立起产城融合的全社会大循环。实现对粉煤灰、城市生活垃圾等废弃物和水泥厂余热等废弃热能的消纳吸收，全面

提高资源和能源利用效率，达到经济效益、环境效益、社会效益的高度统一。通过对微观尺度的工业循环经济机理分析，得出国家政策和企业经济效益是崆峒区工业循环经济最重要的外部驱动力和内部驱动力的结论，为崆峒区双驱动型循环经济模式提供了有力的支撑。

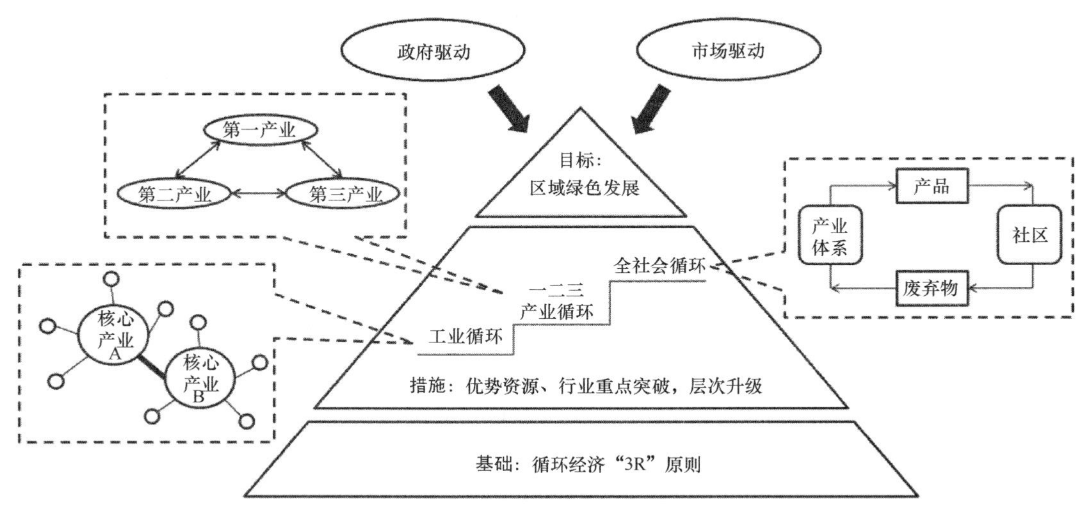

图 7-9　循环工业政府与市场双轮驱动总模式

1. 政府驱动

政府先导，是黄土高原欠发达地区工业循环经济发展模式的最重要特点，也是和崆峒区具备类似条件的其他黄土高原欠发达地区在发展工业循环经济时必须重点考虑的因素。省、地级市政府通过编制循环经济发展相关规划引领循环经济发展大方向，制定激励性产业发展政策为企业打造良好的生长环境。2006 年《平凉市崆峒区循环经济规划》和 2011 年《平凉市循环经济发展规划》的发布，标志着崆峒区在政府驱动下的工业循环经济发展的起步和成熟。针对境内和相邻县丰富的煤炭、石灰石、粘土等矿产资源优势，崆峒区首先建立热电-水泥循环产业链，然后再利用本地肉牛养殖产业基础引进胶原蛋白肽产业建立新的循环产业链。卓有成效的工业循环产业链建设也使崆峒区内的平凉工业园区被纳入甘肃省省级循环经济示范园区。

2. 市场驱动

市场驱动力是另一决定性的工业循环经济发展因素。崆峒区立足黄土高原欠发达地区较为普遍分布的煤炭、石灰石、黏土等建材产业所需矿产资源和良好的畜牧业发展基础，吸收先进技术，承接东部地区产业转移，将市场需求广、发展潜力大的适销对路产品，如水泥、胶原蛋白肽等作为核心产品，实现了资源优势向产业优势、经济优势的转变。同时，根据工业循环经济微观驱动机制分析的结论，企业出于不断追逐经济效益最大化、在市场经济中提高自身竞争力的目的，在发展或引进新生产技术的基础上，不断发展循环经济，积极探索替代原料、替代燃料，延长产品使用周期，提高资源利用效率，减少废弃物排放和自然资源消耗。市场驱动带来的效应还包括发达地区能源密集型企业出于降低能源成本的目的向西部欠发达地区转移产能，从而促进崆峒区闲置电力资源的利用率，促进“热电-水泥”循环产业链中的上游产业稳定发展。

3. 补链联网、重点突破

欠发达地区工业基础薄弱，具体体现在经济规模小，产业结构单一。许多欠发达地区因为缺乏上下游产业联动机制，所以缺乏通过产业生态学方法消减和处理工业废弃物的途径。在这种情况下，发展循环经济应针对区域工业经济系统中不同环节废弃物、污染物形成特点，打造绿色供应链，补充和延伸产业链，将原本相互之间物质流动、能量流动、信息流动联系较弱的单个产业链联合成循环经济网络。例如，崆峒区面临区域内的粉煤灰堆积问题，因此当地有针对性地结合市场需求扩大水泥等非金属矿物建材产业的规模，引进了海螺水泥有限责任公司（后称海螺水泥），通过延伸产业链、构建产业共生体系和促进电力产业和建材产业之间的联动解决了固体废弃物处理的难题。对胶原蛋白肽生产线的引进目的也是有针对性地连接肉牛养殖业、屠宰业、餐饮业和生物工程产业，创造性地来解决废弃牛骨污染问题。

崆峒区的循环产业链建设还体现出重点加强对支柱产业进行循环化改造，通过龙头企业的示范作用带动整个区域的工业循环经济发展的模式。一方面，支柱产业的龙头企业拥有更强的经济实力，能够将更多的资金投入到生产环节的清洁生产改造。另一方面，支柱产业往往也是废弃物、污染物排放大户。支柱产业的循环经济发展在很大程度上决定了区域绿色发展水平，支柱产业在关键废弃物排放、自然资源消耗、能源消耗指标上的提升为区域带来极大的生态效益。

4. 企业小循环助推社会大循环

循环经济的发展包含企业、产业、区域、社会 4 个层次，并且每一个层次上的循环都是上一层的基础和下一层的平台。循环经济发展的目标是循环经济系统规模逐渐壮大，由企业小循环超出产业、区域的范围，创造社会效益，最终实现全社会大循环。在社会大循环中，企业依然是循环经济的主体，需要在循环产业链的设计中充分考虑“产城融合”，在帮助企业获得经济收益、提升品牌形象的同时满足社会发展和民众生活水平提升的需求，需要企业尤其是龙头企业积极承担社会责任（图 7-10）。在崆峒区，海螺水泥承担了解决城区生活垃圾处理的功能，平凉电厂承担了城区冬季居民供暖和吸纳中水的功能。根据能量流分析，城市生活系统产出的生活垃圾进入水泥厂，变成补充热量，最后形成水泥产品的化学能。水泥产品运用于城镇化建设，融入居民生活中，实现了能量和价值的社会循环。当水泥企业开拓更多的城镇废弃物作为替代原料和替代燃料，社会大循环的效应会更加明显。在热电联产系统中，热量进入城镇居民建筑和公共建筑，冷却后的供暖用水回到热电系统，重新加热再投入供暖管道，水资源形成社会循环。城镇污水流入处理厂，形成中水资源供热电厂使用，产出的电力再服务于城镇，形成能力和价值的社会循环。对其他干旱区、半干旱区的欠发达地区而言，可以参照崆峒区的热电联产案例，将火电厂与城市供暖系统、城市中水系统相结合。

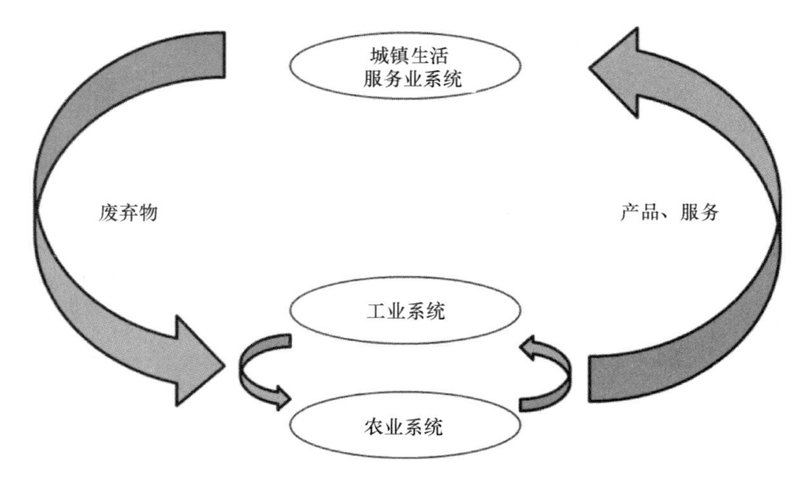

图 7-10　社会循环示意图

第三节　三江源区生态补偿模式

一、三江源区生态补偿现状

三江源区已实施的生态补偿完全属于政府主导型的生态补偿，而且是以中央政府作为主体的纵向生态补偿。从 2005 年起，中央财政决定每年对青海省三江源区地方财政给予 1 亿元的增支减收补助，保障了三江源区机关、学校、医院等单位职工工资正常发放和机构稳定运转。从 2008 年开始，财政部以一般性转移支付形式[详见“财政部关于下达 2008 年三江源等生态保护区转移支付资金的通知（财预[2008]495 号）”]，给三江源区、南水北调地区等，通过提高部分地区补助系数等方式给予生态补偿。这部分转移支付直接下达给青海省财政厅，然后青海省财政厅根据“财政部三江源区等生态保护区转移支付所辖县名单和支付清单”下达给有关州（地）市。

三江源区生态补偿工作以 2008 年实施的生态补偿财政转移支付为重点，是主要基于《财政部关于下达 2008 年三江源等生态保护区转移支付资金的通知》（财预[2008]495 号）、《国家重点生态功能区转移支付办法》（财预［2011］428 号）、《2012 年中央对地方国家重点生态功能区转移支付办法》（财预[2012]296 号）等文件政策实施的生态保护资金补偿以及基于财政转移支付的间接生态补偿。按三江源区生态补偿的概念与目标，现有的三江源区生态补偿主要分为生态工程补偿、农牧民生产生活补偿及公共服务能力补偿。

1. 生态保护工程补偿

三江源区的生态保护工程主要是为了保护和恢复三江源区受损的生态系统，包括对草地、林地、湿地等三江源区主要生态系统的恢复补偿。从 2000 年启动的天然林保护工程到 2012 年仍在实施的《三江源自然保护区生态保护和建设总体规划》中的生态工程，基本采取了项目管理的模式（马洪波等，2009），即先由地方有关部门编制项目规划并报请中央对口管理部门或国务院审核批准，中央财政综合平衡后下达资金计划到地方政府，项目实施中由中央对口部门进行监督管理。

2. 农牧民生产生活补偿

三江源区藏族人口占90%以上，牧业人口占2/3以上，人口密度小于2人/km^2。根据最新的青海国家级贫困县名单（2012年3月20日公布），全区16个县中有8个贫困县，贫困人口占人口总量的70%以上。农牧民为三江源区生态保护牺牲了各种发展机会，国家给予了一定的生态补偿。对农牧民的生产生活给予补偿资金的主要依据是2005年开始实施的《三江源自然保护区生态保护和建设总体规划》，资金主要来源于中央财政资金支持。主要补偿项目是退牧还草集中安置、生态移民和建设养畜配套。

3. 公共服务补偿项目

自2005年开始，青海省确定了三江源区的发展思路，因为以保护生态为主，各种产业发展受到各种限制，三江源区财政收入很少，政府机构的正常运行及公共服务能力建设主要靠中央财政转移支付支撑。近几年，三江源区以专项形式的公共服务补偿形式开展了小城镇建设、人畜饮水、生态监测、科研课题研究及应用推广、科技培训、生态移民后续产业建设、能源建设等项目，这些项目也主要依赖于2005年开始实施的《三江源自然保护区生态保护和建设总体规划》。

二、三江源区生态补偿存在的主要问题与不足

近十多年来，青海省和国家有关部委已经在三江源区逐步实施了形式多样的生态补偿措施，为改善三江源区生态环境状况发挥了巨大作用。但是，从三江源区生态问题产生的根源和解决问题所需要的时间来看，三江源区生态补偿还存在以下几个方面的不足。

1. 顶层设计存在不足

缺乏国家立法保障。在三江源区生态保护和建设问题上未制定统一、专门的法律法规，现行法律没有考虑该地区特殊的生态环境问题，目前所开展的三江源区生态环境保护及补偿的重大政策、关键举措和紧迫问题，没有对应的明确的现行法律。

缺乏稳定的、常态化的资金渠道。三江源区作为全国重要的生态功能区，目前没有建立持续、稳定的补偿资金渠道。虽然国家和地方各级政府已经投入了大量资金用于三江源区生态保护，但均没有针对生态补偿列出明确的科目和预算，多采用生态保护规划、工程建设项目、居民补助补贴的形式展开生态保护。

生态补偿多头实施、分散管理，相关配套及运行费用难以集中管理。由于缺乏明确的生态补偿资金渠道，国家各个部门均从各自领域以不同的方式支持三江源区生态保护恢复，往往需要定期申报，并只能用于某项或某类具体的生态保护措施。这一方面不利于地方政府总体考虑三江源区生态保护需求统筹安排生态补偿经费使用，另一方面，三江源区其他基础设施和公共服务等相关配套及运行费用难以集中管理。

2. 补偿标准与资金投入偏低

近年来，国家通过各种生态补偿方式对三江源区生态保护投入了大量资金，但是这些生态补偿大多是依据国家相关规范或标准确定经费数额，没有考虑三江源区地处高寒地区，所参考的标准与三江源区的实际情况相比明显偏低，这样造成生态补偿的资金投入较少，与三江源区的空间范围和生态问题的艰巨性相比，远远不足以系统性地解决三江源区的生态保护与恢复问题。

3. 后续产业发展艰难

三江源区经济和社会发展相对较为落后，产业主要以草地畜牧业为主。由于社会发展程度低、经济总量小、产业结构单一，三江源区农牧民就业渠道极为狭窄。另外，生态移民文化素质相对较低、劳动技能较差，基本未掌握其他生产劳动技能，且由于语言障碍，其就业工作渠道也非常窄，这就造成三江源区多数移民成为社会闲散无业人员。要使生态移民“搬得出、稳得住、能致富、不反弹”，后续产业的发展是重要保证，也是基层政府面临的最大难题。

三、三江源区生态补偿长效机制重点任务

三江源的生态环境保护主要是要解决两个问题：一是治理修复已退化、已破坏的生态系统；二是减人、减畜、降低区域生态环境压力，避免继续破坏高原生态。所以三江源生态补偿也要围绕这两个方面进行设计，同时完善生态补偿资金筹集、使用、监管、考核等相关制度。鉴于三江源区特殊的生态地位，不能简单依靠国家阶段性和暂时性的补偿政策，需要建立系统、稳定、规范的三江源区生态补偿长效机制。

1. 生态环境治理保护补偿

三江源区生态补偿是国家层面或区域尺度上的生态补偿。三江源区的主体功能是保护中华民族的生态屏障、保护三江源源头区的生态服务功能，只有通过构建生态补偿机制才能维护其生态功能。生态环境保护和建设是生态补偿中的重要内容，主要包括以下内容。

（1）退化草地治理

开展黑土滩治理、沙化防治、鼠虫害治理、湿地保护、水土保持等多项生态治理工程，依据草地退化程度、退化类型、气候条件等因素，对退化草地治理采用差异的补偿政策，建立重点工程区域，加大资金补偿和技术补偿力度，保证退化草地治理补偿的稳定性和持续性，对所需补偿进行全额补助。

（2）生物多样性保护

三江源区是最重要的生物多样性资源宝库之一，有“高寒生物自然种质资源库”之称。生物多样性保护重点针对野外巡护、湖泊湿地禁渔、陆生动物救护繁育和种质资源库建设等工程开展补偿，使生物多样性得到切实有效保护。

（3）退牧减畜工程

依据以草定畜、以畜定人的原则，对所需补偿资金实行国家全额补助，实现三江源

区实际载畜量降低到理论载畜量水平或低于理论载畜量水平。工程实施须分区域制定不同的补偿政策，设定重点工程区域。根据草地产草量差异、退化程度、自然保护区、超载情况等因素，制定不同的分区域补偿政策，结合移民工程等综合开展退牧减畜工程。

（4）生态恢复技术

三江源区自然条件恶劣，生态系统极为脆弱，生态恢复难度极大，针对具体的生态恢复工程如鼠害治理、草场恢复、防沙治沙、人工增雨等要依靠科学技术。在生态补偿方面要加大针对三江源区这种特殊自然条件下生态恢复技术资金支持的力度，加大政府与科研院所间合作，在相关科研立项方面予以政策倾斜，保证三江源区生态恢复技术的研究与应用。

（5）生态监测技术

三江源区面积广阔，自然条件恶劣，监测基础相对薄弱，增加了该区生态系统监测难度。目前在三江源生态监测站点与指标体系建立、草地湿地等生态监测与评估、三江源区生态监测数据库建设、三江源区生态监测影像、图件、数据资料库建设等方面取得了阶段性的成果，应继续加强对该监测工作的资金支持力度，增强监测能力，提高监测水平，为三江源区生态保护与建设工程成效评估、区域环境状况评估预警、重要生态功能区县域环境质量考核和生态补偿提供依据等提供重要的监测技术保障。

2. 三江源区人口控制与能力提升

（1）控制人口数量

三江源区最大可承载牧业人口约为 34 万人，而现在牧业人口约为 65 万人，须转移或转产牧业人口 31 万人。现实要求控制三江源区牧业人口规模，遏制人口不断增长。而单纯采用移民方式转移牧业人口存在后续产业发展艰难、移民生活水平下降、“返牧”现象普遍等问题。因此，应大力发展教育、劳务输出、后续产业培育等各种方式，引导牧业人口科学转移，优化人口结构。

（2）提高义务教育补助，普及“1+9+3”义务教育

对三江源区的学前 1 年幼儿教育、9 年小学和初中教育、3 年职高教育全部实行免费。逐渐提高小学儿童入学率及初中、高中升学率。用 10～15 年时间全面普及免费的义务教育。

（3）增加师资培训补助

为加强师资队伍建设，提高教学水平，规划安排中小学“双语”教学师资力量培训项目，通过在对口支援青海省（市）和该省西宁市、海东地区等地的高校进修，并结合在中小学交流学习的方式，对三江源区低学历的中小学教师进行轮流培训，并逐步扩大培训规模。

（4）完善教育基础设施建设补助

对三江源区现有学校的危房进行修缮。按照国家校舍建设相关标准和教学设备配置标准，对移民社区所在城镇的现有的各级各类学校进行改扩建。根据新增学生数量增设课桌椅及学生用床，为新扩建的班级教室配置基本教学设施和远程教育设施，为每个初高中、职业学校增加教学实验器材，为每个学校配备音乐、体育、美术器材和进行“三室”建设。

（5）加强农牧民技能培训

生态移民迁移之后的后续生产、生活问题直接关系到减人、减畜目标的实现，但三江源区牧民迁入城镇后缺乏基本的生存技能。因此，加强对农牧民的双语、基本生活和劳动技能培训，发展劳务经济，组织劳务输出，是解决三江源区搬迁牧民就业问题的关键。

对三江源区 19～55 岁的成年农牧民以不定期培训的方式进行基本的双语和生活培训，逐年降低其文盲率并逐步使其适应现代生活方式。积极开展农牧民劳动技能培训，通过集中培训、自学和现场培训相结合，用 8～10 年的时间使农牧民每户有 1 名“科技明白人”，每人掌握 1～2 项实用技术，劳动力转移就业率逐渐提高。首先，对草场管护人员进行生态管护方面的培训。另外，对农牧民开展生态保护与治理技术、餐饮服务、机电维修、机动车修理、石雕制作、民族歌舞表演、民族服饰制作、导游与旅游管理、藏毯编织、民族手工艺品加工、民族食品加工、特色养殖和种植、农牧业经纪人、驾驶技能等科技知识和劳动技能培训（李芬等，2014）。

3. 三江源区优势产业培育

依托三江源区的自然资源优势，培育优势产业，将目前单一的草原畜牧业逐渐发展为多元化产业，调整产业结构，促进特色产业发展、传统产业改造升级优化，为农牧民的就业创造更多岗位。

（1）继续培育三江源区生态畜牧业

三江源区是天然绿色食品和有机食品生产的理想基地，具有发展生态畜牧业的优势条件。因此，建议在各州、县各自建立示范村，引导牧民开展以股份合作经营为主的草地集约型、以分流劳动力为主的草地流转型、以种草养畜为主的以草补牧型生态畜牧业。同时，国家须对三江源区生态畜牧业发展体系中的配套基础设施建设、市场和技术支撑体系建设给予补助。

（2）积极发展高原生态旅游业

三江源区旅游资源丰富，发展潜力巨大。因此，政府须通过财政补贴、贷款贴息、税费减免等手段加大对三江源区生态旅游产业的补偿投资，将生态旅游业发展成三江源区的重要替代产业和替代生计。

设立三江源区旅游发展专项资金，统筹安排三江源区旅游规划、旅游产品宣传、旅游景区经营管理和相关人员培训工作。对三江源头、可可西里、扎陵湖-鄂陵湖、年保玉则湖群等重点景区和景点的旅游基础设施建设、管理体制完善和旅游招商引资进行补偿。另外，积极扶持乡镇“牧家乐”、农牧民民族歌舞团、藏民风情文化村的建设，同时加强农牧民导游、景点服务、民族歌舞和农牧民参与旅游发展的扶持力度。

（3）大力扶持民族手工业

藏毯以羊毛为原料，具有浓郁的民族特色。藏毯业是劳动密集型产业，工艺简单，适合妇女劳动力。另外，民族服饰和首饰业、雕刻业等民族手工业历史悠久、技艺精湛，具有一定的市场影响力和发展前景。因此，政府应从资金、技术、人才培训方面给予大力支持，扶持以藏毯、民族服饰、民族首饰、毛纺织品、雕刻为重点的民族手工业的快速发展，在三江源区各州分别建立藏毯、民族服饰、首饰、雕刻业等民族手工业产业基地。

（4）积极扶持自主创业

对初次自主创业人员给予一次性的开业补助。跨州、跨省创业的，给予一次性交通费补助。同时，在创业培训、项目推荐、开业指导、小额贷款等方面采取优惠政策予以扶持。建立三江源生态移民创业扶持专项资金，并逐步扩大生态移民创业基金规模，引导和鼓励农牧民自主创业和转产创业。

（5）提升后续产业技术

后续产业具体技术问题更需要技术保障和人才支持。应加强政府与规划科研院所的合作，解决宏观产业规划布局技术难题；加强政府与企业、各大高校、科研院所的合作，解决具体产业生产技术难题，保障三江源区后续产业顺利发展。

4. 三江源区农牧民生产生活条件改善

三江源区是少数民族聚集区，由于自然、历史和社会发育等方面原因，多数群众处于贫困状态。为了保护三江源区生态环境，当地牧民需要放弃原有的生产生活方式，为地区和国家的生态安全做出了贡献。提高农牧民生活水平是生态补偿的重要内容。

（1）生态移民安置

实施生态移民是三江源区进行生态保护和建设的重要措施。按照尊重群众意愿的原则，对草地退化严重区、自然保护区核心区和超载严重的区施行生态移民，安置在城镇附近、移民社区或其邻近区域，至2020年实现牧业人口转产就业35万人，牧业人口转产就业安置工作结束，完善安置区的基础设施建设，保障基础设施建设资金投入。

（2）提高生活补助标准

为保证移民工程实施的成效，增加对已搬迁户、生态移民户、退牧减畜户的住房建设补助、基本生活燃料费补贴和生产费用的补助标准。国家在饲料补助、饲舍建设、人工饲草地建设、牧民生产资料综合补贴等原有补偿内容上保持延续性，同时加大对农牧民生产性投入力度，扩大受益人群，增强农牧民自身创收能力。

（3）基础设施建设

为确保基本公共服务能力与社会经济发展的要求相适应，保证在原有基础设施条件提高基础上，增加新的基础设施建设。优先建设城镇基础设施，保证为居民提供公共服务的基础条件，营造一个良好的生活环境，引导牧民自愿搬迁。优先供排水、供电、道路交通、通讯、环保（垃圾、废污水处理）和供热等基础设施的建设，重点建设区域在城镇和移民社区优先开展，逐步扩大受益人群。利用现代化信息技术手段，实现三江源区科技服务信息化。

（4）公共事业建设

不断加强公共卫生和妇幼保健服务体系建设，满足当地农牧民群众均等化享受预防保健和基本医疗服务的需求。进一步加强三江源区的乡镇综合文化站、文化进村入户、送书下乡等文化惠民工程建设，不断完善和健全三江源区的公共文化服务体系，不断丰富和满足各族群众的精神文化需求。

5. 三江源区生态保护法规建设

通过全国人大或国务院出台三江源区生态保护法律法规，界定三江源区生态补偿内容，确保三江源区居民的主要收入从提供生态服务产品中获得，将三江源区生态保护上升到立法层次，以法规形式将重点生态功能区补偿范围、对象、方式、标准和资金的筹资渠道等确立下来，建立权威、高效、规范的生态补偿管理、运作机制，促使生态补偿工作走上法制化、规范化、制度化、科学化的轨道。重点针对禁牧、牧民搬迁、环境治理、湿地保护、人口教育、产业发展、资源开发、保障措施、执法主体等做出明确规定。

6. 三江源区生态补偿资金筹集

加强对各类资金的整合捆绑使用，尽快建立专门的三江源区生态补偿资金投入渠道，保证稳定的、长期的、按年度的三江源区生态补偿资金投入，授权青海省政府总负责专项资金的统筹规划使用。把三江源区生态补偿纳入国家财政预算，形成统一集中的三江源区生态补偿专项基金，国家各部委不再单独以生态保护项目的方式对三江源区开展生态补偿。三江源区生态补偿资金根据生态保护工作的需要，由三江源区生态保护责任部门统筹规划分配使用，统一由专项基金按年度预算下拨补偿资金，逐步实现三江源区补偿资金以专项资金投入替代项目资金补偿，提高生态补偿资金的使用效率。

7. 三江源区生态补偿绩效监管

建立专门机构，对生态补偿进行绩效监管，保障生态补偿工作的顺利实施，确保生态保护和恢复成效得以实现，提高地方政府的执行效率，保证资金合理使用。

（1）建立新型绩效考评机制

在三江源区，在兼顾经济发展的同时，突出本地区维系全国生态环境系统稳定的重要作用，制定生态、民生、公共服务等方面的综合考核指标，建立以生态保护和恢复为核心的考评体系，形成新型绩效考评机制，使政府树立起绿色执政理念。考核结果要与政府责任及领导考核联系起来，作为政绩考核、干部提拔任用和奖惩的依据。

（2）加强生态建设监管

成立生态监管机构，由县、省两级构成，负责退牧减畜、草地恢复和生态保护各个方面的监督执法检查，组织开展三江源区生态保护执法检查活动，负责生态保护行政处罚工作。建设生态管护监测站，聘用管护监测人员，不仅监管超载过牧违法违规行为，其他破坏生态的行为，如挖土取砂、临时作业等也在监管职责范围内。

（3）监督生态补偿资金使用

依托三江源生态建设专职机构，成立配套的资金监督管理领导组。监管组要做好项目实施过程中的招投标管理、合同审核、工程审价、审计等方面的工作，不定期地开展检查监督，对三江源区生态补偿的资金使用和执行情况进行跟踪。严格监督检查和责任追究，坚持“问责”与“问效”并重，对项目实施及资金落实情况加强监管，强化审计监督；联合纪检、监察等部门，以及公检法等机关，严肃查处项目管理和资金使用中的违纪、违规行为，充分发挥三江源区生态补偿资金的最大作用。

（4）强化三江源生态环境动态监测

为了实现对三江源生态保护与建设工程的成效评估、区域环境状况评估预警、重要生态功能区县域环境质量考核和生态补偿提供重要依据，须结合地面监测与空间监测，制定生态环境动态监测综合指标体系和退化单项预警和综合预警值，确定监测重点区域及重点内容等。进一步整合现有监测资源、加强多部门协作、合理布局监测网点、统一监测评价技术标准，编制年度监测报告，开展监测与管理信息系统建设。

第八章　西部生态脆弱贫困区生态文明建设政策建议

第一节　加快推进西部重点生态屏障区国家公园建设

生态安全屏障保护与建设工程实施以来，西部开展了天然草地保护、野生动植物保护、重要湿地保护等一系列工程项目，生态系统退化趋势得到初步遏制，生态系统服务功能得到逐步加强。但是，西部地区依然面临人地矛盾突出、保护地空间格局不合理及与生态保护不平衡等问题，亟待通过国家公园建设，实现西部地区人与自然的和谐发展。

西部地区建设国家公园群，有助于构建新型自然保护地体系，推动全区国土空间格局的优化利用，有助于保护和利用好自然生态文化资源，有助于实现全面小康和生态保护的协同发展，对于西部生态文明制度改革具有重要意义。

一、建立必要的准入制度

为了避免重蹈自然保护区重数量、轻质量和多建不管的覆辙，对国家公园这一新的保护地类型建立准入制度是非常必要的。划定国家公园是一项复杂而细致的工作，由于土地权限、人力、科研实力、资金等各方面的限制，各级行政主管部门可以根据当地实际情况，综合统筹考虑各类保护地，每个生态地理单元在当地生态环境保护、经济建设、社区发展等方面所起的作用，拟建国家公园必须要选择一些典型的、有代表性的和有科学或实践意义的地段，明确拟建国家公园的核心资源、任务、近期和远期的目标；并使原有保护地与新建国家公园布局合理，形成科学的自然保护体系。综合考虑，拟建国家公园应满足下列条件：①对于自然类型景观（包括生物与地貌景观）保护单位的选择应考虑自然资源在国家或区域水平上的代表性；景观的独特性；该保护单位在维护自然野生种群数量方面所具有的潜力；生态系统的完整性；自然资源用于公众教育与欣赏的可能性；保护单位在用地与资源等方面受人为因素影响的程度。②对于人文类型保护区的选择应考虑人文资源所反映的事件在人类历史、中国历史和民族历史中的重要性；人文资源在反映历史上的技术进步，如建筑形式、风格、建造技术等方面的重要性，尤其是在反映西部历史发展中的重要性；人文资源保存的完整性；用于公众教育与欣赏的可能性。对于那些兼具自然与人文特性的保护单位，在选定时应同时考虑以上诸多因素。建议加强力量对每一个潜在保护单位的资源重要性与保护措施实施的可行性进行研究，形成个案研究报告。并在此研究基础上形成提案，最终由当地人民代表大会讨论通过。在提案中应明确个体保护单位的用地边界。

二、建立公众参与和合作管理机制

在南非德班举行的“第五届世界保护地大会”曾提出以下原则：“建立并管理保护

地应该有利于消除当地贫困状况，至少不应该导致或者加剧贫困”。作为公共资源的保护地，应该吸收公众积极参与保护地的维护与管理。我国现阶段建立国家公园体系必须重视周边社区的生存利益与经济发展。要致力于减少而不是加重社区贫困，要与乡土居民和当地社区共同管理、共享利益。

三、建立资金筹措机制

由于西部地区财力有限，用于国家公园建设管理的经费也有限。因此，构建多渠道的资金筹措机制，使多种资金来源相辅相成，对国家公园建设管理尤为重要。除了政府投入外，应通过合理利用国家公园有形、无形资源，使投入渠道多元化。可采取以下方法：①建立特许经营许可证制度；②保障门票收入用于管理、保护，免征税金；③根据国家公园资源有偿使用的原则向必需的饭店、宾馆、旅行社、交通运输等收益的经营单位征收风景名胜资源保护管理费。总之，对于国家公园管理的直接投入应当是法定的、稳定的，应当纳入国家经济和社会发展规划之中。

四、探索国家公园利益分配机制

推进“政府主导、管经分离、多方参与、分区管理”，实现责、权、利统一的管理模式。国家公园资源管理的主体、投资的企业、社区居民等都应该履行保护责任，并享受利益，可以实行股份制，资源价值可以评估后入股。产生的利益不能忽视当地居民，特别是应该把经济效益的主要部分用于保护资源，确保资源持续保护，永续发挥国家公园的多种功能。

第二节　完善国家生态屏障保护生态补偿机制

确立“环境保护靠补偿，污染治理给补助，经济发展予扶持”的基本思路。生态功能区要承担生态屏障的功能，开发强度、产业发展空间必然受到很大程度的限制，政府的财政收入、居民的就业机会和收入也会受到影响。因此，建议确立“环境保护靠补偿，污染治理给补助，经济发展予扶持”的基本思路，即对于总体环境质量的稳定和改善要通过一般性的补偿方式，确保生态区的基本公共服务能力不低于全国平均水平，确保生态区不再因为生存和发展的原因而进行环境破坏型开发建设；对于已存在、历史形成的污染源，要通过专项性的污染治理补助资金，帮助地方尽快解决；面向未来建立生态环境保护的长效机制，可通过产业发展专项扶持和促进资金，来支持生态区的发展模式转变、经济转型，帮助其走生态环境友好型经济发展之路。

一、构建生态屏障保护国家补偿制度

推动建立流域横向生态补偿制度和东、中、西区域生态补偿制度，扩大自然保护区、森林公园等重点生态功能区转移支付范围，建立矿产等资源开发的生态补偿制度。加快草原、湿地生态补偿试点，探索森林碳汇交易等市场化生态补偿机制。建立生态补偿动

态调节机制，逐步提高补偿标准。

二、加强生态补偿制度顶层设计以推进综合性补偿

加强生态补偿制度顶层设计，从单一要素补偿、分类补偿向综合性补偿发展。从总体来看，目前我国生态补偿实践主要局限于单一要素资源补偿而展开，如退耕还林生态补偿、森林生态效益补偿、天保工程补偿、水源地保护生态补偿、矿产资源生态补偿等。在这些领域，利益相关方关系相对清晰、生态保护对象明确、补偿目标相对单一，实施绩效较为显著。同时，上述生态补偿实践基本上还属于功能分类补偿，即是从各单项政策角度出发来设定和实施的，相互之间尚没有形成有机衔接、协调匹配的整体补偿政策，甚至存在零敲碎打特征。随着环境、生态因素在经济社会发展中的作用和影响的进一步凸显，特别是随着国家范围内的主体功能区政策的实施，生态补偿将会影响更大范围、更广区域、更多社会群体和更深远层面，生态效益也将更为全面综合，在这种形势下，就必然要求生态补偿要从单一性的资源要素补偿转向基于经济社会全方位影响的综合性补偿，要加强顶层设计，推进各单项补偿政策的综合集成和有机融合。

三、由输血式补偿转变到造血式补偿

目前已有的生态补偿政策和资金更多是以具体工程和项目为载体，这种由中央指定用途，通过“戴帽”方式下达的资金有利于专款专用、集中解决某些具体问题，但同时也存在全国性统一指令与地区环境保护实际需求相脱节，使得地方不能根据自然、地理等客观条件因地制宜地安排生态保护和治理工程。未来生态补偿应更多地与甘肃的经济转型、发展能力提升和居民脱贫致富相结合起来。

将财政转移支付从按项目补助更多地转向区域性综合补偿，监督考核上从具体工作任务目标考核转到以区域生态环境质量为主的综合绩效考核。现行中央对西部专项性的生态补偿政策，还基本停留在一事一补上，缺乏稳定性、可预见性和连续性，没有形成规范化、制度化的运行机制，不能从根本上解决问题，也不利于区域经济转型。从推动生态补偿改革的角度来说，中央可积极推动有关部门将财政转移支付从按项目补助更多地转向区域性综合补偿，监督考核上从具体工作任务目标考核转到以区域生态环境质量为主的综合绩效考核。

第三节　对西部生态脆弱贫困区实施特殊扶贫攻坚政策

一、加大生态建设扶贫力度，引导部分农牧民向生态工人转变

结合退耕还林、退牧还草、公益林补偿、天然林资源保护、三北防护林体系建设及生态综合治理等重点生态工程，挖掘生态建设与保护就业岗位，为生态保护区的农牧民提供就业机会，提高农牧民收入水平；依照当地环境资源承载力，积极促进农牧民放弃原有的不利于生态环境保护的生产方式，引导部分农牧民成为生态建设的重要力量，重

点加强对林业防护生态工人、节水灌溉生态工人、退耕还林生态工人及植树造林生态工人等的培养，稳步推进生态工人队伍建设。探索建立生态保障区生态补偿的机制，减少因灾返贫风险；探索生态环境服务转化为市场价值有效途径的机制，促进农民增收致富。推进特色生态产业扶贫发展，全力提高农牧民收入水平。发挥贫困地区的自然资源和生态环境优势，积极培育特色无公害农产品、绿色食品和有机食品，鼓励和帮助龙头企业按照市场运作的方式，与农户建立合理的利益联结机制，带动和扶持贫困农户发展生产，通过特色生态产业加大贫困人口的收入。打造特色农业重点品牌，特别是贫困地区绿色食品认证、原产地认证和农产品质量安全体系，保证每个重点品牌产品有广告策划方案、利用各种宣传平台宣传品牌，在全社会形成品牌效应，促进拓宽产品市场，实现生态产业农户可持续收入增长。加快贫困地区生态旅游、节水产业等其他生态产业发展，千方百计吸收当地农牧民劳动力。

二、拓展整村推进工程，促进农村生活环境与自然环境融合

科学把握扶贫开发与生态环境建设、农村环境优化间的关系，以整村推进为基础，以县域为重点，鼓励多方整合资源，统一规划、集中投入，实行水、电、路、气、房和优美环境“六到农家”工程。进一步推进基础设施及社会事业发展重点项目建设，积极实施清洁能源、卫生厕、卫生厩、路旁植树、道路绿化及庭院绿化等环境优化项目。对贫困村相对集中的地方，可连片制定规划，实行整乡、整流域、整片区扶贫攻坚的整体推进，提升整村推进、连片开发的规模效益。采取考核奖励、建立产业协会、扶贫互助社等方式，加强对已实施整村推进项目村的后续管理，巩固扶贫成果。以水源涵养林区、省级以上自然保护区、风沙及荒漠化威胁严重区、生态环境脆弱区、重要生态功能地域等为重点，进一步推进生态移民范围和补助力度。重点实施将生活在自然条件恶劣、地质灾害频发、缺乏基本生存条件、就地脱贫无望的生态脆弱区人口向资源、环境承载能力强的地区迁移的策略。积极拓宽集中连片贫困区劳务输出渠道，积极实施探索和支持劳务移民，促进就业地落户安家。

三、加强职业技能培训，鼓励贫困地区劳动力向东部沿海地区转移

采取多种形式和途径鼓励贫困地区向东部沿海地区有序劳务输出，从根本上缓解当地人口和环境资源压力。健全政府主导和社会参与相结合的劳务培训体系，整合培训资源和培训资金，推进培训方式改革创新。重点依托“两后生”[①]培训，加强对贫困地区劳动力转移就业的职业技能培训，明确扶贫对象，建立培训档案，分年度制定培训计划，落实培训对象，采取补贴生活费、交通费、办证补贴和就业、创业贷款贴息补贴，实现贫困户“两后生”一对一补助。不断提高劳务输出的组织化程度，借助政府力量在东部沿海地区创建劳务合作平台，拓展劳务输出渠道，开展订单培训，扩大劳务经纪人队伍规模。健全农民工工资保障、就业管理和社会保障制度，建立贫困地区农民工外出打工的长期稳定渠道。

① “两后生”指初中和高中毕业但未能继续升学的贫困家庭中的富余劳动力。

第四节　出台西部生态脆弱贫困区绿色低碳循环产业扶持政策

一、推进生态建设与保护的产业化进程

转变生态环境保护和产业发展相对立的观念，牢固树立“绿水青山就是金山银山”的理念，将生态建设提升到缓解经济发展与生态环境保护压力、富民惠民的高度来认识，按照主体功能区规划的要求，坚持把产业转型发展与生态建设相结合。以生态保护工程实施和生态综合治理为契机，加大生态建设与保护资金投入力度，因地制宜探索生态建设与保护产业发展模式。积极培育高效环保节水和灌溉设备产业，大力发展风能、太阳能、核能及核燃料、生物质能等能源产业，促进国民经济向绿色生态转型。加快体制机制创新，形成生态建设与保护产业发展的微观体制基础。

二、充分挖掘生态价值，大力推进生态资源型产业发展战略

紧紧抓住国家转变发展方式的战略机遇，以有效缓解经济社会发展的资源、环境瓶颈制约和提高经济发展质量为目标，以市场为导向，以资本为纽带，以财税、金融、劳动力等要素制度创新为重点，立足生态资源，贯彻循环经济理念，不断拓展和延伸产业链，加快发展生态资源型产业。做大、做强生态农业，做强、做精文化旅游产业，积极培育生物产业等新兴产业。

三、加强对企业技术创新的扶持力度

提升西部地区劳务税和货物税收的扶持力度，将加计扣除费用的范围进一步扩大，并将企业的研发费用纳入其中。对企业技术开发使用的设备可以应用五年加速折旧的方式来给予支持，让企业能够将科学研究的费用消耗放在税前列支当中，当地企业利用利润进行技术研发时，可以实行税收抵免的政策。对于进行新能源开发的公司，在财税扶持上应该提高比重，并依照该产业的实际特征，制定只能西部地区企业享受的优惠税收政策，对于企业的节水、节能及环保等项目，应使用设备投资抵免和“三免三减半”[①]等政策，从而有效推动相关项目的发展效率。

四、加大对产业结构调整的财税政策支持

针对西部的食品加工、生物制药、新能源开发和利用等产业实施专门的优惠政策。降低西部地区的财税扶持门槛，重点支持交通、农业、能源等基础产业的企业，不论其规模有多小，都要将其归属到财政扶持政策中。对于从事环保、高科技的公司，在财税

①“三免三减半”指符合条件的企业从取得经营收入的第一年至第三年可免交企业所得税，第四年至第六年减半征收。

政策上应该扩大其增值税税前抵扣的范围，从而推动当地公司的发展竞争力。

五、加强西部地区农牧业发展的财税扶持政策

第一，针对西部地区的特色农业现代化、产业化发展目标，要在开发投融资和税收方面给予大力支持，制定详细的扶持政策和落实措施。对相关的农机作业、农技推广以及农作物品种培育等制定详细的开发培育计划，同时配套相应的税收优惠，保障当地的农业产业在市场中的竞争实力。第二，针对当地农民购买相关设施中所要承担的税收，应给予一定优惠，同时，将相关财政扶持范围扩大到牧业、林业及其他副业。第三，对增值税在农业产业税收中的占比应给予一定降低，提升农民的收入，同时，保障从事农业的企业利用生产资料来抵扣增值税额，提升其发展的动力。另外，针对农业废旧物、运费及农业产品的抵扣率可以进行提升，确保适用税率持平。

专题研究

专题一

黄土高原生态脆弱贫困区——甘肃省平凉市的生态文明建设模式

一、黄土高原概况及生态文明建设面临的挑战

（一）黄土高原概况

黄土高原是世界上最大的黄土沉积区，位于中国黄河中上游地区，介于 33°43′～41°16′N，100°54′～114°33′E，横跨青海、甘肃、宁夏、内蒙古、陕西、山西、河南 7 个省（自治区）的大部或部分，主要由山西高原、陕甘晋高原、陇中高原、鄂尔多斯高原和河套平原组成。黄土高原东西长 1000 余千米，南北宽 750km，包括中国太行山以西，青海省日月山以东，秦岭以北，长城以南的广大地区，位于中国地势的第二级阶梯之上，平均海拔在 1500～2000m，总面积 64.62 万 km^2。黄土高原流域面积大于 $1000km^2$ 的直接入黄支流有 48 条，全区地表水资源量 105.56 亿 m^3。

黄土高原自南向北纵跨暖温带、中温带两个热量带，自东向西横贯半湿润和半干旱两个干湿区，具有典型的大陆性气候特征，多年平均气温 9～12℃。大部分地区年降水量在 400mm 左右，全年总雨量少且雨季集中，一般集中在 6～9 月，占全年的 60%以上，且以暴雨为主；气候干燥，蒸发量大，无霜期短；大风、霜冻等自然灾害现象频繁，植被生长的环境条件较差。

黄土高原是世界上水土流失最严重和生态环境最脆弱的地区之一，地势由西北向东南倾斜，除许多石质山地外，大部分为厚层黄土覆盖，厚度一般为 50～200m，经流水长期强烈侵蚀，逐渐形成千沟万壑、地形支离破碎的特殊自然景观。黄土高原土壤侵蚀面积达 39.08 万 km^2，土壤侵蚀模数≥15000 $t \cdot km^{-2} \cdot a^{-1}$ 的剧烈水蚀面积 3.67 万 km^2，占全国同类面积的 89%。其中水力侵蚀面积 33.41 万 km^2、风力侵蚀面积 5.62 万 km^2、冻融侵蚀面积 0.05 万 km^2。黄土高原是黄河泥沙的主要来源区，多年平均入黄泥沙达 14 亿吨。黄土高原被划分为土石山区、河谷平原区、风沙区、丘陵沟壑区、高塬沟壑区及土石丘陵林区 6 个类型区。

黄土高原植被带由东南向西北依次为森林带、森林草原带、典型草原带、荒漠草原带和草原化荒漠带。区域内森林资源有限，其面积不足黄土高原总面积的 10%，主要是次生混交林，且主要分布在土石山区、子午岭和黄龙山区一带。在黄土高原的绝大部分地区，天然植被以灌丛和草地为主，间有零星人工疏林。

平凉市位于陕甘宁相接的边缘欠发达区域，是丝路重镇；该地区地表破碎，水土流失严重，干旱缺水，重化工业与城市生活污染及农村面源污染复合叠加，生态经济矛盾

尖锐；其经济欠发达，煤电、草畜、果菜、旅游资源型产业增长乏力；人口密度大，是国家集中连片贫困区六盘山片区，是扶贫攻坚重点区域；属于城乡二元结构，城镇化和美丽乡村建设滞后，其城镇化率为38.97%（2016年11月）。

1. 平凉市社会经济发展成就与面临的机遇

（1）经济水平具备一定竞争力

近年来，平凉市经济水平实现稳步增长，2016年GDP总量达到367.3亿元，人均GDP达到17 507元。尽管平凉市的人均GDP与全省最强的城市兰州、酒泉、嘉峪关、天水等相比存在一定差距，但与周边地州相比，平凉市的GDP总量和人均GDP仍属较高，与周边地州相比具备一定竞争力。

2008年以来，平凉市GDP总量领先于周边的定西市、陇南市、临夏回族自治州、甘南藏族自治州等偏。

（2）旱作农业和林果业较为发达

平凉市旱作农业和林果业较为发达，是甘肃第二大水果产地。双垄沟播玉米、脱毒马铃薯、苹果产业等是平凉的优势产业。2016年，水果产量达到120余万吨，占甘肃省的26%，仅略低于天水。水果产业的发展在促进果产品加工企业发展、带动城乡就业、提高农民收入、提升地区形象方面起到了突出的作用。

（3）能源原材料资源本底较好

平凉市能源原材料资源本底较好，是陇东能源化工基地的重要组成部分。煤炭、石灰石储量居全省首位；华亭煤田是甘肃第一大煤田，也是全国13个大型煤炭基地之一，煤的地质储量650亿吨，且煤质优良，具有高活性、高发热量、低灰、低硫、低熔点的特性；页岩油、铅锌矿、硫铁矿、陶土等多种矿产资源储量也可观，开发潜力巨大。

（4）煤、电、建材是工业三大支柱

2016年，平凉市煤、电、建材三大行业完成工业增加值35.48亿元，占全市规模以上工业增加值的83.0%。其中，煤炭行业工业增加值18.87亿元；电力行业工业增加值12.4亿元；建材行业工业增加值4.21亿元。

（5）历史悠久、文化灿烂、旅游资源丰富

平凉市历史悠久、人文荟萃，旅游文化底蕴深厚，为古丝绸之路北线东端重镇，被称为“西出长安第一城”。有“道教第一山”——崆峒山（崆峒区）、王母宫——西王母降生处的回中山（泾川县）、西周第一台——古灵台（灵台县）等历史遗址和西周青铜器（灵台县）、南宋银本位货币银合子、佛舍利金银棺（泾川县），被誉为“中华之最”。平凉也是我国针灸学鼻祖、晋代医学家皇甫谧（灵台县），唐代著名宰相牛僧儒（灵台县），南宋抗金名将吴玠、吴璘（庄浪县），明代“嘉靖八才子”之一的赵时春（崆峒区）的故乡。平凉有国家重点风景名胜区、国家首批5A级风景名胜崆峒山，还有王母宫、温泉、柳湖、南石窟寺、龙泉寺（崇信县内）、莲花台、紫荆山、云崖寺（国家森林公园），以及明代宝塔、李元谅墓等风景名胜、文物古迹等，都是寻根访古、观光旅游、避暑休闲的好去处。

目前，平凉面临以下六大发展机遇：①国家生态文明战略实施将促进平凉市加快实现绿色转型；②“一带一路”倡议为平凉提供对外开放新平台和经济增长动力；③甘肃建设国家循环经济示范省将助推平凉低碳循环产业发展；④甘肃华夏文明传承创新区搭建文化舞台促进产业飞跃；⑤甘肃国家生态安全屏障综合试验区建设有利于平凉生态建设与环境保护；⑥国家推进新型城镇化将助推平凉城镇化质量提升。

2. 平凉市社会经济存在的问题

（1）综合竞争力处于较低水平

平凉市城市综合竞争力指数处于100～200，处于西北地级城市第四梯度水平，与处于第一梯度水平的省会城市兰州差距较大。单项竞争力方面，平凉的基础竞争力、开放竞争力及市场竞争力在甘肃和西北地区均处于较低水平。目前，平凉的市场环境有待于进一步完善，在河西走廊地区参与全球经济市场和与外界的经济联系程度不够高，与其他区域的协作机制尚未得到很好的建立，距离发展外向型经济还有较大的差距。

城市生活质量竞争力方面，平凉在甘肃和西北地区仍排名靠后，表明平凉在城市基础设施建设和丰富城市居民文娱生活方面处于较低水平。

（2）面临巨大转型压力

平凉市资源型经济特征突出，制造业结构单一，面临巨大转型压力。2016年，平凉市三次产业增加值比为 28.0∶24.8∶47.2，呈三一二型产业结构，虽然近年第二产业比例有所降低，但在国民经济中仍具有举足轻重的影响。随着平凉千亿级煤、电、化、冶产业链的建设，第二产业未来仍有大幅度提升的空间。就目前制造业结构来看，经济发展过度依赖于煤、电、建材等少数支柱产业。例如，2016年，煤、电、建材三大支柱产业增加值占规模以上工业增加值的83%；最近五年来，煤、电支柱产业实现利税占规模以上企业的比例也说明了同样的问题。

（3）经济新常态下工业经济发展引擎后劲不足

近年来，平凉市经济发展模式依然以投资拉动为主，投资与地区生产总值之比居高不下（专题表1-1）。在我国经济进入新常态的大背景下，企业投资需求在不断降低，靠投资拉动经济增长的发展模式正逐渐受到抑制。同时，我国经济正努力实现经济发展方式转型，投资为主的发展模式与当前经济大环境不协调。近五年来，平凉市固定资产投资结构表明了投资拉动增长的不可持续性，主要特征表现为过亿和过10亿的项目投资不稳定，年际变化大（专题表1-2）。

专题表1-1 平凉市固定资产投资结构

年份	固定资产投资（亿元）	地区生产总值（亿元）	固定资产投资/地区生产总值
2010	266.00	231.89	1.15
2011	315.00	276.19	1.14
2012	417.95	325.36	1.28
2013	442.84	341.92	1.30
2014	537.56	350.53	1.53
2015	602.95	347.70	1.73
2016	670.75	367.30	1.83

专题表 1-2 平凉市固定资产投资结构占比

年份	大于 500 万占比	大于 5000 万占比	过亿占比	过 10 亿占比
2010	0.84	0.66	0.54	0.35
2011	0.87	0.59	0.39	0.04
2012	0.93	0.70	0.52	0.13
2013	0.91	0.86	0.67	0.15
2014	0.93	0.70	0.32	0.09
2015	0.56	0.08	0.02	0.56
2016	0.24	0.18	0.03	0.24

（4）城镇化率和城镇化质量都偏低

2016 年，嘉峪关、兰州、酒泉、金昌等城市城镇化率较高，其中，嘉峪关市城镇化率高达 93.42%，兰州市次之为 80.85%。平凉市以工业和农业为主要驱动力，其城镇化速度较慢，城镇化率为 35.97%，低于甘肃省平均水平。2016 年，平凉市 GDP 仅排在甘肃省各州、市中的第 8 位，人均 GDP 仅排在甘肃省各州、市第 11 位，均低于甘肃省平均水平。GDP 增长速度为 5.64%，仅排在甘肃省第 10 位。

（5）水资源短缺，生态较为脆弱，贫困问题依然突出

平凉市地处甘肃东部，属于大陆性温带干旱半干旱季风气候。年平均降水量 511.2mm，年平均蒸发量达 1379mm，干旱发生频繁，为首要灾害。可谓是“十年九旱”。由于干旱少雨，山体陡峭、地形破碎、土壤瘠薄、崖体裸露、砂石交错、生态脆弱，生态建设任务非常艰巨。平凉市是六盘山特困片区的重要组成部分。2016 年尚有 30 万贫困人口亟待脱贫。

（二）黄土高原生态文明建设面临的挑战

黄土高原是我国水土流失最严重的地区之一，也是我国经济最贫困的地区之一。在这一巨大的区域生态经济系统中，生态系统与经济系统之间仍表现为强烈冲突的不协调状态，环境与发展之间的矛盾也未有效调和，不少地区生态破坏与经济贫困所形成的恶性循环仍在继续。黄土高原生态文明建设面临着巨大的挑战。

1. 黄土高原地质疏松易蚀，植被覆盖差

黄土高原地表存在植被稀少和土层厚而松的实际情况，一旦发生暴雨或大雨，则该地区经常出现泥石流和山洪，这就造成了纵横沟壑，经过长时间积累，许多狭长纵横沟壑和梁峁等最终被冲刷和分割成许多大小不一的梁、峁、沟壑，这些大小不一的梁、峁、沟壑进一步加剧了水土流失。黄土高原地区自然植被破坏严重，去除苗圃地、未成林地，全区森林覆盖率为 12%；去除灌木林和疏林地，森林覆盖率仅为 6.5%。现有草场面积中，中度和重度退化的占总面积的 68.8%，草场的植被覆盖度为 25%～65%。植被覆盖差，严重限制了植被在水土保持方面的作用的发挥。

2. 黄土高原水资源贫乏，水土流失严重

黄土高原地区是全国著名的缺水地区之一。这里水资源量少质差，人均水量和单位面

积水量仅相当于全国平均水平的20%和10%，干旱灾害严重。春末夏初的干旱十分常见，秋涝、霜冻等灾害也时有发生。黄土高原降水集中于7～9月，处于后期谷物收获期，雨水过多则形成秋涝。黄土高原海拔一般在1500m以上，比同纬度的平原地区年均温度低1.5～2℃，作物生长季较平原地区短15～20天，春播作物常因晚霜过早或早霜过迟而遭遇冻害。

在自然因素和人类不合理垦殖的综合作用下，黄土高原地区成为世界上水土流失最严重的地区之一。随着人口快速增长，人均耕地面积减少。过度开垦田地及放牧造成植被破坏，这些人类活动的综合因素更加剧了黄土高原水土流失与生态环境的恶化。目前，高原的西部，塬面已经消失殆尽，成为以贫困著称的黄土丘陵沟壑区，甚至第四纪的黄土已流失殆尽，第三纪红层随处可见。东部残留的塬面也已经60%～70%变为深沟大壑。

严重的水土流失，导致了该区生态系统功能的严重退化，表现为土地瘠薄、肥力衰减，生态系统的产出水平下降。迫于人口增加对于粮食旺盛需求的压力，该区长期以来在进行着单一经营、广种薄收，形成了“越垦越贫，越贫越垦”的恶性循环，使原本不甚稳定的生态系统变得更加脆弱（专题表1-3）。

专题表1-3 黄土高原水土流失现状

水土流失区和降水变率、土壤侵蚀模型	数值
水土流失区占所有耕地比例（%）	85
水土流失区占总人口区比例（%）	90
年均输沙量（t）	16×10^8
年际降水相对变率（%）	20～30
平均土壤侵蚀模数t/（km^2·a）	3700

3. 黄土高原人口问题严重，经济结构不合理

黄土高原地区人口增长率高，人口问题严重。1949～1985年，该区人口的年均增长率为22.6‰，高于全国19‰的水平。据研究，在陕北丘陵沟壑区每增加一人就需开荒0.3hm^2土地；在宁夏西海固地区，30年间平均每增加一人新开荒0.42hm^2土地。过速增长的人口给生态系统带来了极大的压力，仅开荒一项就抵消了水土保持坡面治理近70%的保水保土、保肥效益，形成了人口增长→耕地需求增加→毁林（草）开荒→水土流失加重→生态环境恶化的恶性循环。

黄土高原地区是我国重要的能源基地，农业生产也具有一定规模，但长期以来采取的以破坏生态环境和自然资源为代价的发展经济，导致了经济结构严重不合理的现状。该区的工业长期以重工业为主，重工业中的采掘工业和原料工业比例高，支柱产业过于单一，产业结构初级化、经济效益差、自我积累能力低。农业以种植业为主的单一结构长期占主导地位，基础极其薄弱，大部分耕地仍沿袭着广种薄收的粗放经营方式，停留在“靠天吃饭”的水平上，单位面积和人均农产品产量均低于全国平均水平。以技术经济为特征的加工业和集约化农业生产在该区都很落后，服务于第一、第二产业的第三产业水平亦不高。这种经济结构导致了该区经济系统表现为低效性和对资源、环境成本的大量消耗性。

4. 典型地区平凉市面临着绿色可持续发展难题

平凉市社会经济发展面临着两大发展难题，一是如何协调加快发展、扶贫攻坚与脆弱

生态环境之间的关系；二是如何平衡能源化工基地建设与国家生态安全屏障综合试验区建设之间的矛盾。平凉市是陇东能源化工基地的重要组成部分，煤炭和电力是目前平凉市的支柱产业，2013年，省政府又批复了《平凉千亿级煤电化冶循环经济产业链实施方案》，投资达3566亿元。实施方案落地后，平凉能源化工产业规模将达1200多亿元。能源化工是相对高污染的行业，对生态容量要求很高，势必会对当地水、土资源造成巨大压力；另一方面，2014年，甘肃成为国家生态安全屏障综合试验区，承担着重要的生态功能。发展循环经济和清洁生产，通过技术创新驱动经济转型发展将是平凉市经济发展战略的最佳选择。同时，如何协调好两种区域功能之间的关系是平凉市未来面临的巨大挑战。

二、生态农业与农业循环经济模式

（一）静宁苹果产业发展模式

1. 静宁苹果产业概况

静宁县位于甘肃省东部，六盘山以西，华家岭以东，地处东经 105°20′～106°05′，北纬 35°01′～35°45′。东邻宁夏隆德县、南接甘肃秦安县，西连甘肃通渭县、北接宁夏西吉县，西北与甘肃会宁县毗连，东南与甘肃庄浪县相依。县域南北长 81km，东西宽68.75km，总面积2193km^2。东距甘肃平凉110km，西至兰州220km，312国道横穿县域腹地，自古为关中和陇山以西地区要冲，也是该区域的咽喉之地。

（1）地处河谷，水热条件良好

静宁县地处黄土高原丘陵沟壑区，地势西北高、东南低，平均海拔1922m，地形主要分为河谷川地、河谷盆地、丘陵坡地和梁峁地。

静宁县葫芦河流域的河谷地区，地势起伏相对和缓，利于耕种。葫芦河贯穿静宁县全境，水资源丰富、光照充足，渠系网络健全，灌溉条件优越，为发展果、菜、中药材等产业提供了得天独厚的自然条件。静宁县主要土壤类型有坡黄绵土、川地黑麻土等近16种，其中黄绵土为主要土类，土质适宜种植苹果、梨、杏、中草药、小麦、马铃薯等作物。

静宁县属暖温带半湿润、半干旱气候，四季分明、光照充足，无霜期159天，年均日照时数2238小时。年均温差为11.4℃，年均气温约7.1℃。大于0℃的年平均积温为3294.0℃，大于10℃的年平均积温为2814.0℃。静宁县降水分布时空不均匀，年均降水量450.8mm，年均蒸发量1469mm。河流以葫芦河为干流，东西两侧有高界河、红寺河、南河、甘沟河、李店河等9条支流，年径流量总计2.86亿m^3。

充足的水热条件、相对低平的地形特征提供了相对优越的自然环境本底条件，为葫芦河流域现代农业，尤其是苹果产业的发展奠定了良好的基础，形成了独特的流域区域乡村景观。随着苹果产业的不断发展，带动了静宁的绿色城镇化、绿色工业化的发展，现代农业产业链条不断延伸，以苹果产业为基础的乡村游憩观光产业迅速发展。

（2）林业资源丰富，具有开发潜力

静宁县气候、土壤条件适宜林果产业发展。全县林业资源相对周边黄土高原丘陵沟壑区较为丰富。主要树种有70多种，其中杨、柳、槐、椿、榆为主要用材林木，分布较普遍。苹果、梨、杏、桃、花椒为主要经济林木。随着产业的发展，静宁县逐步形成了“南部苹果、北部梨”的发展格局。近年来，由于大力发展林果产业，人工造林面积不断增加，2014 年静宁县全年完成造林面积 7.22 万亩。

除林业资源外，静宁县适宜种植的药材有党参、黄芪、甘草等近 40 个品种，适宜种植的花卉有野丁香、文竹、牡丹、玫瑰、月季等 31 个品种，已发现的野生植物有黄花、小蒜、野胡麻、野荞麦等 40 个品种。

（3）经济社会发展水平持续稳定上升

静宁县 2014 年末总人口 491 284 人，其中非农业人口 60 134 人，城镇化率 12.24%（专题图 1-1）。2014 年，静宁县全县地区生产总值 37.15 亿元，一二三产业分别实现增加值 14.44 亿元、12.08 亿元、10.63 亿元，人均国内生产总值 7562 元。全年完成全社会固定资产投资 63.59 亿元，实现社会消费品零售总额 21.29 亿元。

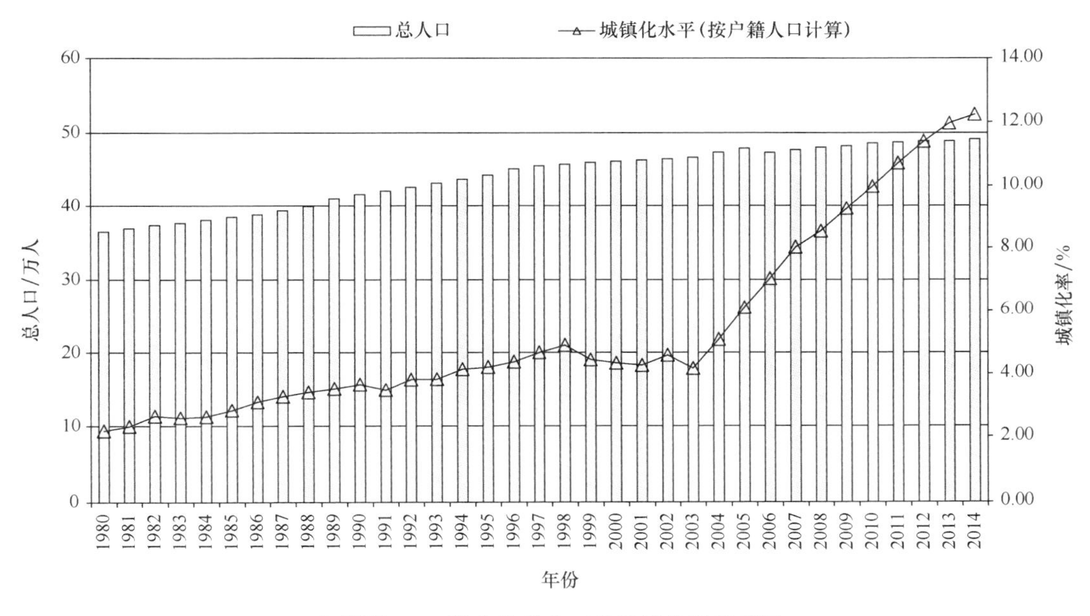

专题图 1-1　静宁县总人口及城镇化建设情况

根据 1980 年至今的统计数据，静宁县城镇化建设及经济发展持续稳定上升，且自 2004 年开始，出现了大幅度上升的态势，城镇化水平从 2004 年的 5.08%上升到 2014 年的 12.24%，平均增速为 10.5%；GDP 从 2004 年的 11.3 亿元上升到 2014 年的 37.15 亿元，平均增速为 13.6%；社会消费品零售总额从 2004 年的 49 512 万元上升到 2014 年的 212 928 万元，平均增速为 15.4%（专题图 1-2）。

静宁县面对黄土高原丘陵沟壑区生态脆弱和贫困落后的双重困境及两难选择，探索出了一条将山地开发、生态治理与扶贫攻坚有机结合，重视科技和教育，大力发展高效旱作农业和苹果等支柱产业，推进农业产业化，引导农民脱贫致富，带动地方绿色工业化，驱动全县新型城镇化的转型跨越绿色发展之路，创造了在全省乃至全国具有较大影响的“静宁速度”，先后被评为全国教育、文化、科技、经济林建设、水土保持先进县，被评为“中国苹果之乡”“全国两基工作先进地区”、全省精神文明建设先进县、体育先

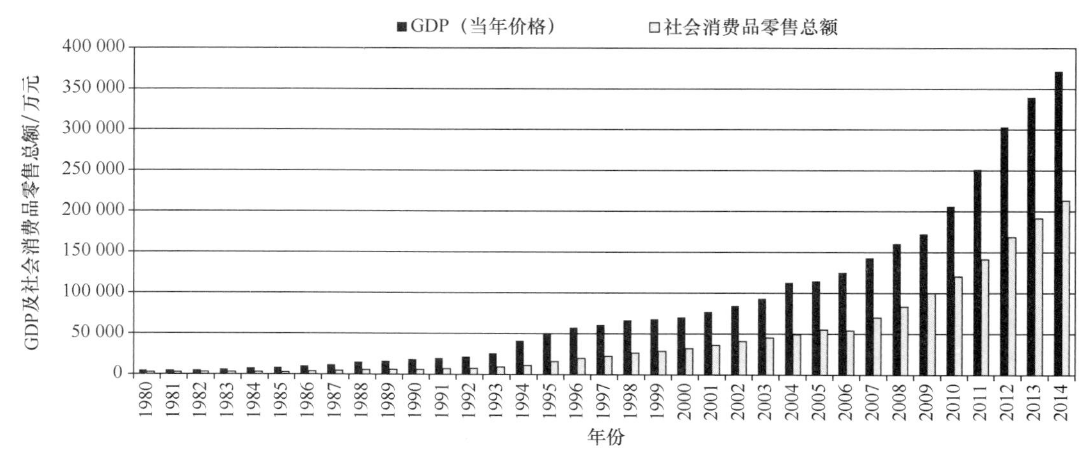

专题图 1-2　静宁县 GDP 及社会消费品零售总额变化情况

进县和双拥模范县等。这为广大西部生态脆弱、经济贫困、农业为主、工业滞后和城镇化乏力的欠发达地区，尤其是集中连片的扶贫攻坚地区，探索绿色工业化新动力、驱动新型城镇化，提供了借鉴和示范样板。对于西部新型城镇化建设具有重要的理论与实践意义。

（4）形成了以苹果为核心的农业产业链条

静宁县形成了以苹果为核心的农业产业链条，“静宁苹果”成为全国知名品牌。静宁县经过多年发展，将坡耕地改造成为梯田，控制水土流失，积极探索新型农业开发模式，结合自然环境和气候特征，探索出高效旱作生态农业模式，提高农业综合生产能力，改善人居环境，引导广大农民告别贫困，解决温饱，走向小康（专题图 1-3）。在各届领

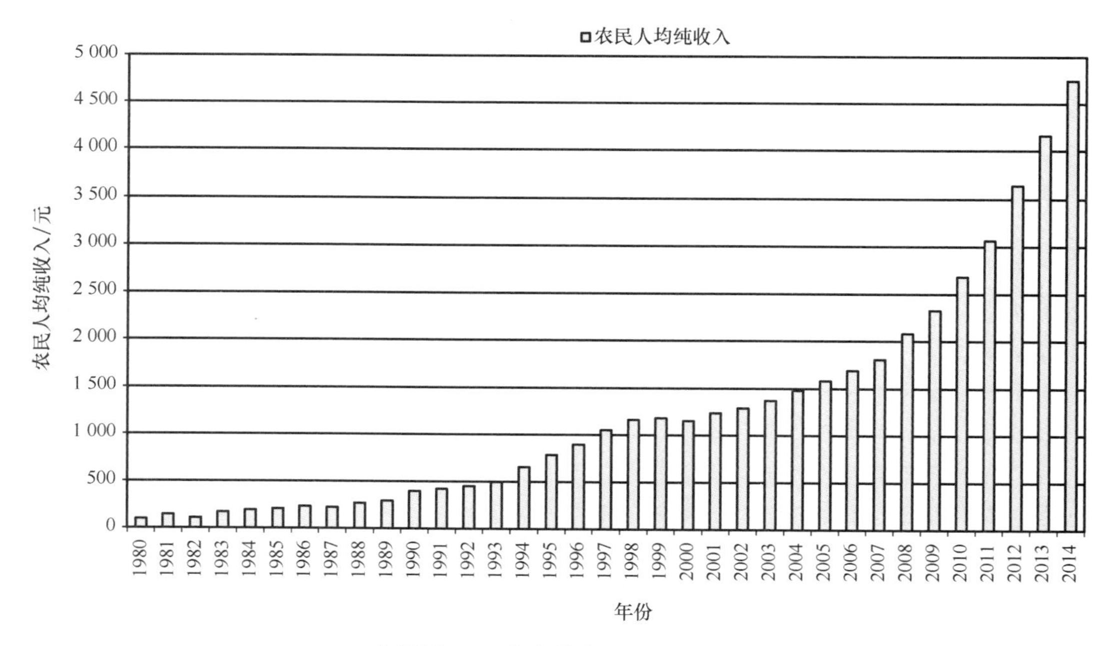

专题图 1-3　静宁县农民人均纯收入

导的长期坚持下，静宁大力发展苹果产业，形成苹果种植面积百万亩的全国第一县，打造出了连片的苹果种植景观。到2014年，全县苹果园种植面积51.39万亩，苹果产量达48.42万t（专题图1-4）。“静宁苹果”品牌效应凸显，依靠苹果产业，全县实现稳定脱贫，苹果产业成了静宁农民增收致富和奔小康的支柱产业，逐步形成了以苹果为核心的特色农业产业体系，并吸引大量人员前来观光体验、交流学习。

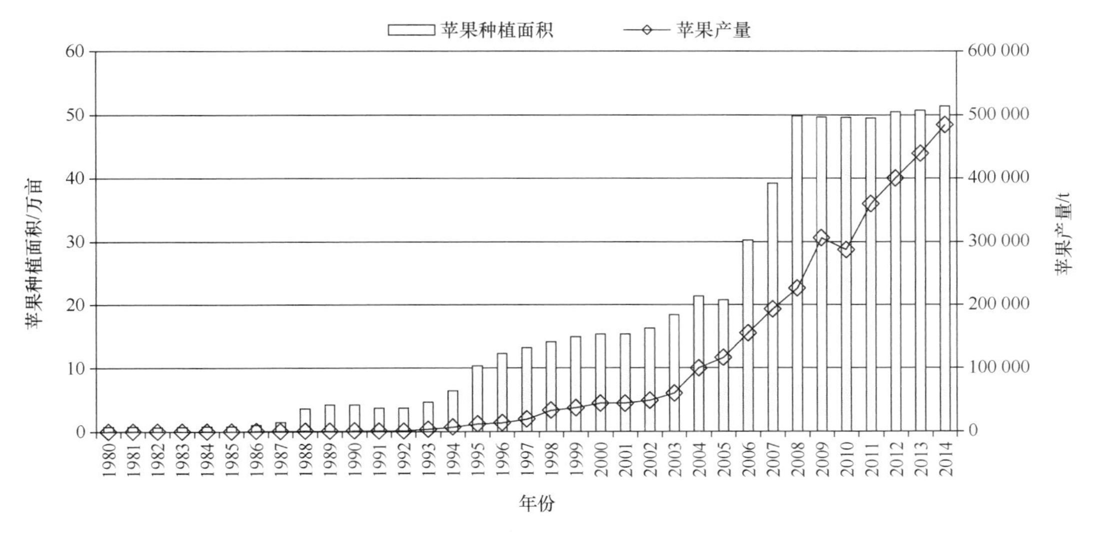

专题图1-4　静宁县苹果种植面积及产量

静宁县是典型的旱作农业县、国家扶贫开发工作重点县，也是农业部（现称“农业农村部”，余同）划定的黄土高原苹果优势产区之一。截至2010年年底，全县有果园面积70万亩，其中有30万亩绿色食品（苹果）原料标准化生产基地、4万亩出口基地，3000亩良好农业规范（GAP）苹果基地，苹果总产量38万t，产值14.7亿元。果业基地先后获得了国家地理标志产品保护、绿A产品基地、出口创汇基地和良好农业规范（GAP）基地认证四块国家级名片。静宁县是国家林业局（现称“国家林业和草原局”，余同）2001年命名的“中国苹果之乡”和“全国经济林建设先进县”，2003年被农业部列入黄土高原苹果优势产区。2006年9月4日，国家质量监督检验检疫总局发布第125号公告，正式确认静宁苹果地理标志产品保护。在2006年第四届中国果菜产业发展论坛上，静宁县被评为“中国果菜无公害十强县”。2007年静宁县荣获中国果品流通协会“中国苹果20强县（市）”荣誉称号，苹果产量排列全国第18位。静宁县李店河流域10万亩果品出口创汇基地已全面通过了国家质检总局出口认证、国家绿色食品发展中心绿色食品认证、静宁苹果标准化生产基地认证和国家质检总局“静宁苹果”地理标志产品保护4项认证或保护，成了一张名副其实的“静宁名片”。

静宁苹果品质可总结为：香、脆、甜、外观好、易储存，其品质得益于黄土高原独特的气候条件。近年来，静宁苹果畅销上海、广州、深圳、成都、福州、重庆、天津等50多个大中城市，远销西欧、东南亚、俄罗斯等国家和地区。全县整体上初步形成了生产、贮藏、加工、销售一体化的产业化经营体系。

随着果品产业的不断发展壮大，县委、县政府及时优化发展思路，坚持走“产、供、销一条龙”，“贸、工、农一体化”的产业化经营之路，先后建成了通达果汁、常津公司、恒达纸箱、鼎元纸业等贮藏营销型、包装配套型、加工增值型龙头企业 40 多家，年实现经营收入 1.88 亿元。建成了千亩良种苗木繁育基地，成立了静宁县绿色果业协会等 48 家农业专业合作经济组织。初步形成了种苗繁育、技术推广、贮藏增值、加工转化紧密衔接，产前、产中、产后相互配套的产业体系，辐射带动了交通、餐饮、服务等行业的快速发展。果产业也成为带动广大群众脱贫致富的支柱产业。

2. 静宁苹果产业发展目标

（1）中国优质苹果产业化创新示范基地

在 2012 年静宁县已经成为全国苹果种植面积（60 133hm^2）最大的县（市）基础上，发挥区域农业资源优势和苹果特色产业优势，按照先进的农业技术标准和产品质量标准，组织园区农业生产，推进苹果生产向标准化、有机化方向转型升级，提高苹果产品的商品化率和出口率，建成我国优质苹果生产与出口基地，带动周边地区特色优势农产品生产和农业高效发展。打造常津、绿谷、德美（以上三家公司名均为简写）等一批国家农业产业化龙头企业，积极构建苹果产业创新平台，支持静宁苹果产业从规模扩张阶段迈向精品化转型增值阶段，建成国家级苹果产业创新示范基地，在苹果产业科技研发、产业化经营、标准化生产、绿色有机安全标准化管理、机械化信息化推广、运行机制体制创新等方面先行、先试，示范和引领中国苹果产业二次创业（程昊，2016）。

（2）华夏始祖文化传承创新区和现代农业休闲观光旅游示范区

围绕始祖文化、农耕文化、民俗文化、红色文化等，重点发展文化旅游、文化创意、民俗农耕文化展示、红色旅游等产业，建成甘肃华夏文明传承创新区的始祖文化和乡村生态旅游示范区。

以苹果为主导产业，积极拓展到科技服务业、商贸业、物流业等领域，拓展农业产业功能和农民增收渠道。积极开拓农业旅游市场，按照生态优先、参与为主、突出特色的要求，打造具有地域文化特色的农业旅游产品，通过农事体验、农业文化展示、生态教育等途径，展现现代高效农业的多功能性，结合地区独特文化的挖掘和展示，开发参与性强的拳头旅游产品，树立“金果家园，休闲胜地”旅游形象，集聚人流、物流和信息流，带动园区农业和服务业发展，促进区域产业结构优化升级。

（3）黄土高原丘陵沟壑区美丽乡村建设与城乡统筹发展样板

以葫芦河流域现代农业示范区建设为契机，积极推进体制机制创新，在农村管理体制、集约节约用地、农业资金投入等方面先行、先试，积极破除制约农村发展和新型城镇化建设的体制机制障碍，以老静庄（静宁至庄浪）公路沿线村镇为试点，按照“金果家园，美丽乡村”主题，突出苹果产业特色和带动优势，探索美丽乡村和新型城镇化建设紧密结合的新模式，建成黄土高原美丽乡村与城乡统筹发展的样板。

3. 静宁苹果产业的发展思路

按照苹果大县向苹果强县、绿色果品向有机果品、传统果业向现代果业“三个转变”的发展思路，集成推广标准化生产管理技术，着力构建现代果业生产体系、科技支撑体系、苗木繁育体系、质量监测体系和市场流通体系，做精、做优苹果产业，实现健康持续发展。加快基地建设，深入实施适宜区全覆盖战略，按照中南部乡镇巩固提升、整体推进，西北部乡镇因地制宜、拓展延伸的要求，持续推进规模扩张，加快建设优质苹果生产加工基地、绿色苹果出口创汇基地、有机苹果生产基地和苹果产业技术开发集成示范基地。加强苹果高新技术示范园区建设，深入实施“优果工程”，全面推广普及幼树早果丰产栽培技术和树形改良、配方施肥、人工辅助授粉、花果精细管理等增产提质关键技术，苹果商品率保持在95%以上、优果率提高到80%以上。以创建国家级、省级标准化示范园为抓手，继续推行“行政+技术”双轨抓建责任制，全力抓建一批“三级五类”标准化示范园，扩大绿色苹果出口创汇基地和良好农业规范（GAP）基地认证规模，到2020年，全县绿色出口创汇基地达到30万亩、良好农业规范（GAP）基地认证规模达到5万亩，带动全县苹果生产水平整体提升。全面落实扶持农业产业化龙头企业的各项优惠政策措施，培育形成一批实力雄厚、开拓带动能力强的苹果产业龙头企业，支持现有贮藏企业新上分级挑选、冷链配送等采后保鲜处理技术，提高果品附加值和商品转化率，促进苹果生产、贮藏、营销、加工业协调发展（专题图1-5）。积极发展精深加工，扩大苹果保健酒、保健醋、苹果汁、苹果脆片等新优产品市场份额，开发果胶、多酚、膳食纤维、苹果籽油等综合利用系列产品，促进多次转化增值。大力发展果实套袋、纸箱包装、果树专用肥等配套型产业，拓展延伸产业链条，努力实现“一业兴、百业旺”。加强宣传推介，全方位、多层次宣传推介静宁苹果，提升品牌知名度，扩大市场影响力。深入挖掘苹果文化，规划建设静宁苹果文化展览馆，加快建设集农家体验、园艺文化为一体的观光采摘基地，大力发展休闲观光果业。积极开拓国际国内市场，在北京、上海等大中城市开拓静宁苹果直销市场，大力发展电子商务，进一步提高静宁苹果的市场占有率；调整优化果品及其加工品出口市场结构，建立果品出口贸易预警预报机制，开发欧美等高端市场，每年出口鲜果3万t以上、创汇2000万美元以上。

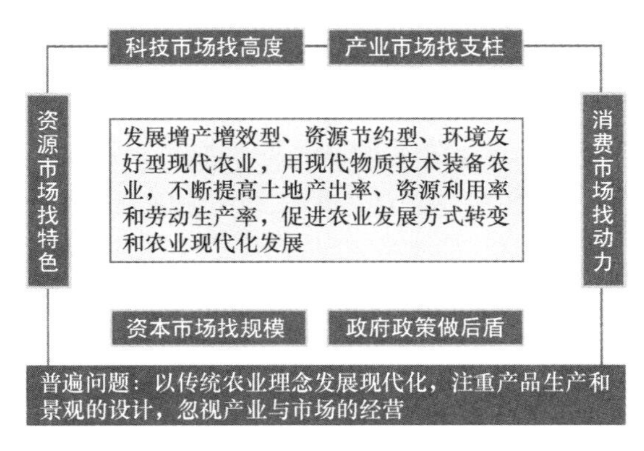

专题图1-5　静宁县苹果产业发展战略

4. 静宁苹果产业体系

以静宁苹果种植为核心，延伸农业产业链条，创新农业管理模式，构建以苹果产业、有机苹果种植业、高科技苹果种植业为主导产业，以生态畜牧及有机肥制造产业、设施蔬菜种植业、多元花卉产业、中药材种植与高科技中药颗粒提纯加工产业和生态观光与体验农业为辅助产业的静宁苹果产业体系（专题图 1-6）。

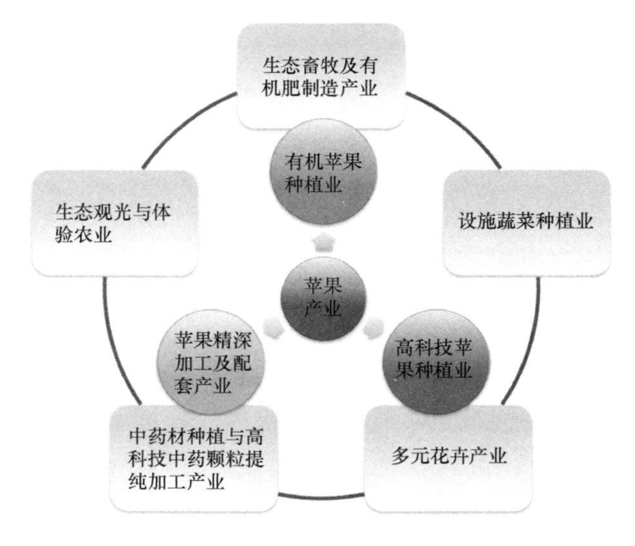

专题图 1-6　静宁县苹果产业体系

（1）主导产业——苹果产业

走高端化、科技化、生态化道路，全面升级苹果种植技术、延伸发展苹果精深加工产业，逐步形成以高科技、生态有机、种植加工一体化发展为特色的苹果主导产业。近期一方面以苹果种植业为核心，不断扩大种植面积，至 2020 年，将高效苹果种植区逐步扩大至 2 万～3 万亩。建设苹果种苗繁育基地，依托并着力扩大城川乡 500 亩苗圃，在新华、新胜两村集中布局 1000 亩苹果科技育种示范区。另一方面，大力推动苹果产业转型升级，引进优势特色品种，推广高质、高产技术，全面提高机械化水平，积极发展有机苹果的培育和种植，延伸产业链条，发展循环经济，率先提升重点示范区苹果产业整体层次。

1）高科技苹果种植业

依托静宁“金果”种植基础，近期以静宁县威戎镇杨桥村为核心，以甘肃绿谷生态农业有限公司为依托，布局 3000 亩苹果高科技种植示范区，大力推广现代高科技苹果种植技术。加强与国内外科研机构的广泛联系，重视科技成果引进推广，建设苹果产业科技研发中心，重点加强苹果种苗繁育、种植技术、防疫技术、水肥控制技术及新产品的研发与推广。提高产业机械化、信息化水平，推广自动采收、环境监测、水肥监控与施用等自动化管理信息系统。至 2016 年，实现苹果种植区机械使用率达到 60%，至 2020 年，实现苹果种植区机械使用率达到 100%，率先实现苹果从种到收全程自动化操作，提高生产效率，带动提高全县苹果种植科技化、机械化水平，全面提高静宁苹果的品质和产量。

2）有机苹果种植业

近期在示范区内红旗村、杨桥村等分别规划 2000～4000 亩有机苹果种植试点基地。面向国际高端市场，开发高端有机苹果产品。近期在试点基地内开展土地环境整理，全部采用有机肥料，科学控制灌溉、生物防疫、采收、包装等环节。逐步带动全区苹果种植生态化升级，逐步完成无公害、绿色、有机环境改造，打响静宁有机苹果品牌，满足国内外高端市场需求。

3）苹果精深加工及配套产业

中远期依托甘肃绿谷生态农业有限公司等企业，在苹果种植业基础上，延伸产业链条，利用品相较差的苹果产品，发展苹果酒、柠檬酸、乳酸饮料、果汁饮料加工，苹果脆片等苹果饮品、食品加工业。同时壮大发展带有静宁苹果标识的散装、礼盒等果品包装业。

（2）辅助产业

配合苹果产业发展，积极促进农业多元化发展，重点布局发展生态畜牧及有机肥制造产业、设施蔬菜种植业、多元花卉产业、中药材种植与高科技中药颗粒提纯业四大辅助产业。近期以主导产业为核心，同时大力培育和推动辅助产业成长，中远期逐渐将产业发展方向转向多元并重，提升辅助产业地位，达到六大产业全面发展的良好局面。

1）生态畜牧及有机肥制造产业

以苹果种植业为依托，大力发展林下经济，推广林下牧草种植产业。示范区苹果种植面积广阔，林下经济发展潜力巨大。优选紫花苜蓿、黑麦草等优质牧草品种栽培于苹果林下，不但能够去除杂草、预防虫害，还能够改良土壤，形成苹果、牧草相互促进生长的共生生态条件。近期逐步推广苹果林下牧草种植，至 2020 年实现林下牧草种植率达到 90%以上。

依托牧草种植业产品，大力发展肉牛养殖产业。近期在葫芦河以西距离河道 200m 的威戎镇临近杨桥村范围内，甘肃绿谷生态农业有限公司东侧建设规模在 5000～10 000m^3 的大型沼气池，并布局规模肉牛养殖基地，采用设施养殖方式，重点鼓励推动企业加农户合作模式，至 2020 年达到 3 万～5 万头肉牛年存栏规模，农户通过以牛参股、分享收益等方式，入股养殖企业，将零散的家庭饲养逐渐整合为规模养殖基地，并配合引进年屠宰 5 万头规模肉牛的屠宰企业、肉牛食品加工企业。远期尝试利用有机蔬菜尾菜、中药材茎叶等添加入绿色粮食秸秆饲料，培育绿色功能性肉牛产品，主要面对国内中高端绿色肉牛市场，以及园区内生态特色餐饮等。

依托肉牛饲养，发展有机肥制造产业。近期配合万头肉牛规模养殖及大型沼气制造项目，建设附带沼液、沼渣加工有机肥生产项目，近期规划年生产能力 5 万 t 有机肥规模，中远期达到 10 万 t 规模，用于供应种植业的肥料需求。

2）设施蔬菜种植业

重点发展设施蔬菜种植产业，促进美丽乡村种植产业多元化发展。近期，重点布局 3000～5000 亩设施蔬菜种植区，以辣椒、西红柿等产量高、效益好的蔬菜品种为主，推动设施蔬菜发展，适度推广发展绿色、无公害蔬菜种植，初步形成稳定的绿色蔬菜生产供应体系。

静宁县地处黄土高原，项目区水热条件充沛，具有发展高原夏菜的良好区位和自然条件优势。应打响生态、有机品牌，利用地区良好的生态环境和充足的水源条件，发展设施有机蔬菜培育与种植。通过推广施用有机肥、加大蔬菜产品提炼萃取、精深加工等途径，逐步建立起有机蔬菜产业基地，以生产优质有机高原夏菜为主，综合发展脱水蔬菜、蔬菜食品等延伸产业，逐步发展高端蔬菜萃取物等功能性产品研发和生产，最大限度提高设施蔬菜产业的附加值。

3）多元花卉产业

近期在红旗村吕家河现代高效生态农业示范区布局 3000 亩花卉种植区。大力发展花卉产业。其中包括 500 亩温室高端花卉繁育区，重点发展高端花卉引进、育苗、观赏、销售等产业；1000 亩露天花卉种植区，重点种植多种色彩的观赏性鲜切花卉、食用花卉、药用花卉，并配套建设花卉摄影基地，发展摄影、种植体验等休闲农业项目；1500 亩绿化苗木繁育区，重点种植绿化苗木，为园区、静宁及周边城镇建设服务。

近年来，我国花卉市场发展快速，种植面积与销售量快速上涨。西北地区面临西部大开发战略机遇，城镇化水平不断提高，经济快速发展。城市建设和产业发展带来了对花卉的大量需求。甘肃省借助这一发展机遇，花卉产业快速发展，目前已建成花卉生产基地 70 多座，种植、栽培面积已达 4 万多亩，年平均生产鲜花 5000 多万支，生产种球、秧苗 5000 多万株，培育盆花、盆景 2500 多万盆，实现年总产值 1.5 亿元。

静宁县具有河谷川地良好水热条件，具备花卉种植的自然环境基础。而且，借助现代农业示范区建设和旅游业的发展，在景观塑造、园区建设等领域均对花卉产业的发展具有现实需求，同时面向甘肃省和我国日益扩大的花卉市场需求，静宁县应该把握机遇，开辟花卉产业。一方面走高端花卉路线，面向西北高端花卉需求市场，加强名贵兰花、郁金香等高端花卉品种的引进和温室繁育，直接提升花卉销售附加值；另一方面，面向西北大众花卉市场和城市建设绿化需求，发展绿化苗木和鲜切花卉，适当配合发展食药用花卉，同时为园区增添景观、生态效益，为发展观光农业奠定良好基础。

4）中药材种植与高科技中药颗粒提纯加工产业

依据静宁县气候、土壤等环境特点，依托已有的现代农业公司，近期在红旗村吕家河现代高效生态农业示范区规划 2000 亩中药材种植区。以当归、黄芪、党参、甘草、柴胡、大黄等中药材品种为主，大力发展中药材种植与加工产业。多元化拓宽美丽乡村建设示范区特色产业发展方向。

把握中药材产业发展科技前沿，在建立中药材种植基地的同时，尝试延伸开发中药材颗粒提纯制造产业。至远期逐步建立以西北地区常见中药材为主的中药颗粒生产项目。

中药材颗粒提纯是指通过先进技术手段，将中药材内有效物质成分提取并加工成中药颗粒的生产过程。中药材颗粒包含了中药材的全部药用成分，剔除了无效成分，具有浓度高、无杂质、易于精确取药、配药的特点。在加工中药颗粒基础上，利用多种单品中药材颗粒按照标准配方配置复方中成药剂，具有量化精确、疗效显著、易于服用、携带储存方便等多种优势，代表着中医药产业发展的方向。目前，中药材颗粒提纯、生产尚处于起步阶段，我国仅有 6 家企业申请并获批中药材颗粒生产，市场空间广阔，潜力巨大。

西部地区特色中药材品种丰富，园区可通过直接招商或参股的方式，引进国内医药生产企业或在条件成熟时培育自身医药加工企业，于中远期建立起中药材颗粒研发生产基地，为园区的高端化、科技化发展增添新的增长点。

5）生态观光与体验农业

大力发展生态观光与体验农业。近期，重点建设吕家河生态观光农业产业园区和杨桥科技农业循环经济体验园区两大工程，全面展现园区优美景观和生态科技内涵，配合发展观光农业、休闲农业、农事体验、科技农业与循环农业展览等观光体验项目。

以红旗村吕家河为核心，近期规划建设生态观光农业产业园区，作为葫芦河流域现代农业示范区观光农业发展的核心区。园区建设金果主题文化广场、金果采摘园、温室蔬菜采摘、高端花卉鉴赏、中药养生馆、金果休闲山庄、生态餐厅、果林景观区、度假酒店、休闲农家乐等十大农业观光单元。重点打造金果主题文化旅游形象，展示美丽乡村秀美风光，体验美丽乡村农家生产生活及民俗文化。至 2020 年，建成生态美丽的、与静宁县城融为一体的田园风光小城镇，成为未来静宁生态城市体系的中心镇之一。

以威戎镇杨桥村为核心，依托绿谷苹果种植公司、规模养殖场等生产单元，建设高科技苹果种植与循环农业观光体验园。布局苹果种植高科技成果展示区、苹果种植与精深加工科技研发中心、光伏发电与清洁能源管理系统、循环农业科技成果展示区等单元。重点开发农业种植体验、农家生活体验、观光采摘、温室高科技种植展示等活动。集中展示美丽乡村示范区建设成果，展示苹果种植新技术、果园生态环境监控信息系统、果园清洁能源运营体系等科技成果，举办“果菜—牧草—养畜—有机肥—果菜”循环农业系统展示与体验等活动。

4. 静宁苹果产业发展建设任务

（1）苹果种植体系建设

1）苹果基地建设

累计新植果园 30 万亩，使全县果园面积达到 100 万亩以上，并完成低产园改造 18 万亩。

2）育苗基地

在城川乡红旗村拓展延伸建设 2000 亩良种苗木繁育基地，年生产 400 万株的规范化良种苗木繁育基地，其中良种试验及采穗圃 500 亩，繁育圃 1500 亩。

3）果园机械化建设

对 30 万亩盛果期果园配置机械 200 套，每套管理 1500 亩，分别有微耕机 3000 台、机械喷雾器 1000 台、施肥机 3000 台、太阳能杀虫灯 6000 台、剪树机 600 台，以提高果园管理的机械化水平。

（2）标准化果园体系建设

1）出口基地建设

在巩固完善已认证的 4 万亩出口基地的基础上，在仁大、李店、治平、深沟、贾河、余湾、雷大、双岘、新店、甘沟、威戎、城川、城关、界石等乡镇新建 6 万亩苹果出口创汇基地，使出口基地达到 10 万亩。

2）良好农业规范苹果（GAP）基地建设

在治平乡已认证 3000 亩 GAP 基地的基础上，在仁大、李店、治平新扩展 7000 亩良好农业规范（GAP）认证基地，其中仁大、李店各 3000 亩，治平 1000 亩。使 GAP 基地面积达到 1 万亩。

3）有机食品（苹果）基地建设

在城川、威戎、甘沟、新店、双岘、雷大、余湾、治平、深沟、李店、仁大、贾河等 12 个乡镇每乡建 1 处 500 亩的有机园，使总面积达到 6000 亩。

4）绿色基地建设

在30万亩绿色食品（苹果）标准化生产基地的基础上，新建绿色基地45.66万亩，使绿色基地面积达到75.66万亩。

5）现代苹果集约矮化栽培示范基地建设

在仁大、李店、治平、城川、威戎等5个乡镇各建100亩现代苹果集约矮密示范基地，逐步推广应用矮化密植栽培模式，共计500亩。

6）示范推广现代果业提质增效新技术

在威戎、雷大、李店、仁大、细巷等5乡镇各建100亩标准化生产技术示范基地，推广“整形修剪、土壤管理、有害生物综合防控、施肥、保护提质增效”等五项现代果业提质增效新技术。

7）“果、沼、畜”生态示范园建设

在双岘、李店、贾河、仁大、治平等5乡镇，建成“畜、沼、果”示范园2500亩。以果园为基础，以太阳能为动力，以新型高效沼气为纽带，形成以果带牧、以牧促沼、以沼促果、果牧结合、可持续发展的良性循环体系。沼气可用于点灯、做饭所需燃料，沼液可用于果树叶面喷肥、打药，沼渣可用于果园施肥，从而改善生产条件、保护生态环境，达到生态、经济和社会三大效益的有机统一。

（3）现代化物流体系建设

1）果品综合批发市场建设

规划建设4处全国一流的现代化果品综合批发市场和建成平凉金果博览城。建设内容包括：电子信息系统、检验检测系统、恒温保鲜库、苹果商品化处理生产线、农资配送系统、包装材料、果品销售、信息服务楼及基础设施建设。达到建一处市场、带一个产业、活一方经济、富一地群众的目的，带动区域内果品产业快速发展。

2）果品贮藏体系建设

在仁大、李店、治平、深沟、贾河、余湾、雷大、双岘、新店、甘沟、威戎、城川等乡镇建成果品恒温保鲜库40处，新增果品贮藏能力20万t，使全县总贮藏能力达到60万t。

（4）加工及关联产业体系建设

1）果品精深加工

做强、做精绿色果品精深加工业。以通达果汁、常津公司等为龙头，积极吸引国内外知名企业或生产商，大力开发果汁、果醋、果胶、果酱、果脯、果酒、膳食纤维等高附加值果产品，年果品加工能力达到20万t，把威戎工业集中区建成以果品精深加工为主的循环经济区。

2）出口认证企业建设

引导扶持常津、陇原红、鑫龙、麦林、庆源、益源等6家具有自营出口权的涉果龙头企业完成食品卫生与安全体系（HACCP）认证和ISO9001质量管理体系认证；麦林、庆源完成良好农业规范（GAP）认证。导入国际通行的卫生安全及质量管理体系，提高企业市场竞争力。

3）果渣综合利用

由通达果汁有限公司建成1条果渣综合利用生产线，年生产成品饲料1.8万t。

4）纸制品包装基地建设

把以果品为主的农副产品包装向工业品、多元化、精细化延伸，扩大产能，推进产品升级，在静宁工业园区建设高速瓦楞纸板、塑料彩印包装生产线 1 条，年生产能力达到 5 亿平方米。

5）服务体系建设

强化农业科技创新、科技推广、农产品质量安全、农村信息化和农村防灾减灾体系建设，不断提高农业科技投入。建设质量安全体系、信息服务体系、病虫害测报体系和科技培训体系等综合服务体系。

（二）庄浪梯田模式

1. 庄浪梯田生态建设概述

（1）庄浪县基本县情

庄浪县位于甘肃省东部，六盘山西麓，甘肃、宁夏两省交汇处，东临华亭县，南与张家川、秦安县毗邻，西接静宁县，北与隆德、泾源县接壤，全县共 18 个乡镇、1 个街道办事处、293 个村，总面积 1553km^2，总人口 44.92 万人、其中农业人口 40.96 万人；属国家扶贫开发六盘山特困片区重点县和全省 58 个特困片区县之一，是典型的传统农业大县，属于黄土高原丘陵沟壑区。

（2）庄浪县梯田发展历程

庄浪县曾是甘肃省“苦瘠甲天下”的 18 个干旱县之一，这里沟壑纵横、土地贫瘠，90%以上耕地被沟壑分割在 402 个梁峁的 2553 条沟壑间，加之过去长期战乱和人为破坏，植被生态遭到摧毁，水土流失十分严重。“十山九坡头，耕地滚了牛，麦子长得像马毛，亩产很难过百斤”，是当时农业生产的真实写照。面对严酷的自然条件，面对贫困，庄浪县从 1964 年开始，在全县开展农田基本建设。历经 34 年，庄浪县建设梯田 94.5 万亩，被打造成中国第一个梯田化模范县，基本解决了全县人民的吃饭问题，构筑了第一道生态防线。实现梯田化后，县委、县政府转变工作思路，积极探索生态建设新模式，以建设梯田产业强县和生态文化名县为目标，大力实施梯田建设和流域综合治理，全面巩固提升治理成果。深入推进流域综合治理和生态文明建设，探索出了“山顶乔灌戴帽、山弯梯田缠腰、埂坎牧草锁边、沟台果树围裙、沟底坝库穿靴”的治理模式，先后获得了“全国生态环境建设示范县”“国家水土保持生态文明县”“国家水土保持科技示范园区（榆林沟流域）”等荣誉称号。

（3）庄浪县梯田建设现状

1983 年以来，庄浪县先后被省政府列为“两西”建设重点县、全国梯田化建设试点县、第二批全国小型农田水利建设重点县。先后实施的国家重点项目有：国家治黄一期工程、堡子沟试点流域项目、榆林沟第四批试点流域工程、黄河上中游世界银行二期贷款项目、黄河上中游管理委员会生态修复项目、青龙沟流域治理项目、双堡子沟流域治理项目、庙龙沟小流域坝系建设项目、庄静大示范区项目、以巩固退耕还林成果为主的基本口粮田建设项目、农村饮水安全项目、中小河流治理项目、山洪灾害治理非工程措施项目、中型灌区挖潜改造项目等。累计完成投资 3.66 亿元（其中国家投资 2.4 亿元，地方配套和群众投劳折资 1.26 亿元)。同时，全民参与保持水土、改造环境，采取招商引资、对口援建、义务植树和群众投工投劳等方式，弥补了地方配套和群众自筹资金的不足。建成了堡子沟、榆林沟等一大批精品示范小流域。截至 2011 年年底，全县累计治理水土流失面积 1008.2km^2，治理程度达到 77.4%。在 10 条重点小流域内建成各类淤地坝 61 座，配套修建了流域、坝系、产业化道路 5773km，各类小型拦蓄工程 1700 处，各项治理措施年拦蓄泥沙 761 万 t。建成以果品、马铃薯为主的梯田产业基地 44 000hm^2。

2. 庄浪梯田建设模式

(1) 水土流失防治体系建设模式

庄浪县自 20 世纪八十年代以来，以黄河中游第三、第四期试点流域治理为契机，坚持以小流域为单元，实施山、水、田、林、路、村综合治理，按照“山地梯田化、沟道坝系化、流域生态化、梯田产业化”的模式进行县域生态环境建设。

建立以“梁峁乔灌戴帽、坡面梯田缠腰、沟台果树围裙、沟道坝库穿靴”的立体水土流失防治体系。建成以梁峁、梁坡、沟台、沟道为主体的地形部位分类水沙利用和乔灌草片网结合的微地形多层次立体水沙利用调控体系。具体布局以全县主要小流域为主体，梁峁顶配置沙棘杨树、沙棘刺槐、沙棘油松乔灌混交的防风林带，梁坡片状配置经济林或水土保持林，沟沿布设沟边防护林，沟底布设以刺槐乔木林、沙棘灌木林为主体的沟底防冲林；梁坡对剩余 6000hm^2 坡耕地通过坡改梯、口粮田建设项目的实施进行劣质梯田改造和坡耕地治理；对有水源的 24 条主沟道规划建成治沟淤地坝 130 座，至目前已经建成各类淤地坝 61 座。1829 条支毛沟建成了谷坊群，9267hm^2 沟坡通过水土保持工程整地造林、种草，实现了沟道坝系化、阶梯化绿化美化。

建立以“村庄、道路、庭院”附近小型蓄水工程为主体的平面水沙调控防治体系。根据地形条件和汇水面积、蓄水利用方向，适地布设涝池、水窖、沉砂池等小型蓄水工程，提高坡面径流拦蓄、调节利用效率，着眼于“调”、立足于“控”、目的在于“用”，逐步建立多层次、多级别、多循环、多效益的时空交叉型“调、蓄、用”微地形水沙调控系统，形成截水备用、汇流延时、就地蓄渗的坡面水沙时间调控和小型蓄水工程适地布设的平面水沙调控体系。根据这一径流利用理念，在县域水土保持生态建设中，主干道路和农田道路路侧建成农田集雨水窖 2.46 万眼、涝池 0.5 万处。

建立以“梯田埂坎牧草锁边、陡坡耕地退耕还林草”细部补充绿化防治体系。梯田建设作为黄土丘陵沟壑区第三副区坡面水土流失的重点治理工程，在控制区域水土流失中起到十分重要的作用，但埂坎开发利用和部分陡坡耕地退耕还林还草仍是提高土地资源利用效率的必要补充和完善。因此，在生态建设工程实施过程中，应注重梯田埂坎和退耕地深度利用，将梯田开发的生态位和经济位相统一。目前，全县有梯田埂坎面积 12 333hm^2，其中埂坎种草、地埂栽植适生灌木 8000hm^2，按照退耕还林还草工程实施相关规定，实施退耕还林还草面积 16 300hm^2。

建立“水洛河河道及其两岸坡面片状镶嵌绿化”水土保持典型示范工程体系。在全县水土保持生态建设过程中，以水洛河河道为主体，南北两山为两翼，建成融河堤、道路、渠灌、果园、高产农田相配套的“一体两翼”绿色长廊，形成“梁顶防风林带覆盖、坡面水平梯田与陡坡绿化交互镶嵌、山脚川地农田与经济果园、新农村建设格状布设、河岸护堤线状延伸”的水洛河山坡、河道水土流失综合治理布局。

（2）小流域综合治理模式

庄浪县委县政府紧紧抓住国家实施西部大开发的历史机遇，积极争取国家项目投资，按照“水系为骨架，小流域为单元，山水田林路统筹规划，梁峁沟坡综合治理，经济、社会、生态三大效益协调发展”的小流域治理开发思路，大力实施了以梯田、造林、种草、淤地坝建设和小型水利水保工程为主的水土保持生态工程，探索出了“梯田+林草+坝系+防护”为一体的小流域综合治理模式，涌现了堡子沟、榆林沟等具有黄土丘陵沟壑区第三副区地形地貌特色的黄河中游小流域水土流失综合防治体系，其治理模式目前推广至庙龙沟、乐正川、试雨沟、张余沟、石桥沟、何家川、葫芦河、何马沟、朱河沟、清水沟等中小流域。

（3）坝库水资源开发利用模式

坚持“谁使用、谁受益，谁开发、谁管护”的原则，采取延长承包年限、降低承包费用和加强承包管理等办法，大力推进淤地坝产权制度改革，先后把已建成坝库移交给工程所在乡镇、村社，选派有经营能力的农户进行承包管护，然后采取招商引资、股份合作、租赁、承包及创办经济实体的形式，推进淤地坝产业化开发利用能力，不断提升坝库综合效益。水保部门定期或不定期地进行坝库工程安全检查，及时解决坝库运行及承包经营中出现的各种问题，确保淤地坝工程“有人建、有人管、更有人经营”，10 多年来各工程运行良好、为坝库建管和持续经营工作探索了新路子。同时，加大了坝库防汛力度，每年对全县运行的淤地坝进行全方位的排查，建立排查档案，发现问题及时维修，成立防汛度汛领导小组、组建强有力的防汛抢险队伍，加强巡视和防护工作。进一步落实各坝库管护人员责任，靠实抢险队伍，主汛期坚持 24 小时值班制，储备防汛抢险物资，确保各项工程安全度汛，一旦发现险情，立即启动应急预案，全力实施抢险。依托坝库蓄水，大力培育淤地坝水资源利用产业链，先后建成了堡子沟、榆林沟、双堡子沟等梯田开发与坝系产业开发示范小区，形成了以水资源利用、梯田综合开发为主体的农业产业小区，为全县农业产业化经营和促进农民增收起到了一定的示范带动作用。流域坝系的建设与开发，有效拦截了泥沙，保持了水土，涵养了水源，解决了山区群众行路难的问题，促进了当地农业产业结构调整，增加了农民收入，为新农村建设搭建了基础平台，在防洪、拦泥、淤地、灌溉、通路、生态、旅游开发等方面发挥着巨大的综合效益。

3. 主要实施保障

（1）为有效做好水土保持生态建设工作打基础

加强领导、调整思路，为扎实有效做好水土保持生态建设工作打基础。为了加强对水土保持生态文明建设工作的组织领导，庄浪县 2000 年列入全国第一批生态环境建设试点县后，县委县政府适时提出“五年初见成效，十年大见成效，二十年实现庄浪秀美山川”的生态环境建设战略目标，并成立了由县委、县政府分管领导担任正、副组长，发改、财政、水利、水保、林业等部门的主要负责同志为成员的全县水土保持生态文明建设领导小组，在县水土保持局设立了领导小组办公室，各乡镇也成立了相应的组织机构，各行政村组建一支生态环境建设管护队伍，县、乡、村三级签订目标管理责任制，明确奖罚责任，形成了一个齐抓共管、群策群力的全县生态环境建设机制和防护体系。

（2）为水土保持生态建设提供管理保障

完善管理机构，充实技术团队，为水土保持生态建设提供管理保障。庄浪县政府高度重视水土保持工作，早在建国初期的1956年就成立了水保科，1990年8月正式成立县水土保持局，使其成为政府主管全县水土保持工作的职能部门。并先后成立了水土保持预防监督站、淤地坝建设管理办公室两个副科级办事机构，局机关综合办公室、规划治理站、梯田机修服务队、梯田纪念馆、榆林沟流域坝库管理站、庙龙沟流域坝库管理站六个股级办事机构。现有干部职工66人，其中副科级以上干部11人，大专以上文化程度54人，专业技术人员27人（副高级职称4人，中级职称14人，初级职称9人），是一支专业技术力量较强、结构合理的工作团队，能够全面地开展全县水土保持生态建设与管理工作。建局以来，先后获得省、市、县荣誉20多项，有5名干部职工荣获省、部级优秀水利水保员和先进工作者荣誉称号，新建的中国梯田化模范县纪念馆已成为省、市、县爱国主义教育基地和廉政文化教育基地。

（3）为提升县域水土保持生态建设提供技术支持

分类指导，优化专业设计，为提升县域水土保持生态建设提供技术支持。自水土保持生态文明建设项目实施之初，县上从水保、水利、林业、发改、扶贫、农牧、国土等相关部门抽调专业技术人员，组建县、乡生态文明建设工作规划设计小组，经过实地勘测，调查研究、多方论证，按照“因地制宜、分类指导，统一规划、分步实施”的原则，确定北部5乡镇以坝系建设、沟道治理为重点，中西部5乡镇以大示范区建设、梯田综合开发为重点，中南部4乡镇以小流域综合治理为重点，东部关山4乡镇以生态修复、封育治理保护水源涵养林为重点，在县域初步摸索出了梁峁乔灌林防护体系、山弯梯田粮果配套增产技术应用体系、地埂牧草锁边护埂体系、沟道淤地坝工程拦泥蓄水减蚀体系、封禁治理与生态自我修复体系。

（4）为全县生态文明建设搭建基础平台

整合项目资金，专业化治理突破，为全县生态文明建设搭建基础平台。多年来，经过上级业务部门的大力支持和多方筹资，先后有效实施了黄河上中游世界银行二期贷款项目、黄河上中游管理委员会生态修复项目、青龙沟流域治理项目、双堡子沟流域治理项目、庙龙沟淤地坝项目、庄静大示范区项目、以巩固退耕还林成果为主的基本口粮田项目等国家投资的生态环境建设项目，县级职能部门筹资实施的公路行道树绿化、梯田产业路建设等重点工程，累计投资1.88亿元（其中国家投资1.62亿元，地方筹资0.26亿元），特别是筹资1.7亿元实施的南部山区、中部山区、北部山区、洛水北调、店峡南调、梁河北调、洛水西调、庄浪河川、水洛河川等九大山区居民饮水工程，采取“自流引水、异地调水、泵站扬水、集中供水”等工程措施，实施了以“南扩北改、东拓西延”为主要内容的大县城建设战略，目前城区面积达到8.5km^2，城区居住人口9.2万人，初步形成“一体两翼、山水园林县城”的架构。按照“人口聚集、产业对接、物资集散、适宜人居”的思路，以县城为中心，以南湖、朱店、韩店、卧龙、岳堡等小城镇为支撑，加强“一城八镇”网络体系建设，辐射带动周边发展，全县城镇化水平达到24%。以旧村改造为重点，按照自然生态型、田园农庄型、中心村镇型、城郊别墅型四种模式建设新型民居，建成新农村示范村125个。采取建、改、留、移相结合的方式，修建移民安置区18处，搬迁安置林缘区、深山区和地质灾害区贫困群众8000多人，从根本上改变了群众的生产生活条件和居住环境，为全县生态文明建设搭建了坚实的基础平台。

（5）为防控人为水土流失提供组织保证

整章建制，强化监督，为防控人为水土流失提供组织保证。在积极争取生态环境建设项目和加大水土流失治理能力的前提下，将全面保护生态环境建设成效摆上重要位置。结合县域实际，先后制定出台了《庄浪县水土保持生态修复封育保护公告》《乡村水土保持封育保护乡规民约》《水土保持淤地坝工程建设管理办法》和《庄浪县水土保持预防监督管理办法》等相关文件，组建了监督管护队伍，建成管护哨所119处，并积极筹措资金，解决管护人员报酬，提高了管护人员的管护责任性和积极性。加大监督检查力度，严厉查处生产建设单位和个人破坏生态环境设施的人和事，对水土保持方案严格落实“三同时”制度。组织县、乡、村三级专职监督管护人员参加执法专题知识培训，不断提高知法、懂法、用法的意识，增强预防监督执法管护工作的水平和能力。

（6）确保工程质量符合设计规范要求

强化制度落实，规范建设程序，确保工程质量符合设计规范要求。为了进一步加强全县水保工程的建设和管理，县政府成立了专门的项目建设管理领导小组，负责规划设计、组织施工、质量监督、物资供应、财务管理、施工安全及防汛度汛等工作，形成了“政府牵头、部门负责、各级监督、社会参与”的项目建设管理机制。同时，抽调组成强有力的工作实体班子和施工队伍，选派专业素质较强的技术人员进驻流域，蹲点包抓工程建设，确保了项目建设的有序推进。为了把各个重点项目建设好、实施好、管理好，严格落实工程项目法人制、技术终身负责制、招投标制、合同管理制、工程监理和资金报账制，并将管理制度贯穿于整个工程建设的全过程，做到了设计、审批、施工、监理、验收、总结“六到位”。同时，把项目建设任务纳入部门、乡镇年度重点工作计划，统筹安排部署，实行责任目标管理，加快了建设进度，保证了工程质量。

（7）为特色支柱产业开发提供技术服务

组建技术推广服务机构，完善示范推广内容，为特色支柱产业开发提供技术服务。针对庄浪县人口密度大、人地矛盾突出、群众科技文化素质低的特点，以“引科技之水，灌贫困之田”的办法，在县政府的统一组织下，整合其他建设项目，组成了以县科技、水保、畜牧、农技、农机等部门参加的集项目建设、研究、开发为一体的科技推广服务体系，先后示范推广了脱毒种薯、地膜覆盖、果园管理、丰产栽培、调整结构、土壤改良、配方施肥、良种繁育、舍饲养畜、机耕机播、沼气能源等十多项农业实用新技术和先进的农业生产机械，并组织实施了“南坪万亩梯田旱作农业示范区”“万泉高邵坪梯田+果树+水窖高效农业开发示范区”和“良邑五千亩梯田脱毒种薯繁育基地”三个示范项目，进行产前、产中和产后的全程技术服务和指导工作，大力发展梯田产业和梯田高效农业，把果品产业作为富民强县的主导产业，把马铃薯、畜牧和蔬菜作为助农增收的区域性特色产业，坚持区域化布局，规模化扩张，标准化生产，促进农村经济全面提升。

（8）为水土保持生态建设成果长效化营造良好氛围

加强成果宣传，提升县域生态文明形象，为水土保持生态建设成果长效化营造良好氛围。庄浪县把加强舆论宣传外树形象、营造良好干事创业环境作为推动水土保持生态建设的有效措施常抓不懈。多年来，充分利用各种新闻媒体为重要平台，大力宣传水土保持在保护水土资源、建设基本农田乃至国民经济发展中的重要作用，在全社会营造人人关心、支持水土保持的良好氛围，先后制作了《基石》《亮点》《庄浪大歌》等专题片，发表了《庄浪画册》，编排巡演了大型现代秦腔剧《梯田庄浪》和大型歌舞节目《美丽的庄浪》，营造了良好的生态环境建设氛围。制作大型水土保持宣传牌10面，在《中国水土保持》《水土保持生态环境建设网》《甘肃经济日报》《甘肃日报》《平凉日报》等刊物上发表文章多篇，建立了庄浪县水土保持门户网站，建成了省级爱国主义教育基地——中国梯田化模范县纪念馆、榆林沟流域青少年绿色环保教育基地，印发传单20万多份，通过宣传，进一步增强了社会各界水土保持的国策意识和法制意识，扩大了水土保持的社会影响，提高了广大干部群众的水保意识和法制观念。

4. 具体取得的成效

（1）水土流失得到有效控制，水土资源得到合理利用

截至2011年年底，全县累计治理水土流失面积1008.2km^2，治理程度达到77.4%，其中兴修水平梯田64 253hm^2，营造水土保持生态林5533hm^2，水源涵养林10 333hm^2，退耕还林16 300hm^2（包括梯田果园2360hm^2），种植优质牧草6760hm^2，在10条重点小流域内建成各类淤地坝61座，配套修建了流域、坝系、产业化道路5773km，各类小型拦蓄工程1700处，建成以果品、马铃薯为主的梯田产业基地44 000hm^2。各项治理措施年拦蓄泥沙761万t，县域平均土壤侵蚀模数由治理前的9100t/km^2·a下降到4200t/km^2·a，年土壤侵蚀量减少53.8%，基本实现了“土不下山，泥不出沟，就地拦蓄”的目标。

（2）农业资源深度开发措施体系完善，新型农业实用技术全面覆盖

全县推广旱作农业种植33 333hm^{2}以上，培育形成了水洛中川农业科技、万泉高邵坪优质果菜、三万坪节水灌溉、阳川优质苹果、永宁优质种薯示范基地等一批农业示范区，为发展梯田旱作高效农业发挥了示范带动作用。

（3）梯田资源增产潜力凸显，地域性特色支柱产业效益显著

大力调整农业种植结构，建成梯田产业开发基地44 000hm^2，百万亩梯田年生产总值达10.44亿元。围绕建成的水平梯田，庄浪县以引进新品种、新技术应用为主，着力推进梯田增效工程，普及推广测土配方施肥、全膜覆盖、果树栽培、田间管理、节水灌溉等旱作农业实用新技术；粮食亩产量由原来的50kg左右增加到现在的200kg以上，是坡耕地的4倍，全县梯田每年增产粮食9.6万t，为提高粮食产量、实现粮食安全生产奠定了基础。

（4）产业结构得到合理调整，农民收入大幅提升

依托水平梯田，加快转变农村经济发展方式，调整农业产业结构，采用压夏扩秋、压粮扩经的办法，压缩传统的小麦种植面积，扩大马铃薯、全膜玉米和梯田果园面积，培育形成了庄浪县水洛镇中川农业科技、万泉镇高邵坪优质果菜、三万坪节水灌溉、阳川乡万亩优质苹果、永宁乡优质种薯示范基地等一批农业综合开发示范区，实现了“规模调大、结构调适、品种调优、效益调高、经济调活”的治理效果。

（5）典型流域示范带动作用突出，治理模式推广范围扩大

大力实施了以梯田、造林、种草、淤地坝建设和小型水利水保工程为主的水土保持生态工程，探索出了“梯田+林草+坝系+防护”为一体的小流域综合治理模式，治理成

效初步显现，以梁峁、荒沟、荒坡、荒山、道路、村庄、城镇、河堤绿化为重点，实施生态修复与封禁治理 85.6km²，营造生态林 5533hm²，经果 23 733.3hm²，种草 6760hm²，治理度 80%以上的小流域面积 840km²，占县域内应治理小流域总面积的 58.8%。基本形成了“山顶乔灌戴帽、山弯梯田缠腰、埂坎牧草锁边、沟台果树围裙、沟底坝库穿靴”的流域综合治理模式，建成了以坝库绿化、封禁治理、水资源高效利用、梯田综合开发为一体的生态清洁型示范流域。小流域治理初步实现了由单一型向综合型、传统型向现代型、生态型向经济型水土保持生态环境建设的转变。

（6）山川大地由黄变绿，生态环境明显改善

庄浪县累计完成退耕还林面积 16 300hm²，三荒造林 5533hm²，人工种草 6760hm²，实施封禁治理面积 85.6km²，保护次生天然林 10 333hm²，建成治沟淤地坝 61 座，修建流域、坝系和田间道路 7800km。目前庄浪县林草保存面积达 38 927hm²，林草覆盖率达到 25.1%，榆林沟、庙龙沟、贾门沟、史渠沟、青龙沟 5 条小流域先后被水利部和财政部命名为“全国水土保持生态环境建设示范小流域”。

（三）旱作农业+特色养殖模式

1. 崆峒区域概况

甘肃省平凉市崆峒区（106°25′～107°21′E，35°12′～35°45′N）地处六盘山东麓，泾河上游。全区地处中纬度内陆地带，属温带半干旱、半湿润大陆性季风气候。崆峒区年均日照时数为 2425 小时，全年太阳辐射总量 129.20kcal/cm²（1cal=4.1868J）；年平均气温 8.6℃，无霜期 165 天，年平均降水量 511mm；区内丘陵面积比例高，水土流失严重，生态环境脆弱，属典型的黄土高原丘陵沟壑区。起伏的地貌环境、干旱的气候条件和脆弱的环境因素，不利于大规模的农业耕种，限制了当地农业，乃至整个经济系统的快速发展。当地农业主要以玉米、小麦、苹果、蔬菜种植和肉牛饲养等为主，面临着发展经济与保护生态环境的双重压力，是西北生态经济研究的热点问题之一。

2003 年以来，崆峒区开始发展以“平凉金果”“平凉红牛”和旱作农业等为主体的生态农业体系，积极建设沼气系统，发展秸秆造纸等秸秆回收利用产业，形成了“牛—沼—果菜”式的生态农业体系。经过 7 年的发展，至 2009 年，崆峒区肉牛饲养量超过 30 万头，沼气用户达到 2 万户，水果产量 69 466t，蔬菜产量 250 732t。比较传统农业发展模式，仅 2009 年就节约燃煤 15 597.54t 标准煤；减少 2.1644 万 t CO_2 排放；通过有机肥还田减少使用 N 肥 9.96 万 t，P 肥 5.31 万 t，K 肥 3.32 万 t；回收利用秸秆 18.09 万 t。取得了良好的经济、生态效益。但同时还存在着秸秆回收率低、有机果菜种植推广困难、牛粪尿污染严重等缺欠，而且对生态农业系统的可持续发展前景构成威胁。

因此，本节通过建立科学的系统分析模型，分析生态农业发展的综合效益演变趋势和可持续发展能力，找到系统发展的关键环节和制约因素，提出具有针对性和科学性的政策措施，对系统加以优化调控，从而建立崆峒区生态农业体系可持续发展模式。

2. 旱作农业发展模式分析模型

在众多系统分析模型中，SD 模型具有量化、动态、可调控等特点，对研究较长发

展周期、动态变化和存在多系统间反馈作用的系统设计、优化、管理问题具有明显的优势，在分析经济、社会、生态等众多复杂系统研究中应用广泛且效果良好。所以，本研究采用系统动力学方法来建立 EA-SD（ecological-agriculture system dynamics model）生态农业分析模型（李富佳等，2012）。

EA-SD 模型体系主要由农业产业链、综合效应和调控政策三个子系统组成。其中农业部分由肉牛养殖、制沼产业、有机种植等产业门类构成，形成“养牛—制沼—粮、果、菜种植—秸秆造纸、秸秆饲料—养牛”的近似闭合的产业循环系统（专题图 1-7）。

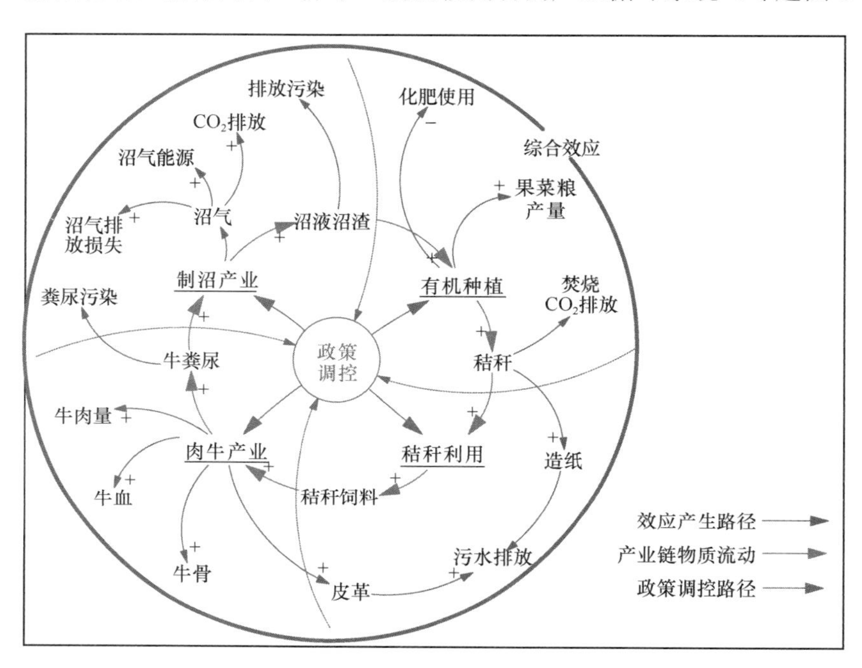

专题图 1-7　模型逻辑框架（彩图请扫封底二维码）

绿色箭头表示农业产业链及各产业间的物质流动方向；蓝色箭头代表各产业的产品、副产品、废弃物等生态、经济、社会综合效应路径；红色箭头为政策调控措施制定和实施路径

通过农业生产活动，农业子系统产生了经济增长、资源消耗、污染排放、就业增加、人居环境改善等正负生态、经济、社会综合效应，这些效应构成了效应子系统。效应子系统对当地的生态、经济与社会发展等产生长远影响，同时也反作用于农业子系统，如污染加剧造成生态恶化，最终限制农业发展等。通过分析系统输出的正负效应，制定出优化生态农业体系发展的调控政策，构成政策子系统。通过政策子系统对农业发展模式和产业链结构进行科学的改进，使效应子系统产生的正效应最大，负效应最小，促进整个生态农业体系能够实现可持续发展。

本文建模所用数据来源主要包括：实地调研所获得的第一手实测数据、对崆峒区农户进行面对面访谈及问卷调查的整理结果、崆峒区和平凉市 2000～2009 年统计年鉴、崆峒区 2000～2009 年《农村经济统计报表》。模型中秸秆、煤炭、沼气等能源折算系数、碳排放系数采用《中国能源统计年鉴》和《IPCC2006 国家温室气体清单指南》标准，结合崆峒区实测数据加以校正后的结果。

3. 旱作农业发展模式系统模拟

根据生态农业系统中农业、效应、政策三个子系统间的相互作用，建立 EA-SD 模型的积量流量框架图（专题图 1-8）。为方便论述，将模型按产业链分成如下三个部分加以讨论。

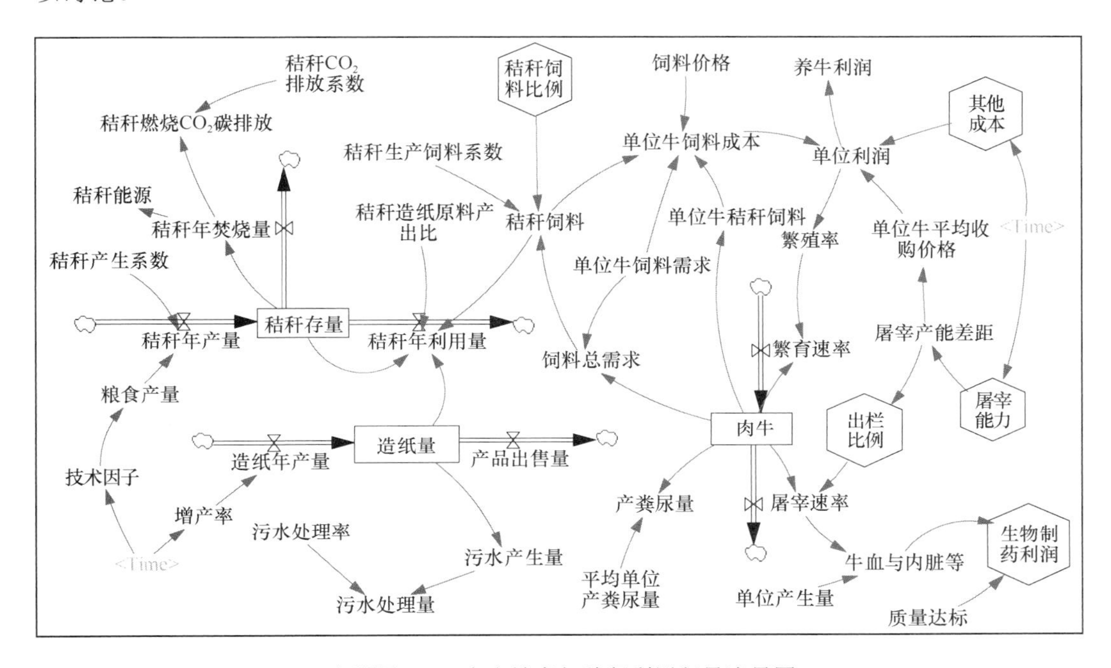

专题图 1-8　肉牛繁育与秸秆利用积量流量图

六边形变量为受到调控政策作用发生变化的变量；“<Time>”为隐藏变量，是系统动力学模型中的常见符号

（1）肉牛繁育与秸秆利用

该部分模型包括“肉牛、造纸量、秸秆存量”3 个水平变量，受到“繁育速率”“屠宰速率”等 7 个速率变量的控制和其他 32 个辅助变量的影响。肉牛的繁育速率和屠宰速率变化，决定了肉牛总量的变化。肉牛总量的变化直接改变牛粪尿的产生量和秸秆饲料的需求量，从而影响下游沼气制造产业和上游秸秆回收利用产业的发展。

在上游秸秆利用产业中，秸秆的利用主要有造纸、制造饲料、焚烧三个途径。肉牛养殖产生的秸秆饲料需求决定了每年用于制造饲料的秸秆数量；造纸厂的产量变化情况直接决定了用于造纸的秸秆数量；除去以上两种应用途径，剩余的秸秆基本全部被农民作为能源焚烧，造成 CO_2 排放。

此外，养牛产业产生的牛粪尿除一部分作为沼气制造的原料，一部分还田外，剩余的造成了大量粪尿污染。造纸厂在生产过程中产生大量的污水，其处理费用，提高了生产成本，导致企业必须控制秸秆收购价格，限制了秸秆利用的数量。

（2）制沼与有机农业发展

这部分是生态农业体系中生态正效应的主要产生单元。包括“沼气存量、沼渣沼液存量、有机果菜增值量”3 个水平变量；“产生沼气速率”等 9 个速率变量；25 个辅助变量。用于模拟沼气的制造与利用、有机肥料的使用和有机果菜产业的发展潜力。

牛粪尿量及其用于制沼的比例决定着沼气产生量；沼气使用率反映沼气的利用、普及程度和沼气散逸损失情况，其变化直接决定沼气产业的发展趋势。沼液沼渣和粪尿还田为当地发展有机果菜种植提供肥料供应，二者折算为 N、P、K 肥的折纯量体现了当地利用有机肥的数量和质量（专题图 1-9）。

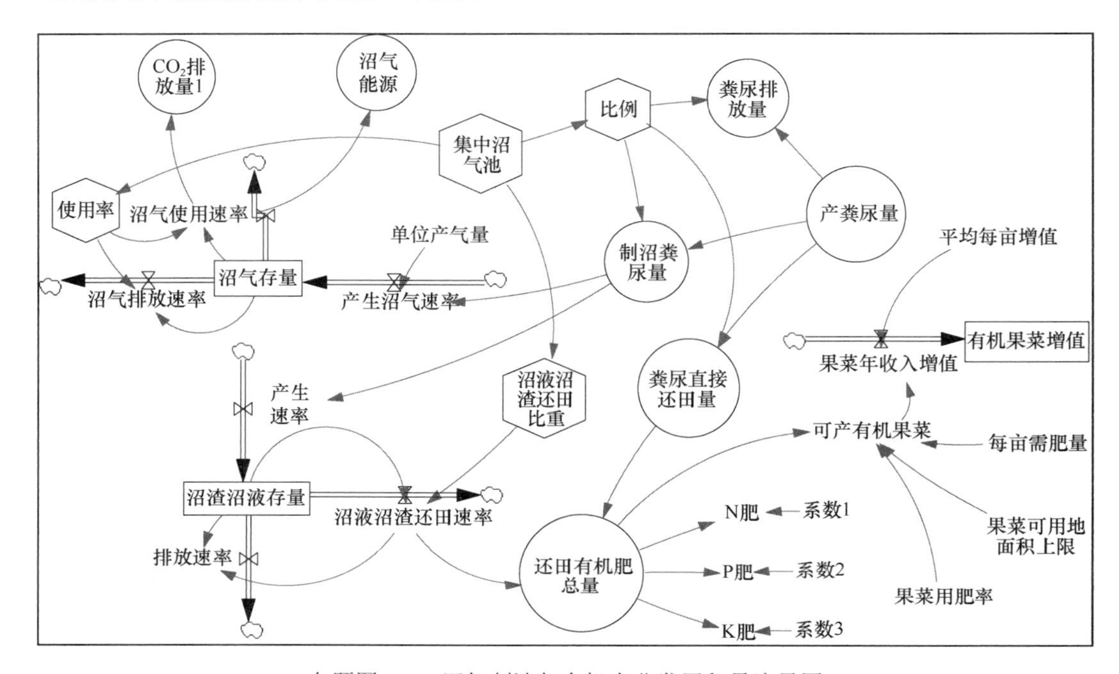

专题图 1-9　沼气制造与有机农业发展积量流量图

（3）能源结构与碳排放

崆峒区生态农业体系通过秸秆回收利用、推广沼气、太阳能等新能源，大量减少了煤炭、秸秆燃烧，降低了 CO_2 排放量，能源消费结构有所改变。EA-SD 模型将能源利用与碳排放纳入模拟过程，通过“农村总人口、电能使用量、太阳能普及率”等三个水平变量、5 个速率变量和 18 个辅助变量，计算崆峒区农村生活能源需求量、各类能源消耗量和 CO_2 排放量，模拟能源消费结构和碳排放变化趋势，并与以煤炭、秸秆燃烧为主的传统能源结构相对比，量化评价生态农业体系在节能减排方面的经济、生态效益（专题图 1-10）。

崆峒区农村能源使用和 CO_2 排放情况受生活能源需求、能源消费结构等因素影响。其中，能源消费结构取决于沼气能源、太阳能、秸秆能源的比例。借助 EA-SD 模型对这些能源的生产消费模式进行优化，就可以降低当地的能源使用成本，提高节能减排效益。

4. 生态农业发展模式总结与优化方向分析

借助模型，模拟崆峒区生态农业系统，如果按照当前的结构和模式发展，得出 2009 年至 2050 年可能出现的综合效应变化趋势，模拟过程命名为“normal”。

（1）肉牛饲养与秸秆利用

根据模拟分析，崆峒区养牛产业处于起步阶段，肉牛屠宰企业规模小、数量少，

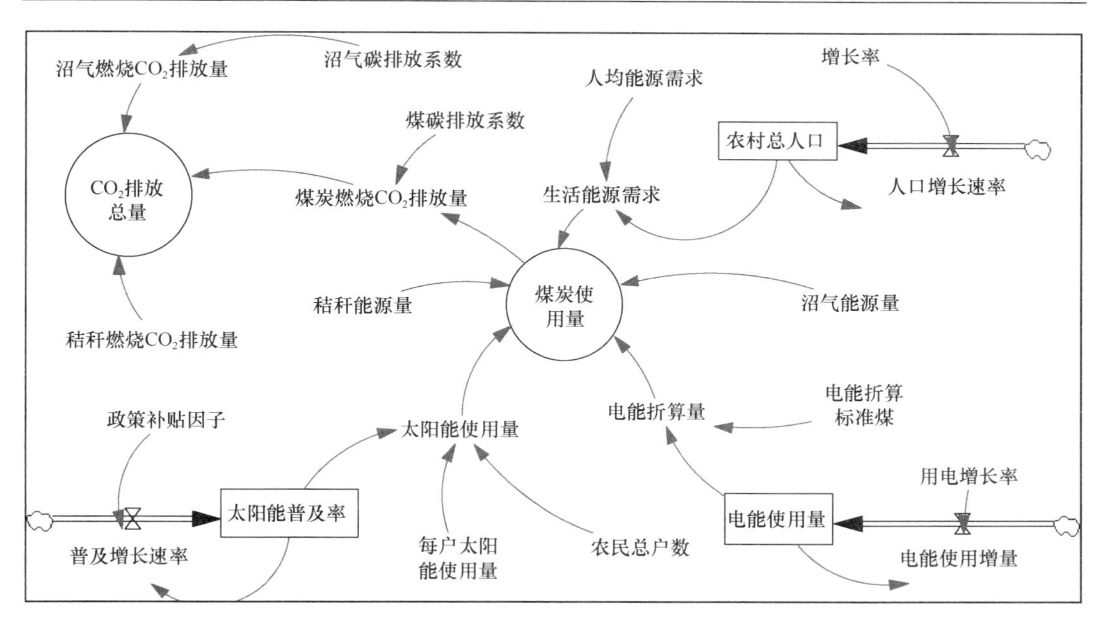

专题图 1-10 能源与碳排放积量流量图

加之近年来政府的大力扶持，肉牛繁育率不断提高，导致屠宰速率低于繁育速率，肉牛总量快速上涨。2009 年，牛肉产量达到 48 356t，皮革 109 900 张，肉牛饲养利润 1.826 亿元，牛骨 14 506.8t，牛血及内脏 38 684.8t，牛粪尿 294.58 万 t，经济效益快速提高。但由于目前崆峒区肉牛大多为当地农户自行屠宰，牛血、内脏、牛骨的数量及其卫生、技术条件都不能适应生物制药等高端产业的原料需求，当地又没有以此为原料的大型生产企业，导致这些副产品多以极低的价格出售，甚至被当作垃圾倒掉，造成了巨大的资源浪费和生态污染，成为系统负效应。

未来由于屠宰企业快速发展，屠宰速率、出栏速率快速提高，逐渐超过肉牛的繁育速率。到 2026 年，牛总量将达到 392 116 头，出现峰值，之后将快速下降，直到 2042 年降至 168 169 头后，由于供应减少，企业屠宰速率远低于屠宰能力，总量降低速率才开始趋缓，但降低趋势仍未改变；至 2050 年以后逐渐稳定在不足 10 万头。牛总量的下降导致牛粪尿量减少，下游制沼量、上游秸秆回收利用量均随之下降。而且由于未来牛血、骨、内脏等副产品产量下降，未来仍难以得到规模利用，将长期造成巨量浪费和污染（专题图 1-11）。

此外，养牛利润的降低也意味着大量的养殖户将寻求新的经济来源，可能会进一步加速农村人口的外迁，使当地农村人口老龄化和空巢等社会问题加重。而且，由于从事农业劳动的青年人口的减少，也将直接影响农业的发展，同时减缓农村城镇化、缩短城乡差距的步伐。

（2）沼气制造与有机农业

根据模拟，到 2026 年，崆峒区利用牛粪尿生产沼气量将达到峰值 895.886 万 m^3，大量减少煤炭燃烧和 CO^2 排放。牛粪尿和沼液沼渣还田量，折纯后约合 N 肥 13.36 万 t，P 肥 7.127 万 t，K 肥 4.4546 万 t，替代大量的化肥使用，生态、经济效益明显。但 2026 年以后，随着肉牛产业的衰落，牛粪尿大量减少，制沼产业将难以维持，还田的有机肥

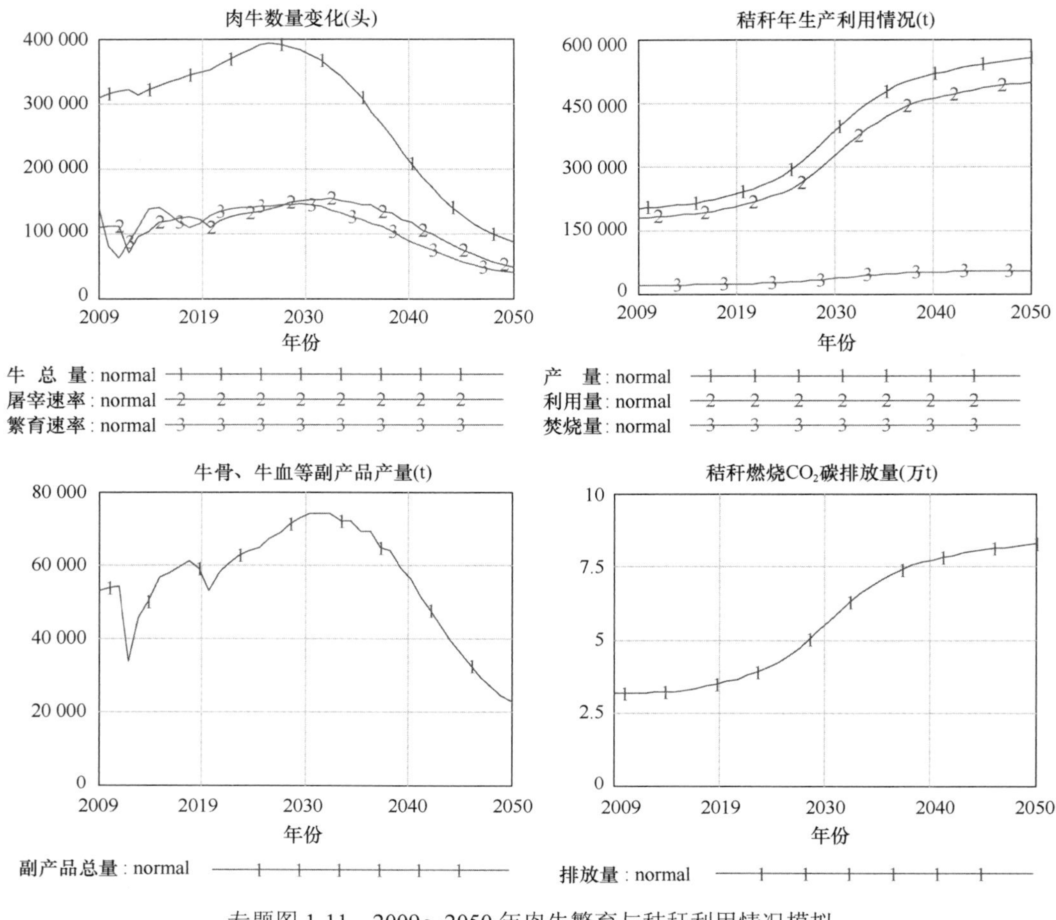

专题图 1-11　2009～2050 年肉牛繁育与秸秆利用情况模拟

量也将大大减少，有机农业将因缺少有机肥持续供应而难以持续，回到大量使用化肥的传统发展模式。

更重要的是，由于当地昼夜、季节间温差较大，加之采用单户制沼方式，设备、农民技术水平等因素限制，当地沼气制造不稳定，冬季产气量明显减少，农户沼气使用率逐渐下降。据实地调查，至 2009 年，当地已有约 11%的沼气池被弃用，造成了前期投入的巨大浪费。同时，产生的沼气不能完全被利用，每年约有 30%直接排放到空气中造成污染（专题图 1-12）。

（3）能源与碳排放情况

崆峒区通过发展沼气、太阳能，提高电能消耗比例，节约燃煤量不断增加。到 2036 年，非煤炭能源使用量将达到 52 558.46t 标煤，大幅降低能源使用成本，减少 CO_2 排放。到 2027 年，CO_2 年减排量将达到 3.25 万 t，生态效益良好。但随着牛粪尿的减少和沼气池的不断弃用，沼气能源将走向衰落，秸秆焚烧将大量增加，CO_2 减排量也将从 2028 年开始逐步降低，节能减排效果不可持续（专题图 1-13）。

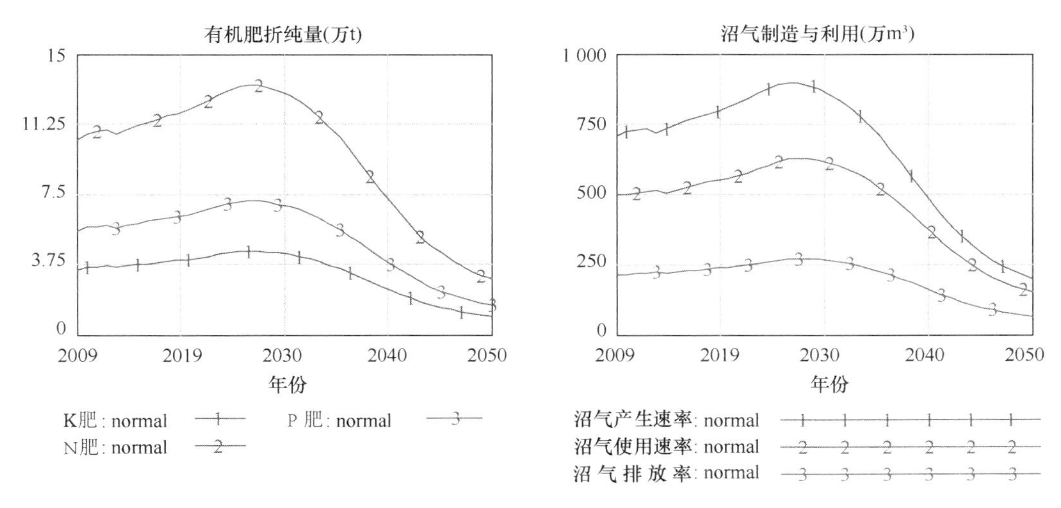

专题图 1-12　2009～2050 年沼气制造与有机农业发展情况模拟

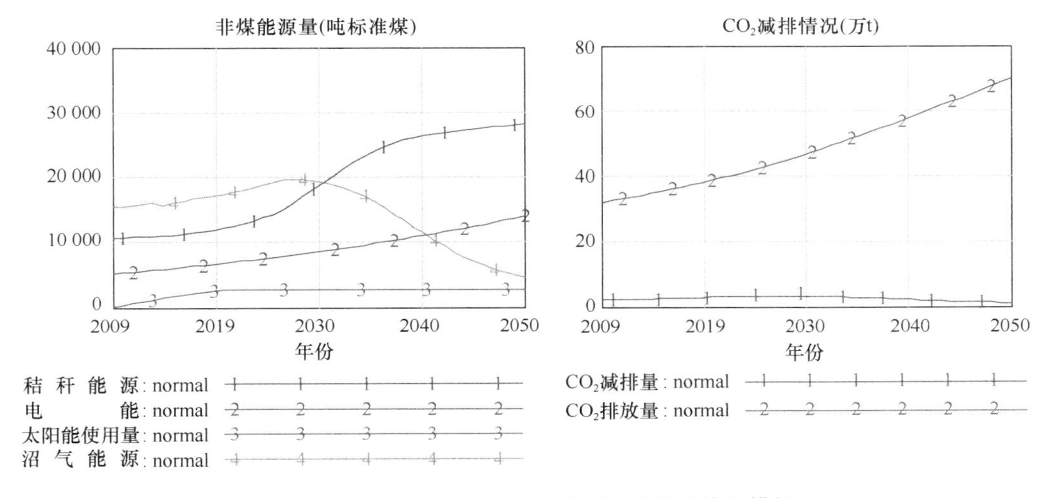

专题图 1-13　2009～2050 年能源与碳排放情况模拟

（4）优化模式调控目标

根据以上分析，崆峒区生态农业系统存在以下重要缺陷和负效应，是优化调控的目标和重点。

肉牛产业的屠宰速率与繁育速率增长速度不匹配，造成肉牛总量有降低风险，导致系统整体可能走向衰落。

肉牛散户养殖、屠宰模式不利于副产品的清洁收集和加工，缺乏下游企业，造成牛血、牛骨的大量浪费和污染。

单户制沼方式受设备、技术、气候、维护便利性等影响严重，导致制沼不稳定，大量沼气排空浪费，大量沼气池弃用。此外，还造成牛粪尿不能完全利用、沼液沼渣难以集中处理而产生污染。

受污水处理成本、肉牛总量限制，秸秆回收利用需求有限，造成大量秸秆焚烧。加上沼气能源有衰落可能，导致 CO_2 排放量逐年升高，节能减排成果变为短期效应。

（四）优化模式与效果预测

根据以上分析，针对生态农业系统的四大缺陷，制定相应调控政策、措施，消除隐患，促进系统可持续发展。

1. 肉牛繁育与屠宰产业优化发展模式

针对缺陷1和2，调控重点在于改变现有饲养方式，平衡肉牛繁育与屠宰速率。

（1）优化模式

第一，由政府通过设立财政补贴和税收减免政策，在2010～2020年扶植新建或扩建30～50个现代化大中型养牛场，实现全区95%以上肉牛进场养殖。培育形成龙头养牛企业，农户可持有股份或成为养牛工人。

第二，采用税收调控手段，合理控制屠宰速率。2020年以前补贴肉牛屠宰企业完善设施、扩大规模，但不提供税收优惠；2020～2025年，对屠宰企业给予阶段性税收减免，2026年优惠结束。

第三，建设肉牛交易市场和网络交易平台，扩大肉牛来源。2011年起，由地方财政拨款建设肉牛交易市场和网络交易平台，2015年建成，2020年形成区域性活畜、畜产品交易和物流中心。吸引周边地区的肉牛原料供应，分担屠宰需求压力。

（2）效益预测

规模化养殖可逐渐降低肉牛养殖成本，提高繁育率和育肥速率。至2020年，全区单位牛平均饲养成本可降低5%左右，繁育速率提高11.52%；2050年，成本降低13%，繁育速率提高1.29倍；税收控制使屠宰速率增幅低于繁育速率，区外肉牛补充量波动上升，至2040年，屠宰与繁育速率基本持平，肉牛年引进量稳定在年屠宰量的45%左右。调控政策使肉牛总量稳步上升，至2050年达772 932头，养牛利润达7.16亿元，年屠宰量达29万余头。不但大幅提高了经济效益，更避免了肉牛种群可能锐减的生态恶果。

同时，通过养牛场与屠宰场的对口衔接，肉牛将全部进入专业屠宰车间，牛血、牛骨等副产品供应充足，且质量达到制药标准，在政策扶持下，生物制药企业将迅速在当地引进、发展。肉牛副产品的浪费和排放污染将得以消除，系统缺陷1和2将得以优化弥补（专题图1-14）。

此外，农民通过入股或工作的形式进入养牛企业、生物医药企业等产业体系中，将大量增加当地的就业人口，据测算，每增加一个万头肉牛饲养场。可增加维护、运输、卫生、技术、杂物处理、管理等就业岗位80～100个，带动配套上下游产业增加就业岗位50～70个。待全区范围的规模养牛场建设完善后，将能够在很大程度上的解决农村劳动力就业问题。提高社会稳定、推动社会和谐。此外，随着牛粪尿污染的消除、配套乡镇企业的逐渐进入，也将加速基础设施和公共服务设施的建设、推动城镇化进程，提高城乡公共服务均等化程度。

2. 沼气制造与综合利用优化发展模式

针对系统缺陷3，调控重点在于优化制沼方式，加大沼气综合利用水平。

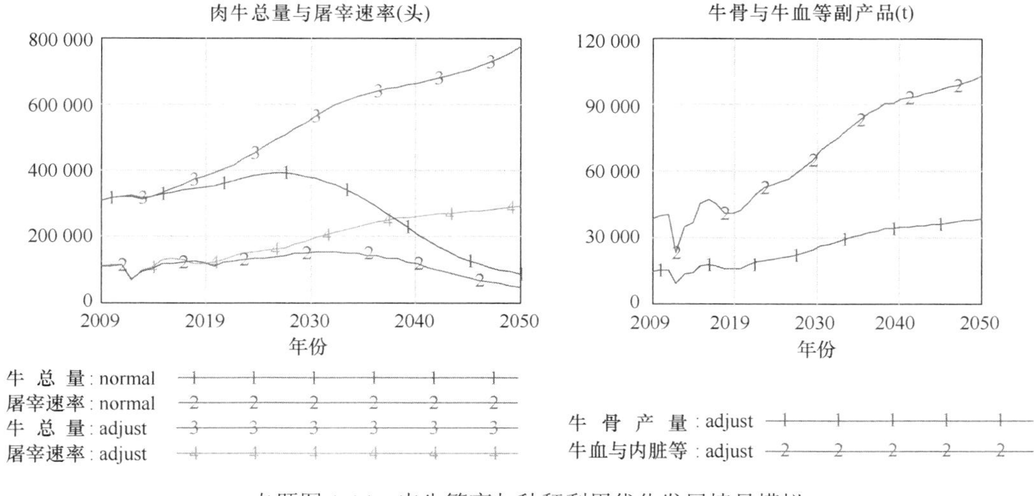

专题图 1-14　肉牛繁育与秸秆利用优化发展情景模拟

（1）优化模式

第一，建设大中型沼气池，变单户制沼为集中供应。政府由资助农户修建单户沼气池，转为补贴养牛场进行集中式沼气池建设。自 2011 年开始，逐步在每个养牛场配套建设可满足附近居民使用需求的大中型沼气池，铺设沼气输送管线。至 2020 年，建设完成覆盖农村地区的沼气供应体系。聘用专业人员长期维护和处理沼渣、沼液。在养牛场入股的农户可免费使用沼气，其他农户可通过交纳合理的使用费用获得沼气使用权。

第二，逐步开展沼气发电项目，推广沼气灯照明、取暖。综合利用沼渣、沼液作为高效有机肥、环保杀虫剂、浸种营养液、饲料添加剂等，科学提高沼渣、沼液利用率。

（2）效益预测

集中式沼气池可增加产气量，提升制沼的安全性和稳定性，进而不断提高沼气的产量和使用量。至 2020 年，年产沼气可达到 5538.58 万 m^3，相当于 173 457t 标准煤；2041 年以后，年产量将稳定在 3 亿 m^3 以上，相当于 93.95 万 t 标准煤。沼气使用率也将在 2023 年后稳定在 99%以上。由于使用率的上升，沼气排放消耗将不断减少，到 2021 年降至 85.16 万 m^3，比单户制沼模式大幅减少；至 2030 年，沼气排放污染可基本消除。此外，由于制沼的原料需求增加，牛粪尿直接还田量将大幅降低，90%以上将用于生产沼气。制沼过程产生的沼液、沼渣能消灭细菌、提高肥力，具有杀虫功效，成为更理想的有机肥料。

随着制沼系统的逐渐完善、沼液沼渣还田量将快速提高，到 2028 年有机肥将全部以沼渣、沼液形式还田，达到 442.238 万 t，是未优化方案的 30 倍，有机果菜种植将扩大到 28 万亩左右，经济效益提高 14 003.6 万元。至 2035 年以后，将达到 550 万 t 以上，其肥力经折纯后相当于 N 肥 33 万 t，P 肥 17 万 t，K 肥 11 万 t 以上，全区化肥使用将大幅减少，系统缺陷 3 将得以弥补（专题图 1-15）。

此外，集中的沼气供应体系，势必需要集中布局居住单元。因此，政策的落实可与新农村建设相互促进，加速农村人居环境改善和社区式管理模式的推进，从而能够促进当地居民的生活条件的改善。

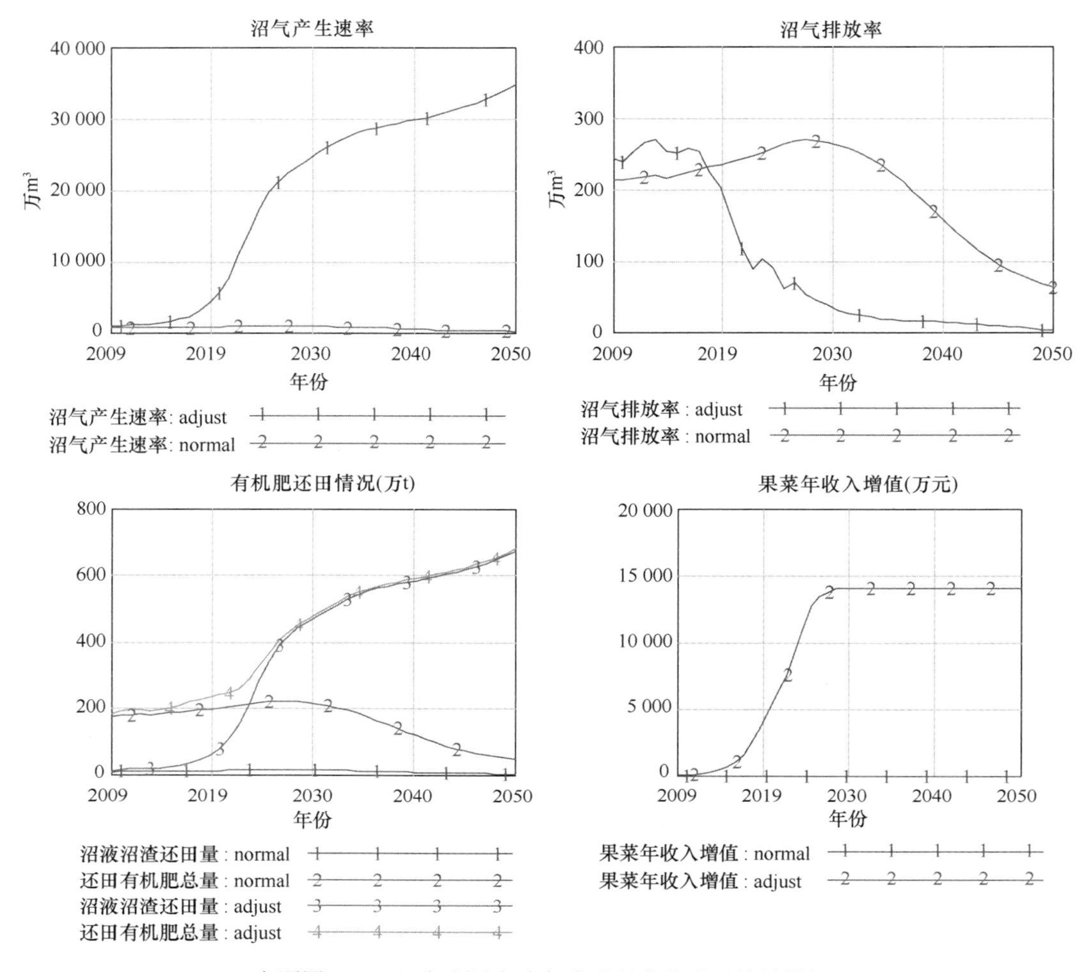

专题图 1-15　沼气制造与有机农业的优化发展情景模拟

3. 能源、碳排放与秸秆利用优化发展模式

针对系统缺陷 4，调控重点在于降低污水处理成本、提高秸秆利用需求。大力推广清洁能源，减少 CO_2 排放。

（1）优化模式

第一，政府可为造纸企业提供专项财政补贴或奖励，支持企业引进造纸黑液制造复合有机肥技术。一方面生产有机肥可以增加企业收入降低成本，另一方面生产的复合有机肥又可广泛应用于有机种植产业，形成新的物质循环过程。

第二，推广清洁能源。崆峒区自 2008 年推行太阳灶下乡计划，政府为安装太阳灶的农户补贴 150 元（所需费用为 160 元），已使 2000 余户农民用上太阳灶，受到了农户的欢迎。政府应在推广沼气能源的同时，将太阳能推广计划延长至 2020 年，并对照明、取暖等太阳能设施的推广提供相应补贴。

（2）效益预测

至 2019 年，太阳能将覆盖 90%以上农村地区，年可替代燃煤 2693t 标准煤。沼气能源量不断增加，发电规模逐步形成，至2030年理论发电产能达50万t标准煤以上。崆峒区煤炭使用量将快速减少。至2022年，煤炭理论上可以完全被其他能源取代。此外，利用造纸黑液制造有机肥的技术将得到广泛应用，大大降低了造纸企业的治污成本，使企业年收入增加20%～30%，有能力快速扩大企业规模，秸秆原料需求大量增加。而且，肉牛总量的增加将产生大量秸秆饲料需求，从而进一步加大秸秆利用需求。到2028年，崆峒区秸秆回收率可达100%，秸秆焚烧现象得以消除。化石能源燃烧量的减少，大量减少了CO_2的排放，从2009年到2022年，CO_2年排放量将由32万t降至12.57万t；年均减排量将比优化前大幅扩大，系统缺陷4得以消除（专题图1-16）。

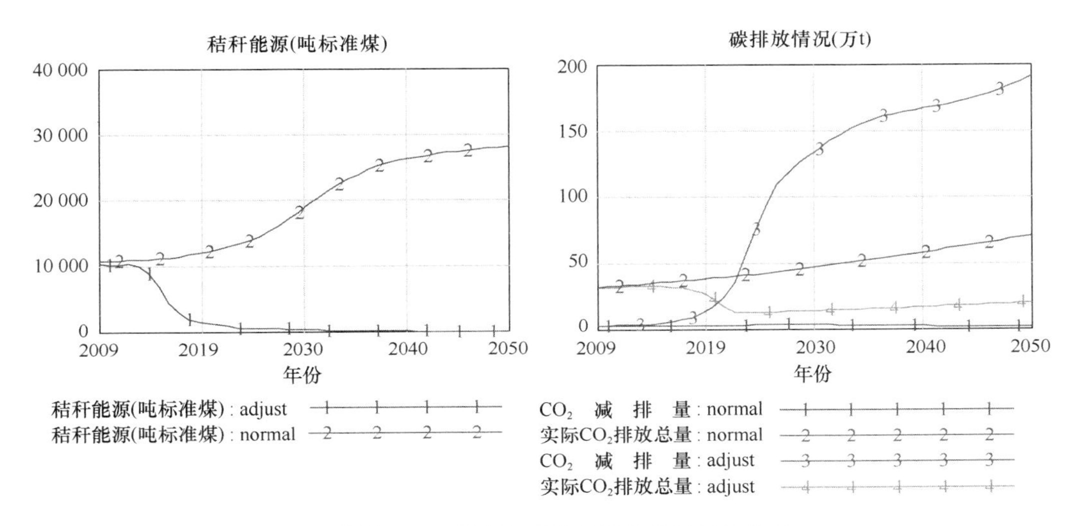

专题图1-16　能源与碳排放优化发展情景模拟

三、生态工业与工业循环经济模式

（一）崆峒区工业发展形势

1. 支柱产业风险和机遇并存

崆峒区的工业循环经济主要以热电产业、非金属矿物制品业、农副食品加工业、皮革制品业为支柱产业，在“十三五”时期煤化工产业也将成为重要的支柱产业。

热电产业方面，2016年12月发布的《能源发展“十三五”规划》中预测“未来五年，钢铁、有色、建材等主要耗能产品需求预计将达到峰值，能源消费将稳中有降。在经济增速趋缓、结构转型升级加快等因素共同作用下，能源消费增速预计将从‘十五’以来的年均9%下降到2.5%左右”。尽管国家政策强调清洁能源替代任务，但同时也对现有的煤电产业稳定发展高度重视，提出“采取有力措施提高存量机组利用率，使全国煤电机组平均利用小时数达到合理水平”的目标，措施包括“暂缓核准电力盈余省份中除民生热电和扶贫项目之外的新建自用煤电项目”。从国家宏观产业布局来看，甘肃陇东能源基地属于全国能源系统优化重点工程。对于甘肃省来说，火力发电依然在风光水火储多能互补工程中扮演着重要作用。此外，陇东电力外送通道也属于全国能源基础设施建设重点项目。

非金属矿物制品业，即水泥、砖、墙体材料等建材产业方面，根据2016年10月发布的全国《建材工业发展规划（2016～2020年）》，我国建材工业存在需求结构变化和有效供给不足的问题，迫使建材工业优化调整产业体系。从全国范围来看，2020年水泥熟料需求量将比2015年降低2%，因此规划提出了“到2020年水泥产业产能压减10%”的目标。但相比于全国市场，西北地区的水泥市场相对较平稳，并且海螺的品牌价值也在很大程度上保证了崆峒区水泥产业在未来“十三五”时期的稳定销售渠道。

在平凉市优质肉牛资源基础上发展而来的皮革产业，在该行业的全国整体发展水平出现下行的趋势下，“十三五”期间同样面临一定的市场风险。主要原因包括全球经济放缓导致的国内外市场需求不足，我国的劳动力优势正在减弱。但同时也需要看到，随着我国居民收入水平不断提升，由此产生的消费升级需求为皮革产业带来了巨大的发展潜力。

2.“一带一路”倡议推动新一轮西部大开发

“一带一路”倡议于2013年提出，并上升至国家战略。其主要范围包括两轴、两带和两个辐射区，即陆上丝绸之路和海上丝绸之路构成的两个发展轴、沿轴国家构成的陆上丝绸之路经济带和海上丝绸之路经济带，以及由近邻国家构成的两大辐射区。在“一带一路”倡议的背景下，西部内陆地区将加快对外开放的步伐。根据2015年3月发布的《推动共建丝绸之路经济带和21世纪海上丝绸之路的愿景与行动》，要把西部地区的区位优势和地缘优势转化为强劲的发展活力，构建经济发展的新格局。“一带一路”沿线区域主要是新兴经济体和发展中国家，存在较大的交通、建筑基础设施建设需求，尤其是洲际铁路的建设，对西部地区优势产能的发展提供了机遇。对于崆峒区而言，电力和水泥产业将在基础设施建设大潮中获得一定的发展机遇。

（二）崆峒区工业循环经济双驱动总体模式

模式是从生产经验中发现和抽象出的基本规律，把解决某类问题的方法高度归纳总结到理论高度。工业循环经济模式是对一个区域的工业循环经济在特定区位、时间、技术、发展基础等条件下所选择的发展目标、发展路径及由此体现出的系统客观活动和运行规律的表述，涵盖系统内各主体间的组织和作用方式、资源循环利用方式和驱动机制，具有稳定性和可移植性。稳定性意味着尽管模式的形成并非意味着系统内部结构的一成不变，但总体结构框架和发展方向在一定时间内不会出现大的变动，具有较高的稳定性。可移植性意味着模式能够深刻体现工业循环经济的发展内涵，反映区域特征，因而对于发展条件相同或相似的区域，能够对该模式进行学习和借鉴，并能够起到似的效果。影响区域工业循环经济发展模式选择的主要因素包括时代背景、产业发展基础、技术实力、区位优势、对外开放程度等。由于面对的发展条件不同，所以欠发达地区和发达地区在工业循环经济发展模式方面面临不同的选择（专题表1-4）。

专题表 1-4　区域工业循环经济发展模式分类

分类方式	发展模式	代表区域
驱动方式	市场主导型模式	发达地区
	“政府-市场”双驱动型模式	欠发达地区
产业结构	全面推进模式	发达地区
	重点突破模式	欠发达地区
技术创新	自主创新模式	发达地区
	引进消化吸收模式	欠发达地区
循环层次	社会大循环模式	发达地区
	企业、产业小循环模式	欠发达地区

崆峒区工业循环经济发展总体模式是“政府-市场”双驱动发展模式。该模式以循环经济的“3R 原则”为基础，立足典型黄土高原欠发达地区产业基础薄弱、技术水平落后的区情特征，遵循党的十八届五中全会提出的绿色、低碳、循环发展理念，在摆脱贫困、提升民众生活水平的同时，改善生态环境质量、节约自然资源，实现区域绿色发展为发展工业循环经济的核心目标，以市场驱动为核心驱动力，以政府驱动为重要推力，积极引进绿色先进生产技术，选择电力、水泥等矿产资源型产业和肉牛屠宰等农牧业资源型产业等区域优势行业进行重点突破，并联动相关产业建立工业循环经济系统（专题图 1-17）。借鉴发达地区在循环经济发展中的经验，政府部门通过循环经济相关规划，指导企业在自身经济效益的驱动下第一时间践行先进的循环经济产业组织理念，在重点行业推进循环化改造并逐步拓展到全行业，培育自我增长能力。逐步建立一二三产业循环经济体系，并通过物质流、能量流、价值流循环，建立起“产城融合”的全社会大循环。实现对粉煤灰、城市生活垃圾等废弃物和水泥厂余热等废弃热能的消纳吸收，全面提高资源和能源利用效率，达到经济效益、环境效益、社会效益的高度统一。通过对微观尺度的工业循环经济机理分析，得出的国家政策和企业经济效益是崆峒区工业循环经济最重要的外部驱动力和内部驱动力的结论为崆峒区双驱动型循环经济模式提供了有力的支撑（Dong *et al.*，2017）。

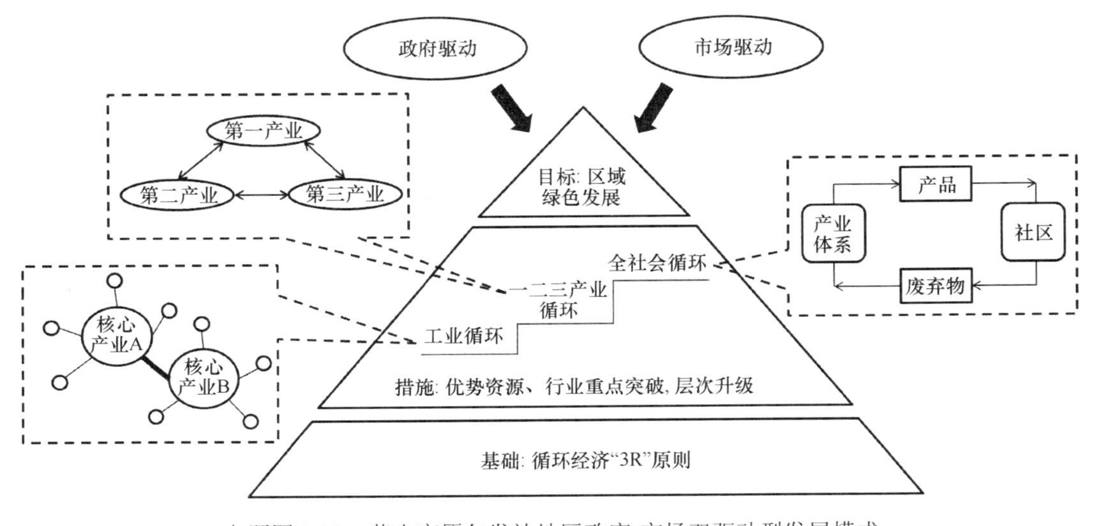

专题图 1-17　黄土高原欠发达地区政府-市场双驱动型发展模式

1. 政府驱动

政府先导，是黄土高原欠发达地区工业循环经济发展模式的最重要特点，也是和崆峒区具备类似条件的其他黄土高原欠发达地区在发展工业循环经济时必须重点考虑的因素。省、地级市政府通过编制循环经济发展相关规划引领循环经济发展大方向，制定激励性产业发展政策为企业打造良好的生长环境。2006年《平凉市崆峒区循环经济规划》和2011年《平凉市循环经济发展规划》的发布，标志着崆峒区在政府驱动下的工业循环经济发展的起步和成熟。针对境内和相邻县丰富的煤炭、石灰石、黏土等矿产资源优势，崆峒区首先建立热电-水泥循环产业链，然后再利用本地肉牛养殖产业基础引进胶原蛋白肽产业建立新的循环产业链。卓有成效的工业循环产业链建设也使崆峒区内的平凉工业园区被纳入甘肃省省级循环经济示范园区。

2. 市场驱动

市场驱动力是另一决定性的工业循环经济发展因素。崆峒区立足黄土高原欠发达地区较为普遍分布的煤炭、石灰石、黏土等建材产业所需矿产资源和良好的畜牧业发展基础，吸收先进技术，承接东部地区产业转移，将市场需求广、发展潜力大的适销对路产品作为核心产品，如水泥、胶原蛋白肽等，实现了资源优势向产业优势、经济优势的转变。同时，企业出于不断追逐经济效益最大化、在市场经济中提高自身竞争力的目的，在发展或引进新生产技术的基础上，不断发展循环经济，积极探索替代原料、替代燃料，延长产品使用周期，提高资源利用效率，减少废弃物排放和自然资源消耗。市场驱动带来的效应还包括发达地区能源密集型企业出于降低能源成本的目的向西部欠发达地区转移产能，从而促进崆峒区闲置电力资源的利用率，促进热电-水泥循环产业链中的上游产业稳定发展。

3. 补链联网，重点突破

欠发达地区工业基础薄弱，具体体现在经济规模体量小，产业结构单一。许多欠发达地区因为缺乏上下游产业联动机制，所以缺乏通过产业生态学方法消减和处理工业废弃物的途径。在这种情况下，发展循环经济应针对区域工业经济系统中不同环节废弃物、污染物形成特点，打造绿色供应链，补充和延伸产业链，将原本相互之间物质流动、能量流动、信息流动联系较弱的单个产业链联合成循环经济网络。例如，崆峒区面临区域内的粉煤灰堆积问题，有针对性地结合市场需求扩大水泥等非金属矿物建材产业的规模，引进海螺水泥，通过延伸产业链、构建产业共生体系和促进电力产业和建材产业之间的联动解决固体废弃物处理难题。对太爱肽胶原蛋白肽生产线的引进也是有针对性地连接肉牛养殖业、屠宰业、餐饮业和生物工程产业，创造性地解决废弃牛骨污染问题。

崆峒区的循环产业链建设还体现出重点加强对支柱产业进行循环化改造，通过龙头企业的示范作用带动整个区域的工业循环经济发展的模式。一方面，支柱产业的龙头企业拥有更强的经济实力，能够将更多的资金投入生产环节的清洁生产改造；另一方面，支柱产业往往也是废弃物、污染物排放大户。支柱产业的循环经济发展在很大程度上决定了区域绿色发展水平，支柱产业在关键废弃物排放、自然资源消耗、能源消耗指标上的提升为区域带来极大的生态效益。

4. 培育一二三产产业循环经济体系

目前，崆峒区工业循环经济与第一产业形成了良好的联动机制，重点体现在肉牛养殖和屠宰产业与生物技术产业、皮革制品业之间的物质流动，以及秸秆的资源化利用。通过构建横跨第一产业和第二产业的循环经济体系，使崆峒区及整个平凉市的畜牧业副产品的价值得到极大提升，工业循环经济起到了促进农户收入提高的社会效益。未来发展中，崆峒区工业和第一产业之间能够进一步发展的循环模式可涵盖探索将热电厂温排水运用于水产养殖和鱼苗繁育，将热电厂粉煤灰用作农业肥料和土壤改良剂。

工业和第三产业的联动方面，工业循环经济在欠发达地区绿色文化宣传、教育方面能够发挥重要的作用。重点发挥海螺水泥等龙头企业的带动作用。海螺水泥在工业旅游方面已经具备成功的经验，其安徽池州子公司打造的“花园式环保工厂”已被国家旅游局批准为全国工业旅游示范点。崆峒区的海螺水泥子公司可借鉴池州子公司的成功范例，打造面向陇东地区的工业生态文明教育基地。政府部门积极组织民众尤其是中小学生实地参观干净和谐的水泥生产线和水泥窑协同处理城市生活垃圾系统，通过直观感受加深对生态工业和循环经济的认知，向民众宣传绿色建材产品，从而提高全社会的绿色文化建设。

5. 企业小循环助推社会大循环

循环经济的发展包含企业、产业、区域、社会 4 个层次，并且每一个层次上的循环都是上一层的基础和下一层的平台。循环经济发展的目标是循环经济系统的规模逐渐壮大，由企业小循环，超出产业、区域的范围，创造社会效益，最终实现全社会大循环。在社会大循环中，企业依然是循环经济的主体，需要在循环产业链的设计中充分考虑产城融合，在帮助企业获得经济收益、提升品牌形象的同时满足社会发展和民众生活水平提升的需求，需要企业尤其是龙头企业积极承担社会责任。在崆峒区，海螺水泥承担了解决城区生活垃圾处理的功能，平凉电厂承担了城区冬季居民供暖和吸纳中水的功能。根据能量流分析，城市生活系统产出的生活垃圾进入水泥厂，变成补充热量，最后形成水泥产品的化学能（专题图 1-18）。水泥产品运用于城镇化建设，融入居民生活中，实现了能量和价值的社会循环。当水泥企业开拓更多的城镇废弃物作为替代原料和替代燃料，社会大循环的效应会更加明显。在热电联产系统中，热量进入城镇居民建筑和公共

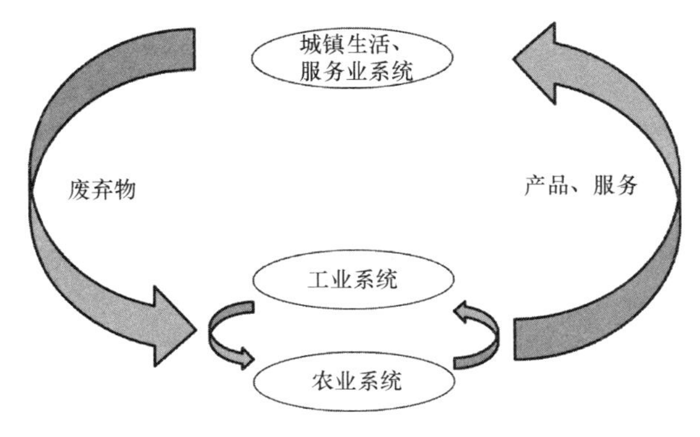

专题图 1-18　社会大循环概念模型

建筑，冷却后的供暖用水回到热电系统，重新加热再投入到供暖管道，水资源形成社会循环。城镇污水流入处理厂，形成中水资源供热电厂使用，产出的电力再服务于城镇，形成能力和价值的社会循环。对其他干旱区、半干旱区的欠发达地区而言，可以参照崆峒区的热电联产案例，将火电厂与城市供暖系统、城市中水系统相结合。

（三）基于系统动力学的工业循环经济发展模式情景分析

为了更深入地定量分析崆峒区工业循环经济发展态势和综合效应，并预测所选择模式对未来的工业循环经济系统的演化趋势的影响，根据崆峒区工业循环经济系统物质流、能量流分析结果提供的关键参数，构建系统动力学（system dynamics，SD）模型，以重点循环产业链为案例对崆峒区工业循环经济发展模式进行情景分析（王喆，2017）。

系统动力学是系统科学理论与计算机仿真技术的结合，是研究系统反馈结构与行为的一门学科，是管理科学的一个重要分支。所谓系统就是由相互制约的各个部分组成的具有一定功能的整体。系统动力学萌芽于 20 世纪初期，形成于 20 世纪 50～60 年代。1961 年，美国麻省理工学院教授 J. W. Forrester 的专著《工业动力学》正式出版，系统动力学的早期名称“工业动力学”得以正式提出，并得到世界范围的认可。系统动力学能够为理解和模拟复杂系统行为提供一种强有力的工具。将系统动力学的思想引入循环产业链研究领域，通过模型方法对现实世界中生态、社会和经济三个子系统的形势和发展趋势进行解释，能够定量地分析生态经济系统和产业共生系统的效益与机理。

鉴于系统动力学在仿真模拟复杂系统和动态分析系统演化趋势方面的显著优点，选择系统动力学软件 Vensim 建立工业循环经济模型。首先，通过因果回路图厘清循环产业链中各个变量之间的因果关系。然后，通过存量流量图模拟工业循环经济系统的演化趋势。模型中各项变量的参数根据企业调研数据推算得到。由于受到数据可得性、企业信息不透明等因素的影响，对物质流和能量流的模拟不能做到完全精确 （Li *et al.*，2012）。

1. 循环经济系统概念模型

首先，通过在 Vensim 软件中绘制因果回路图建立研究框架（专题图 1-19）。图中，通过市场背景方面的变量模拟工业循环经济模式中的市场驱动，通过优化措施方面的变量模拟工业循环经济模式中的政府驱动，通过上下游生产环节的变量模拟工业循环经济模式中的双核结构。

在任意一个时间段上，产业的市场背景变量对应于工业循环经济总体模式中的市场驱动，决定了市场需求，市场需求决定了企业的生产计划，进而决定产量。未利用产能若超过一定程度，说明产业存在严重的产能过剩问题。产品销售收入是经济效益的一部分。上游企业的部分废弃物能够作为下游企业的替代原料，由此带来的污染物排放的减少和自然资源的节约为生态效益，带来的企业成本节约是另一部分经济效益。随着时间的推移，市场需求会发生变化，将对企业生产规模造成重要影响，替代原料的供需差这一系统内部的主要矛盾也随之发生变化，对系统的可持续性造成影响。不同的优化措施也将对系统施加影响，对应于工业循环经济总体模式中的政府驱动。

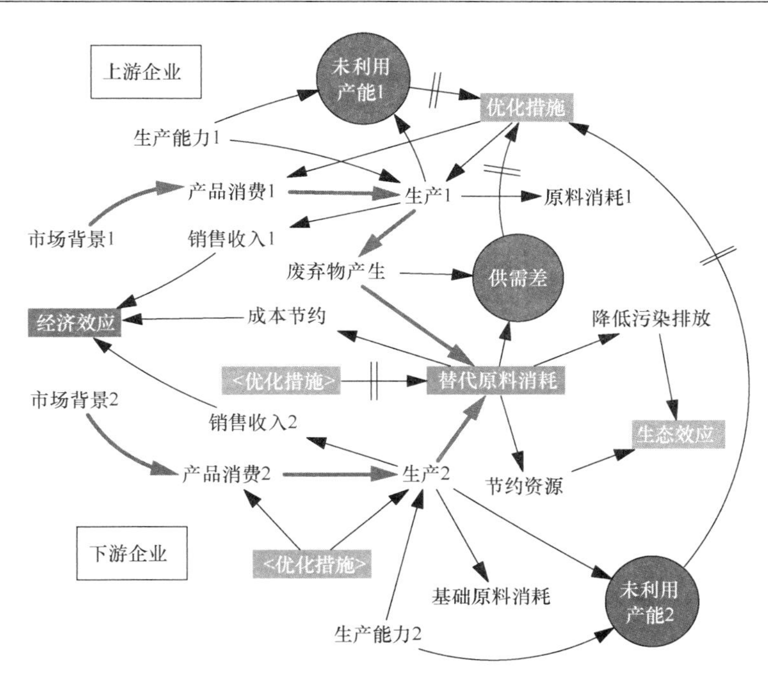

图 1-19　循环经济系统概念模型（彩图请扫封底二维码）

箭头表示变量之间的因果关系，位于箭头之前的变量直接影响着位于箭头之后的变量。红色变量表示系统中的核心矛盾；深绿和浅绿色变量表示系统在经济和生态方面的效应

2. 热电-水泥循环产业链演化趋势模型构建

热电-水泥循环产业链包括依托华能平凉电厂建设的发电系统和城市供暖系统，以及包含海螺水泥厂和祁连山水泥厂的水泥生产系统。在因果回路图的基础上，对概念模型进行扩充，通过 Vensim 软件建立热电-水泥循环经济系统的存量流量图。系统时间间隔设置为年，初始时间为 2014 年，结束时间为 2025 年，运行时间横跨“十三五”和“十四五”时期。

（1）基本运行结构模拟

模型中电力未利用产能和水泥未利用产能是影响系统经济效益进而影响系统稳定性的关键矛盾。上游的热电厂和下游的水泥厂之间的物质流主要为热电厂的废弃物粉煤灰、脱硫石膏和炉渣，这 3 类物质的供需差构成了系统的一个关键矛盾，如果再利用废弃物供给不足，会影响产业共生系统的稳定性，而如果供给过多又会造成高额的固体废弃物处理成本。因此专题图 1-20 重点模拟了 3 类物质的供给需求变化情况。该环节设定热电厂售卖给其他部门的粉煤灰占粉煤灰总量的 70%。粉煤灰和炉渣由热电厂煤炭用量决定，其中还有一部分炉渣来自于水泥厂的垃圾焚化炉，脱硫石膏量由煤炭中的含硫系数及脱硫过程消耗的石灰石数量决定（专题图 1-20）。

（2）生态效应与经济效应演化趋势模拟

崆峒区循环经济系统的生态正效应主要为自然资源的节约量、固体废弃物的消减量、污染气体排放的消减量和温室气体排放消减量。模型中建立的生态效应变量包括：水泥厂煤炭节约量、石膏节约量、黏土节约量、碳排放消减量，以及供热过程中的煤炭

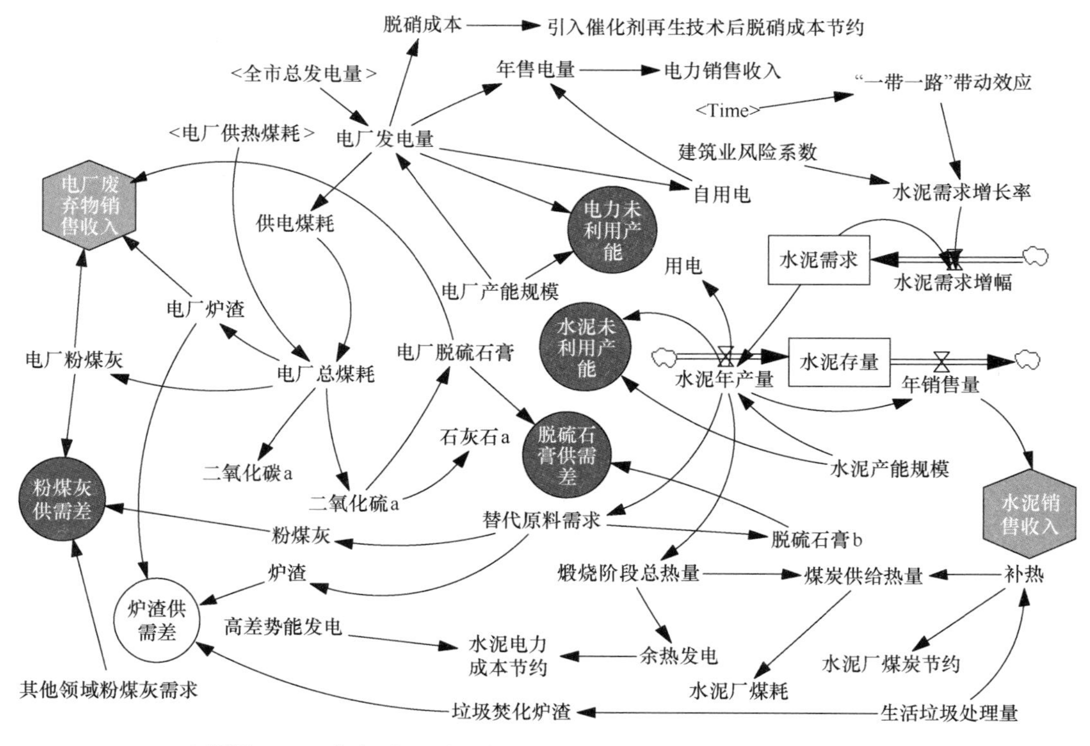

专题图 1-20　热电-水泥循环产业链运行结构（彩图请扫封底二维码）

节约量、烟尘减排量、SO_2 减排量和中水用量。根据实地调研的数据，模型中设定崆峒区使用的煤炭的含硫量为 0.5%，灰分含量为 11%，传统小锅炉的煤燃烧效率、脱硫效率和除尘效率是热电厂供热设备的 72%，97.8%和 16.7%。

煤炭燃烧造成的碳排放的计算公式为

$$E=EC\times EF\times \mathrm{f}$$

式中，EC 为煤炭消耗量；EF 为煤炭的碳排放系数，煤炭的碳排放系数取为 0.7266；f 为煤炭折算为燃料的标准煤系数，取为 0.7143。

水泥生产过程中的直接碳排放包括工艺碳排放和化石燃料排放两部分，其中工艺碳排放主要来自 $CaCO_3$ 的分解反应，因此工艺碳减排来源于含有 CaO 的替代原料对石灰石的替代。

与传统经济模式相比，循环经济模式带来的经济正效应重点体现在物质和能量的再利用带来的产品销售收入之外的额外收益，负效应重点体现在由于中水处理成本偏高导致的热电厂水耗成本的增加、热电厂使用选择性催化还原（SCR）脱硝装置的脱硝成本。模型中关注的循环经济系统经济正效益包括电力和水泥的销售收入、水泥厂余热发电实现的电力成本节约、水泥厂通过使用替代原料实现的原料成本节约、热电厂出售可再利用的废弃物的收入（专题图 1-21）。该环节假定模型运行时间段内水泥的原料配比不发生显著的变化，各原料及产品的市场价格、电力价格也不发生显著的变化（专题图 1-22）。

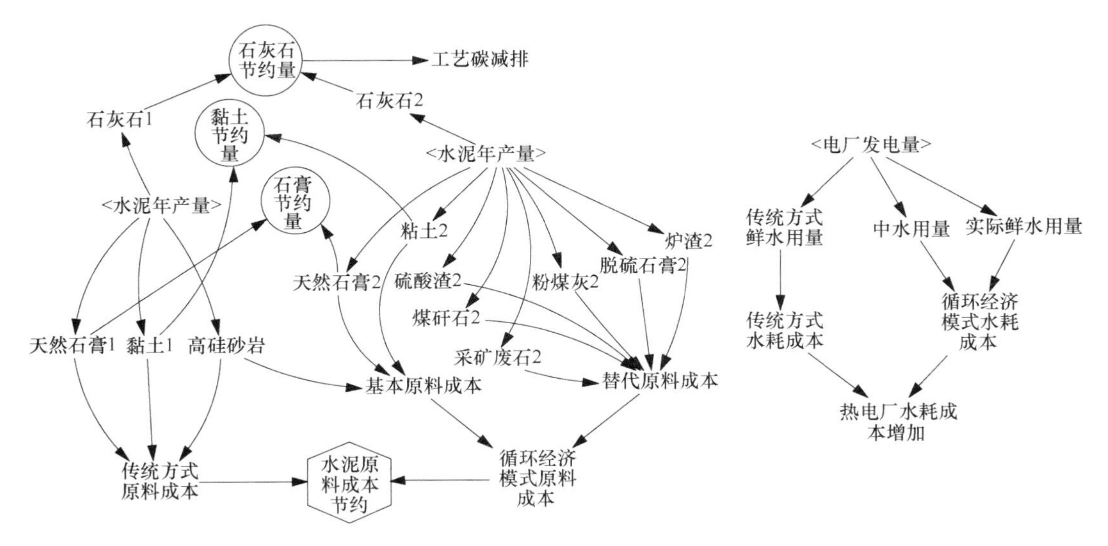

专题图 1-21　废弃物循环利用经济效益、生态效益分析

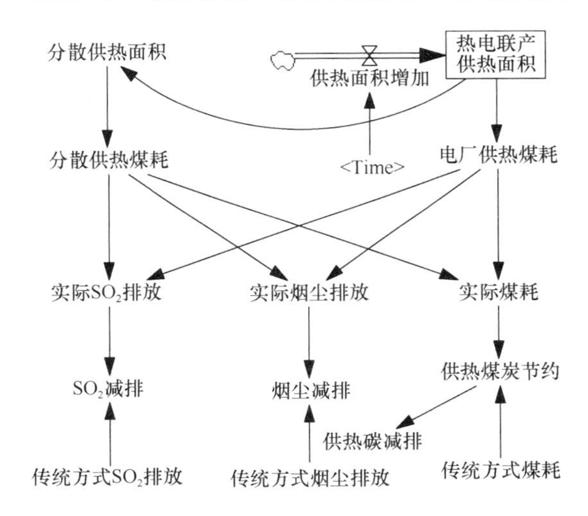

专题图 1-22　热电联产生态效益分析

（3）市场需求演化趋势模拟

1）电力市场风险及已采取措施模拟

该环节假定模型运行时间段内，崆峒区热电厂的发电量占全市总发电量的 56.43%，该比例不会发生显著变化。

平凉市总发电量由全社会用电量和向区域外输送的电力两部分构成。根据 2014 年的数据，外送电量占全市总发电量的 79.9%，是对崆峒区热电厂生产规模产生巨大影响的因素。在模型中，外送电量取决于三方面。

首先，电力未利用产能是系统中的最主要矛盾，决定整个热电-水泥循环经济产业链的运行稳定性，同时也决定电力外送和工业投资方面的调控。电力未利用产能若增大，将刺激政府部门加大调控力度，进而争取更多的电力外送机会。此处加入延迟函数，延迟时间设置为 2 年，表示决策者接受信息到决策措施落地实施之间的时间差。

其次，西电东送系数，代表假设平凉市能被纳入到国家的西电东送项目，所生产的电力能够输送到我国东部地区，外送电量将大幅度增加。根据《陇东能源基地开发规划》，甘肃省要争取国家将陇东确定为国家大型煤电外送基地，将“陇东—江苏的±800 千伏特高压直流外送工程”纳入国家“十三五”电力发展规划，打通煤电外送通道。此举一方面能极大解决东部地区用电缺口问题，另一方面也将促进崆峒区的煤电产业优势得到高效发挥。考虑到相关的输变电工程的建设进展，设定两种情景，设置西电东送系数从 2019 年或 2023 年开始逐年上升，在此之前该系数为 0。

此外，设置随机生成的电力风险系数，代表热电厂在争取电力外送工作面临的难度和不确定性。区间分别设置为[0，0.4]和[0.4，0.8]，代表低风险情景和高风险情景。

全社会用电量包括城乡居民生活用电量、工业用电量、第三产业用电量和其他用电量。城乡居民生活用电量、第三产业用电量、其他用电量具有较明显的时间序列增长趋势，因此通过过往的统计数据推测未来的数据。工业用电和外送用电容易受经济形势、政策环境的影响，同时也是重点调控对象，不确定性较大。在系统中，规定工业用电增长率受到工业投资调控系数的影响。随着平凉市工业园区的不断发展，工业用电会呈现一定增幅。同电力外送调控系数一样，工业投资调控力度和电力外送调控力度都随电力未利用产能的增大而增大，并加入延迟函数。最终，对各部分用电进行求和，得到全市总发电量，进而得到崆峒区热电厂年发电量（专题图 1-23）。

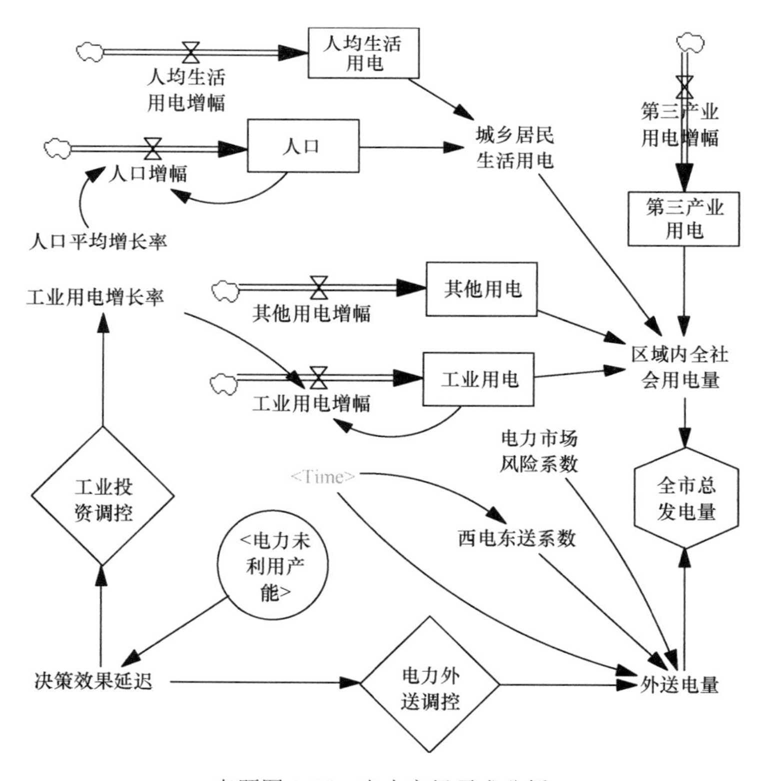

专题图 1-23　电力市场需求分析

水泥需求量受建筑业发展、经济形势、城镇人口增量等多种因素影响，难以直接进行时间序列分析或回归分析，因此在系统中加入随机生成的建筑业风险系数，模拟未来水泥行业面临的市场不确定性。考虑到平凉市及周边区域水泥市场处于较稳定的状态，因此仅考虑低风险情景。“一带一路”倡议带来的西北地区和沿线国家基础设施建设热潮，有望在一定程度上刺激研究区水泥产业的发展。这里加入变量“一带一路”带动效应，并使该变量的数值随时间推进不断上升。

2）供热市场需求分析

供热量的未来变化参照《平凉城市集中供热专项规划》进行设计。根据规划，崆峒区热电联产面积自2012年开始的800万m^2，到2016年达到2350万m^2。

3. 肉牛屠宰-胶原蛋白肽循环产业链演化趋势模型构建

肉牛屠宰-生物蛋白肽循环产业链包括平凉市境内及周边500km范围内的肉牛养殖厂和养殖农户，以及甘肃太爱肽生物工程技术有限公司打造的牛骨提取生物蛋白肽生产线（专题图1-24）。在因果回路图的基础上，对概念模型进行扩充，通过Vensim软件建立肉牛养殖-生物蛋白肽循环产业链的存量流量图。系统时间间隔设置为年，初始时间为2015年，结束时间为2020年，运行时间横跨“十三五”时期。

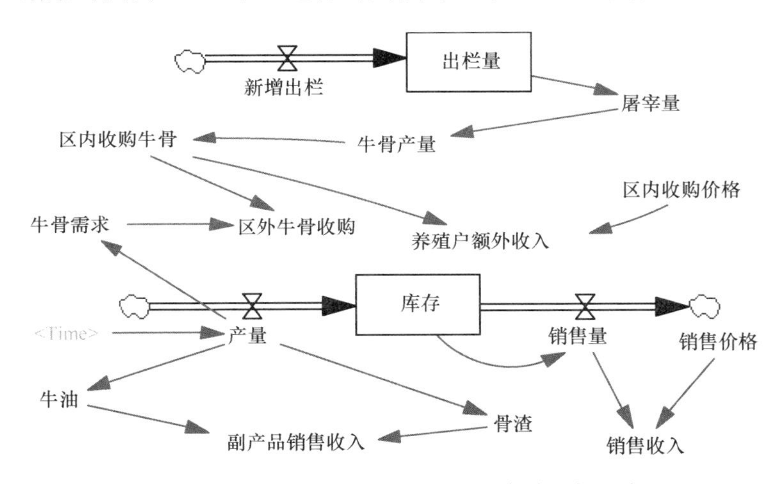

专题图1-24　肉牛养殖-生物蛋白肽循环产业链

（1）上下游产业生产情况演化趋势模拟

肉牛养殖作为平凉市的重要产业，近10年来除2015年肉牛养殖量出现小幅回落以外，其他年份养殖量和出栏量均呈增长态势。2015年，平凉市肉牛养殖规模达到75.23万头，较2004年年均增长5.11%；出栏量达到44.08万头，较2005年年均增长6.7%。

为在系统动力学模型中模拟未来平凉市肉牛养殖产业的规模，参考《平凉市“十三五”规划纲要》中对肉牛养殖产业规模的规划。根据《平凉市“十三五”规划纲要》，到2020年，全市牛饲养量和出栏量分别达到125万头和50万头以上，年平均增长率超过9.79%（专题图1-25）。

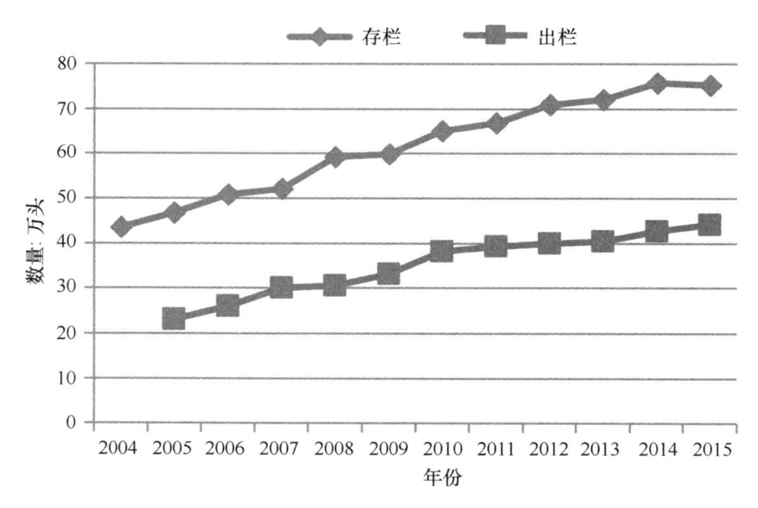

专题图 1-25 平凉市肉牛养殖规模

生物蛋白肽产量根据企业生产计划进行设定，2015 年产量达到 800t，2016 年达到 1000t，之后产量达到最大生产能力 1200t。结合 Vensim 软件中的 With Lookup 函数，将预测结果转换为肉牛繁殖量，输入系统动力学模型。

（2）综合效应演化趋势模拟

根据循环产业链物质流分析可知，上游环节肉牛屠宰产生的牛骨除去不可用部分和流入餐饮市场的部分，剩余约 40%可供下游的生物蛋白肽生产线作为原料使用。而下游环节对牛骨的需求量是产量的 10 倍，因此，生物蛋白肽生产线还须从平凉市以外大量收购牛骨。该循环产业链的经济效应体现在通过收购牛骨制造生物蛋白肽产品实现的价值增值（即产品的销售收入），为养殖场和养牛农户带来的除正常的肉牛、牛肉销售收入以外的额外收入，以及生物蛋白肽生产线的废弃物牛肉和骨渣的销售收入。生态效应体现在原本作为垃圾丢弃的废弃牛骨的消减。为简化模型，这里假设生物蛋白肽产品的销售价格、牛骨收购价格和肉牛的屠宰率在模型运行期内不会发生显著变化。

4. 分析结果

（1）支柱产业能够实现跨越式发展

通过系统动力学仿真模拟可知，崆峒区的支柱产业电力产业通过积极融入国家宏观层面的能源产业绿色布局，承接东部地区产业转移，扭转当前产业发展面临的不利局面，步入健康发展的轨道。水泥产业能够通过积极对接国家“一带一路”倡议带来的西部地区和沿线国家基础设施建设热潮，未来获得更好的发展态势。

专题图 1-26 为平凉市煤电产业能在“十三五”时期纳入国家“西电东送”项目的情景下的电力生产情况。在工业投资调控、电力外送调控等多方面努力下，2014～2025 年热电厂的电力产量尽管存在波动，但整体上仍呈上升趋势，与电厂产能规模的差距日益缩小。在低风险情景下，“十三五”末期热电厂发电量最大能达到产能规模的 70.1%。2022 年，热电厂发电量将达到峰值，占产能规模的 93.3%。充分利用电力资源价格优势，适当引进高耗能低污染产业，通过提高工业用电量来增加电力产量是解决当前电厂亏损现状的可行手段，但平凉市内工业用电量增幅有限，热电厂电力产量提升主要依靠“西电东送”项目带动的外送电量拉动。电力市场风险系数的提升会对热电厂发电量造成一定的负面影响。在高风险情景下，崆峒区仍然能够通过有效的调控措施，凭借电力成本较低的优势和产能、技术优势在电力外送竞争中，使电力产量处于较合理的水平。

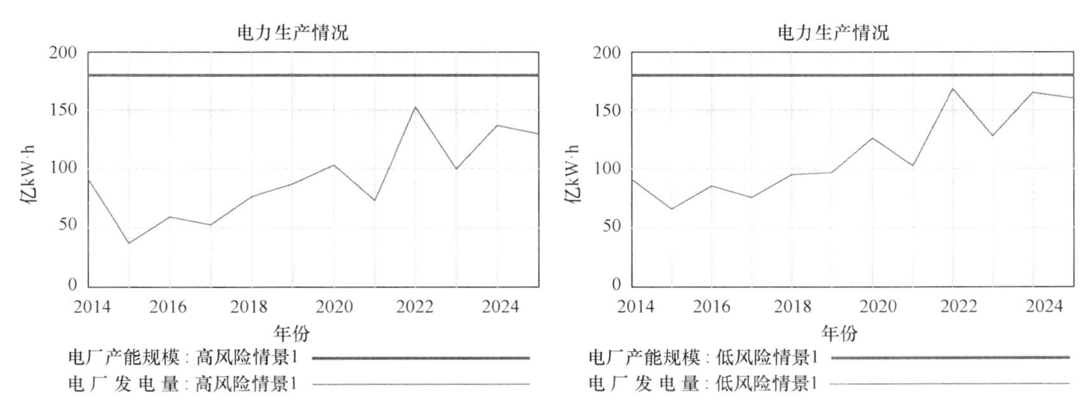

专题图 1-26 “十三五”时期纳入“西电东送”情景下的电力生产趋势分析

从上述分析可看出“西电东送”项目将对崆峒区煤电产业发展产生非常重要的影响。但该情景仅为煤电产业未来发展的一种乐观的情景。专题图 1-27 模拟了如果到“十四五”中后期平凉市煤电产业才被纳入“西电东送”项目，那么崆峒区热电厂的产量与生产能力之间将长期存在较大差距，只能依靠向周边邻近省份输电维持生产。这种情况一直到“十四五”中后期才会得到改善，“十三五”期间热电厂发电量最大仅能达到产能规模的 53.6%（低风险情景下）。

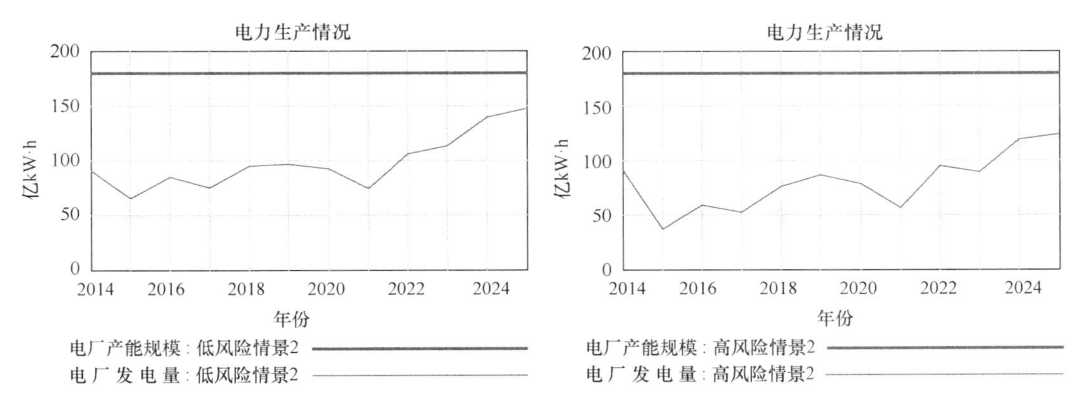

专题图 1-27 “十四五”时期纳入“西电东送”情景下的电力生产趋势分析

过去五年里，平凉市水泥产业发展处于上升势头。水泥产量在 2015～2017 年出现小幅下滑，之后得益于“一带一路”倡议带来的西北地区基础设施建设热潮和水泥制品出口拉动。2017 年开始，水泥产量将再次出现上升，直到 2021 年接近最大产能后开始平稳（专题图 1-28）。

（2）补链联网使重点行业正效应不断累积

通过对产业链上下游的补充，将不同产业链整合成循环经济网络，能够促进重点行业正效应不断累积，实现理想的循环经济发展效果。

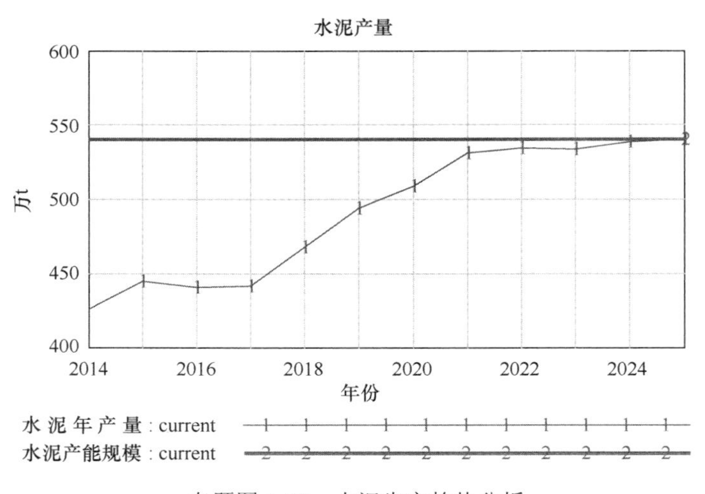

专题图 1-28　水泥生产趋势分析

生态效应方面，专题图 1-29 反映了水泥行业通过使用替代原料实现的矿产资源节约量、热电联产方式实现的供热煤耗节约量，中水利用实现的水资源节约量，以及热电联产方式实现的 SO_2 和烟尘排放量的降低。在现有原料配比方式不发生显著变化的假设下，通过使用替代原料，黏土使用量减少 68.3%，天然石膏使用量减少 73.7%。2014～2025 年将累计节约黏土和天然石膏 248 万 t 和 1411 万 t。

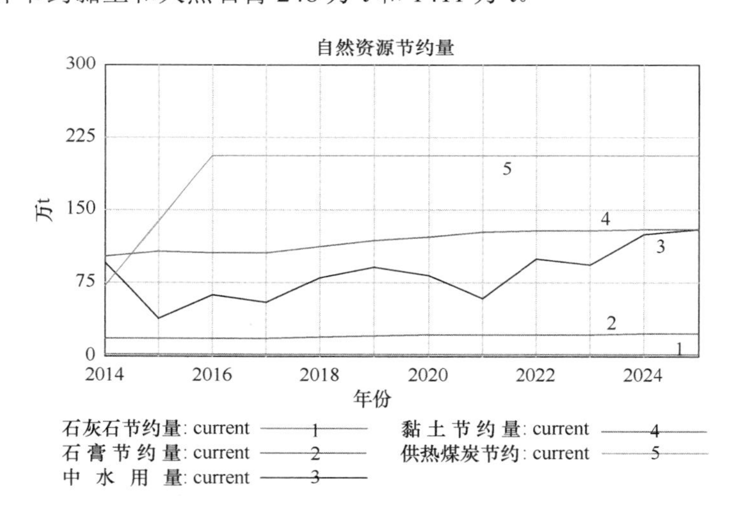

专题图 1-29　自然资源节约效应累积

如专题图 1-30 所示，因为生物蛋白肽生产线的存在，原本作为垃圾丢弃的废弃牛骨能够作为原料，供下游产业使用，从而减少了养殖业废弃物的排放，降低了环境负担。随着平凉市肉牛养殖数量的不断增高，上游产业能够提供的牛骨数量也不断上升。在 2017 年生物蛋白肽生产线牛骨年需求量达到顶峰（1.2 万 t）并保持不变的情况下，平凉市牛骨供给的增多能在一定程度上弥补上下游产业间牛骨的供需差。

经济效应方面，专题图 1-31 反应通过废弃物循环利用实现的热电厂废弃物销售收入和水泥原料成本节约，以及通过水泥生产线余热和高差势能高效利用实现的水泥电力

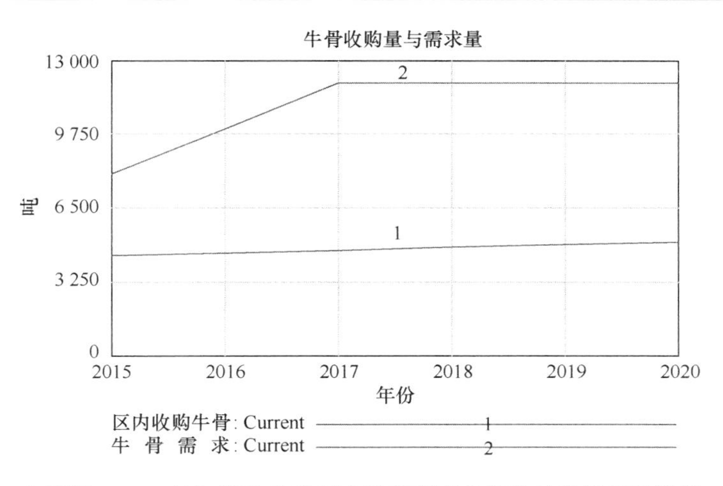

专题图 1-30 肉牛养殖-生物蛋白肽循环产业链牛骨供需情况模拟

成本节约。其中，由于热电厂废弃物的数量取决于发电量，因此该环节模拟了两种情景下热电厂废弃物销售收入的变化，分别是崆峒区“十三五”时期被纳入“西电东送”项目和电力行业低风险，以及崆峒区“十四五”时期被纳入“西电东送”项目和电力行业高风险。可看出，在最乐观和最悲观的情景预测下，热电厂废弃物销售收入都呈现上升势头。由于余热发电和高差势能发电量占水泥生产线总用电量的30%以上，由此带来的电力成本节约处于较高水平。2014 年，海螺水泥电力成本节约相当于企业全年利润的15.4%，丰厚的经济效益是水泥企业进行循环化改造的重要驱动力。由于粉煤灰、脱硫石膏等废弃物的供需关系造成废弃物的价格偏高，因此，水泥原料成本节约量对水泥企业的贡献相对较低。

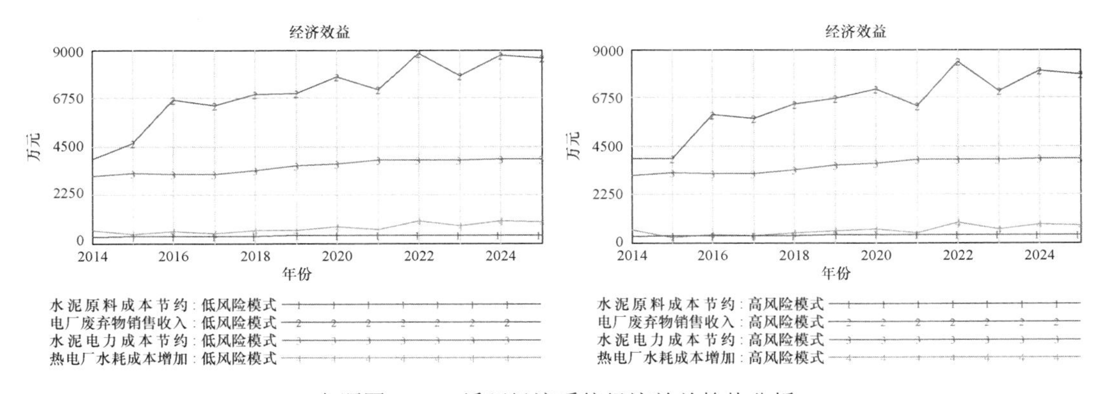

专题图 1-31 循环经济系统经济效益趋势分析

如专题图 1-32 所示，通过引进先进的生产技术，使上游的养殖场和养殖农户、下游的生物蛋白肽生产线能长期获得较高的经济效益。当生物蛋白肽生产线的产量在 2018 年达到最大时，年销售收入可达 7200 万元，通过出售牛油、骨渣等副产品获得的年收入最高可达 1860 万元。养殖户出售牛骨获得的额外年收入也最高可达 3000 万元，平均每屠宰一头牛可获得额外收入约 60 元，2015～2020 年累计可获得额外收入 1.69 亿元。出售牛骨收入在扶助农业、提高农户收入方面起到了积极作用。

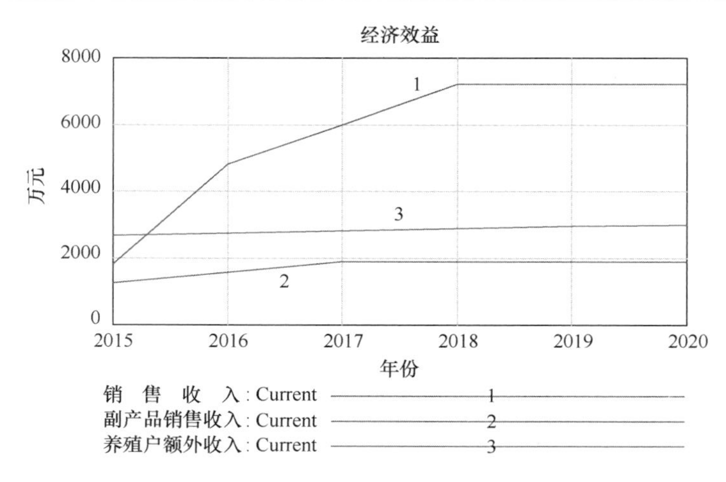

专题图 1-32　肉牛养殖-生物蛋白肽循环产业链经济效益模拟

（3）龙头企业为社会大循环做出突出贡献

海螺水泥的垃圾焚烧补燃项目使崆峒区全部生活垃圾都得到无害化处理，并且每年为海螺水泥厂节约煤炭 794 t（相当于海螺水泥 2014 年煤炭消耗量的 0.2%，碳排放每年减少 519 t）。根据供热煤炭节约量计算供热造成的碳排放消减最高可达每年 107 万 t。将垃圾处理方式由填埋转变为焚烧，2014～2025 年累计可以节约 300 亩土地。

由于热电联产设备在脱硫和除尘方面具备更高的技术标准，并且具备更高的煤炭燃烧效率，因此与传统的小锅炉分散供热方式相比，通过热电联产统一供热的优势在于煤炭资源和污染物的减量化。按照现有城市供暖规划，从 2014 年开始，热电联产供热面积会逐年增加，到 2016 年达到最大范围，因此，热电联产带来的煤炭节约效应和污染物减排效应呈现先增大再平稳的特征（专题图 1-33）。2014～2025 年，热电联产项目将累计节约煤炭 2267 万 t，减少 SO_2 和烟尘排放量 2.28 万 t、1.39 万 t，对城区空气环境改善和维护起到非常积极的作用。

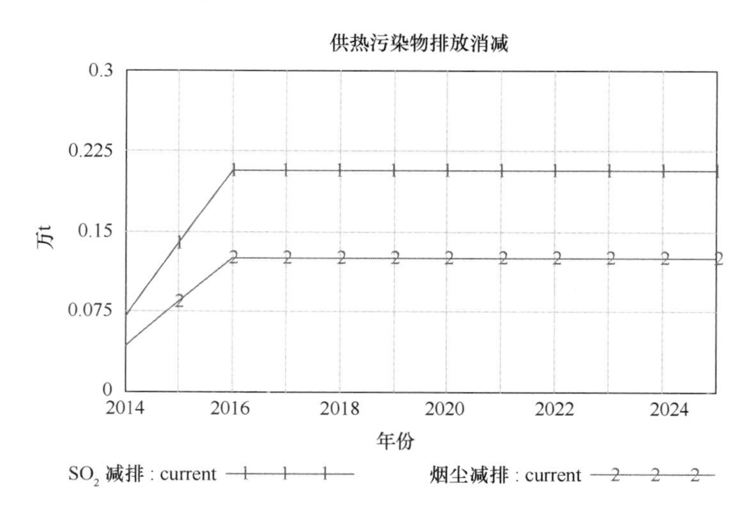

专题图 1-33　气态污染物消减效应累积

（4）工业循环经济发展尚存薄弱环节

热电-水泥循环产业链中存在的问题主要包括以下几点。

替代原料中 CaO 含量较低，因此石灰石资源的节约效应不明显，2014～2025 年，累计节约量仅 23.62 万 t。鉴于热电厂粉煤灰和炉渣中 CaO 含量仅 3.2%和 2.8%左右，因此水泥生产过程中碳减排效益较低，2014～2025 年累计碳排放量会接近 6000 万 t（专题图 1-34）。

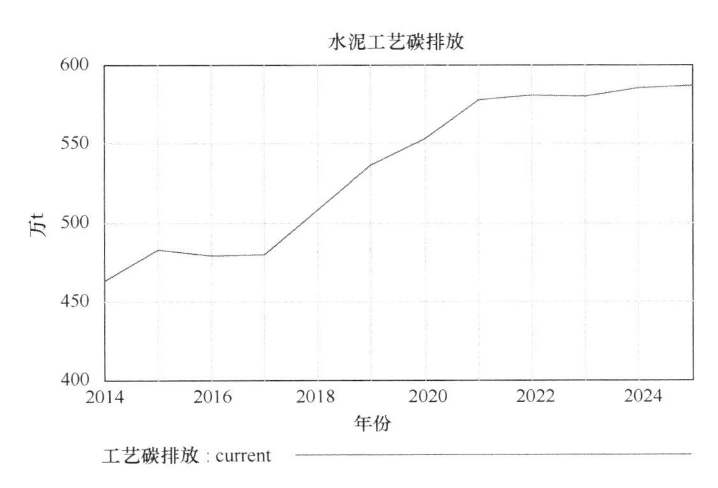

专题图 1-34　水泥工业碳排放变化趋势

当前副产品产量难以满足下游企业生产需求。粉煤灰和脱硫石膏已成为下游的建材生产线的重要原料，但由于火电厂生产规模相对过低，导致产出的粉煤灰和脱硫石膏量不能满足所有下游产业的需求。如专题图 1-35 所示，在电力低风险情景下，2015 年脱硫石膏和炉渣的供不应求程度较严重，但无论平凉市是否被纳入“西电东送”项目，随着热电厂发电量的不断上升，脱硫石膏和炉渣供不应求的情况都将得到改善，供需差也会从负值逐渐提高到正值。但倘若热电厂生产状况不佳，脱硫石膏在未来仍然会供不应求。尽管当前热电厂的粉煤灰全部对外销售，但如果未来粉煤灰销售量的增长跟不上产生量的增长，那么在煤电产业形势好转的情况下，粉煤灰会出现过剩情况，届时粉煤灰的堆积将对循环经济系统造成一定的生态负效应。

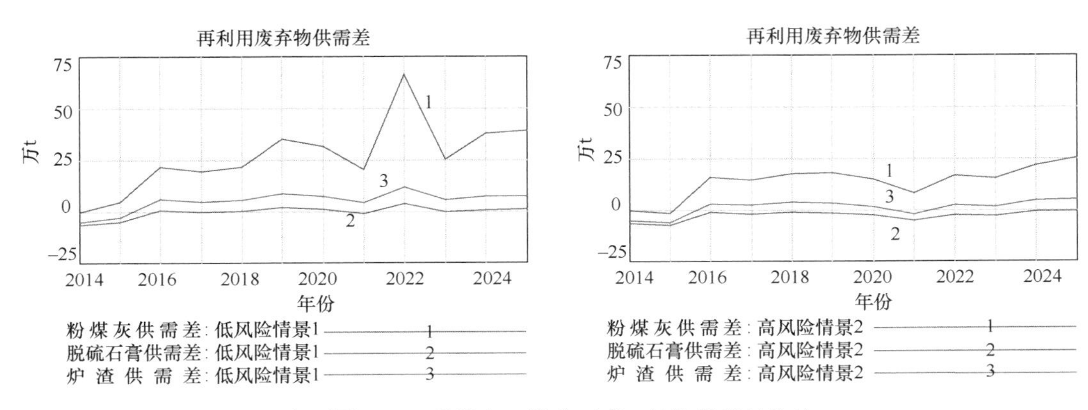

专题图 1-35　粉煤灰、脱硫石膏、炉渣供需差趋势

由于当前中水处理成本偏高，约 10 元/t，相当于甘肃省火力发电用水征收标准（0.003 元/kW·h）的 2.5 倍，导致在使用中水的情况下发电水耗成本高于传统方式下的水耗成本，且如果中水处理技术得不到改进，成本难以降低，随着发电量的增加，则水耗成本将呈大幅增加趋势。电力市场产能过剩和水耗成本升高的双重压力可能导致热电厂推行减量化生产的动力不足。

在严格的环境保护政策的压力下，较高的脱硝成本会为热电厂带来一定的经营压力。在 0.025 元/kW·h 单价下，热电厂 2014 年的脱硝成本高达 2.3 亿元，模型运行期间最高可达到 4.5 亿元/年。

（四）工业循环经济未来发展对策建议

针对循环经济系统存在的问题，本文提出相应的优化措施，通过延伸循环产业链进一步提升循环经济系统的生态效益与经济效益。

1. 创造条件积极对接国家绿色发展大趋势

绿色发展理念的提出和践行极大地促进了循环经济在全国范围内的大力发展。与发达地区不同的是，欠发达地区在国家循环经济发展中扮演的是参与者而非领跑者的角色。在我国，可以将循环经济的发展比作一辆汽车。汽车的行驶方向是通过在生态环境容量和资源承载力的约束条件下进行绿色发展，使国家进入人与自然、人与人、人与社会和谐共生、良性循环、全面发展、持续繁荣的生态文明新阶段。“汽车的驾驶员”是中央政府部门及由社会精英构成的包括中国循环经济协会在内的民间组织和民间智库，通过《循环经济促进法》、“循环经济试点工作”等法律、法规、政策以及技术指导性文件自上而下地推动循环经济在我国的发展。通过宏观层面的产业绿色布局优化，促进产业布局和区域资源环境的协调。“直接驱动汽车前进的发动机和轮胎”是发达地区的大型企业和科研机构，通过在管理方法和生产技术上的创新，让中央政府部门高瞻远瞩的先进理念得到有效落实，类似于让驾驶员的意志真正地转化为汽车的前进和方向控制。对于欠发达地区而言，目前只能扮演乘客的角色，在国家循环经济发展大势中获益，促进自身实现加速和跨越发展。

一方面，欠发达地区可发挥后发优势，争取先进产业组织模式和生产技术输入，在其引领下实现工业经济绿色跨越。尤其对于工业基础薄弱的欠发达地区，能够直接通过循环经济项目的引进，尽力避免走发达地区走过的“先污染、后治理”“先粗放、后转型”的老路。但须注意，欠发达地区在工业循环经济发展方面具备独特的特点、有利条件和制约因素，因而不应盲目照搬发达地区工业循环经济发展经验及评价标准。另一方面，欠发达地区只有“买票”才能“上车”，即只有自身为循环经济发展做好充分的准备，具备良好的条件，才能参与国家循环经济发展大势并收获良好效益。

在工业循环经济领域，国家宏观层面和发达地区为欠发达地区造就三大利好：①循环经济在我国早已上升至国家战略高度，循环经济项目能够得到各级政府的大力支持；②各行业的科技进步浪潮激活大量的生产环节，使许多原本为各地带来巨大压力和成本负担的废弃物得到资源化增值利用的机会；③根据区域经济发展的梯度转移学说，随着高梯度区域的发展，先进的生产技术和管理模式依次向低梯度的区域推移，低梯度地区能够通过接受扩散求得发展。新古典贸易理论任务地区间比较优势的变化引起产业的转移。此外，产业转移还涉及产业在空间上的绿色布局。因此，发达地区产业转移是欠发达地区工业转型升级的宝贵机遇。

欠发达地区充分发挥三大利好，需要“买的票”中最重要的是深入挖掘发达地区工业投资者的诉求，准确贯彻国家宏观层面对绿色发展的指导和要求，充分发挥自身资源禀赋带来的成本优势，提高自身城市品牌吸引力，积极对接东部地区资源密集型、能源密集型、劳动力密集型产业，在严格控制污染排放标准和遵守资源承载力原则的前提下引进适宜本地资源特征的产业，为投资者营造良好的经营环境和基础设施水平。崆峒区对海螺水泥、太爱肽生物工程、康博丝特新材料等企业的引进均体现了上述特点。其次，需要地方政府部门和工业园区管委会在工业循环经济发展中扮演积极的作用，为项目的落地提供行政管理、平台构建和资金方面的支撑。

2. 大力发展静脉产业

静脉产业是将生产和消费过程中产生的废物转化为可重新利用的资源和产品，实现各类废物的再利用和资源化的产业。推动静脉产业发展，建立专业的从回收、分拣、运输到加工、循环化利用、再制造及废物处理的服务体系，以高效的社会分工降低全社会再利用物质的回收成本，能够增强工业企业发展循环经济的动力。并且能最大限度地提高再生产品附加值，避免低水平利用。现阶段崆峒区静脉产业发展尚处于起步阶段，缺乏专业的企业。因此，本文认为崆峒区应建立起与工业循环经济系统发展态势相适应的静脉产业体系，深入挖掘工业系统和城区市政系统废弃物的再利用潜力，将目前尚未得到有效回收利用的废弃物（包括废弃轮胎、建筑拆建垃圾、污泥灰、废弃塑料等）纳入工业循环经济系统中，进一步提高支柱产业对废弃物的吸纳能力和废弃物的生态环境效益。依托崆峒区陇东地区中心城市的地位，打造覆盖整个陇东地区的静脉产业基地。发挥海螺水泥在城市生活垃圾处理方面的优势，借鉴瑞典和挪威两国在垃圾处理方面的成功经验，将垃圾处理覆盖范围拓宽到整个陇东地区。并与兰州市、西安市的静脉产业对接，为西北地区一级中心城市的静脉产业发展提供支撑。

3. 培优扶弱，进一步延伸循环产业链

对于欠发达地区已经实现良好发展、取得良好成效的循环产业链，进一步拓展上下游产业，延长产业链，拓宽废弃物利用渠道，力争将现有的依托型和简单平等型的循环产业链向规模更大、结构更复杂的嵌套型发展，有利于提高循环经济系统的稳定性，降低系统风险。

针对崆峒区热电-水泥循环产业链当前存在的粉煤灰、脱硫石膏等再利用物质供不应求的问题及未来可能出现的粉煤灰产量过多的问题，建议崆峒区通过为循环产业链补充新的部门，拓宽废弃物利用渠道。目前崆峒区煤制甲醇、煤制聚丙烯等项目发展尚处于项目建设推进阶段，尚未运行投产。未来煤化工生产线的全面投产能够为崆峒区建材业和建筑业输送更多粉煤灰、脱硫石膏等原料，扭转循环产业链关键节点供需差较大的矛盾。除建材领域以外，增加新的粉煤灰消化渠道。例如，以粉煤灰为原料，利用碱熔融-超临界水热法合成粉煤灰沸石，可用于煤气脱汞。引进催化剂再生设备。一方面将使热电厂的脱硝成本降低 60%；另一方面大幅减少废弃 SCR 脱硝催化剂的处理量。在低风险情境下，2014～2025 年脱硝成本节约可累计达 1.3 亿元。发展金属回收产业，在钒提取难度大、需求不断增长的情况下，从废弃 SCR（Selective Catalytic Reduction，选择性催化还原）脱硝催化剂中回收 V_2O_5 既能避免对环境的污染，又能节约宝贵的资源。水泥产业目前使用的热电厂废弃物仅能替代水泥原料中的黏土和石膏的作用，石灰石消耗量仍然偏高，导致石灰矿的不可持续开采和工艺过程中碳排放的增加。煅烧过程中，石灰石中 $CaCO_3$ 的分解反应产生的碳排放接近水泥总碳排放的 50%，因此，用含 CaO 的工业废弃物作为替代原料，不但能够减少石灰石的消耗，还将大幅减少煅烧过程中的碳排放。崆峒区水泥企业可结合当地产业结构实际情况，回收污泥灰、建筑拆建垃圾、谷壳灰等，替代水泥原料中的石灰石。可回收废旧轮胎、动物残体、废弃油、废弃木材、废弃塑料、废弃化学品作为替代燃料。但是须特别注意有些挥发性元素如汞和铊会带来严重的环境污染，为此须加强对水泥窑排放系统的污染物监测，并对危险废弃物进行预处理。在碳减排的压力下，政府部门提出的碳减排目标将成为水泥企业减少使用石灰石的最重要的驱动力。

在制造业领域，超过 80%的能源利用方式是通过蒸汽机产生热量，低品位余热利用技术是最重要的节能技术之一。当前，我国大部分火电厂直接将废气排放至大气，此举加剧大气温度升高。崆峒区供暖热源为火电厂发电系统的中间环节抽取的蒸汽，并非利用余热供暖，30℃蒸汽直接排放，120℃烟气降温至 90℃排放，造成较大的热量损失，因此，低品位余热利用尚处于低水平。可采用两种方式提高废气余热温度，使之达到供热的品味要求：①降低排气缸真空以提高废气温度。但该方法须对发电机组进行大幅改造，造成设备成本的增加，需要政府补贴激发热电厂改造机组的动力；②将余热作为热泵空调系统的热源。利用热泵技术吸收热量，产出高品位热能用于城市供暖。此改造方案将在现有热电联产方式的基础上节约更多的煤炭资源。除余热供暖外，在崆峒区可行性较高的余热回收利用方式还包括：为热电厂周边农户的日光大棚供热，使用温排水养殖热带鱼种及育苗。

区位商在崆峒区所有工业行业中最高的皮革和皮毛制品业，应紧密结合《甘肃省“十三五”工业转型升级规划》中对平凉市“皮革精深加工基地的定位”，依托平凉福利制革厂等骨干企业，提高科技水平，推动制革行业继续实施清洁生产，提高毛、皮等废弃物资源利用率、生产废水循环利用率。纺织服装、服饰业积极提高废旧纺织品的回收利用率，探索建立废旧衣物回收体系。

4. 依托现有基础大力发展新型绿色建材

绿色建材是指在全生命期内减少对自然资源消耗和生态环境影响，具有节能、减排、安全、便利和可循环特征的建材产品。根据 2015 年 8 月发布的《促进绿色建材生产和应用行动方案》的指导，崆峒区在现有资源优势和建材产业发展基础之上，可大力发展的新型绿色建材包括高品质和专用水泥、高性能混凝土、生物质建材、新型墙体和节能保温材料、增材制造技术（3D 打印）打印材料等项目，进一步提升建材产业对崆峒区粉煤灰等固体废弃物的消纳力度和对石膏、黏土等自然资源的节约力度。推动发展国防和军队建设所需的专用建筑材料、先进无机非金属材料和复合材料。借鉴北京宝贵石艺科技有限公司的商业模式，加强与发达地区文化创意产业之间的合作，推动建材产业和文化艺术产业的结合，提升绿色混凝土产品的附加值。借鉴发达国家秸秆墙板制造技术，依托丰富的秸秆资源生产具备高保温性、装饰性和耐久性的生物质建材。推行智能制造，完善绿色建材数据库和第三方信息发布平台，利用二维码、射频识别等技术构建绿色建材可追溯信息系统。积极引导绿色消费，引导建筑业和消费者科学选材。加大对保护黏土资源、防止水土流失的宣传力度，鼓励消费者利用新型建材替代传统黏土砖。政府部门通过绿色建材下乡活动，以及强制要求新建市政公共建筑使用绿色建材等方式，帮助新开发的绿色建材产品打开市场。

5. 优化循环经济系统反馈和预警机制

对于中小企业而言，信息的缺失往往是发展循环经济的一大阻力。2015 年 5 月，我国发布的《中国制造 2025》中提出，运用信息技术特别是新一代信息通信技术改造传统产业。循环经济系统和自然生态系统一样具有复杂性和开放性，但并不像自然生态系统一样具备完整的反馈和自组织机制，因此从区域发展角度来说，必须对系统的反馈和预警机制进行优化设计，使信息流在循环经济系统中高效地流动，从而为区域工业循环经济健康运行和优化调控奠定充分的基础。合理的工业循环经济系统的反馈与预警机制应当包含区域层面反馈预警和产业链层面反馈预警两部分。

区域工业循环经济在市场经济体制下运行，受宏观经济形势、市场、宏观政策、新技术等外部因素的影响较大。此外，工业循环经济的发展存在长期利益和短期利益、经济效益和生态环境效益之间的矛盾。针对上述问题，区域层面的反馈和预警机制的目的主要在于打造区域循环经济信息交流平台，将工业经济系统以外的市场信息、宏观经济信息、宏观政策信息、生态环境系统信息通过恰当的渠道高效地反馈到省级、市级、县（区）级区域管理部门，并对潜在的危险和不稳定因素进行预警，使政府对系统的运行作出恰当的调控。通过生态效率分析方法建立指标体系，构建市级和区县级绿色发展水平动态监控模型，加强对生态效率关键指标数据的监测和反馈力度。在市场风险较大的电力产业领域，构建省一级的智能化发电设备利用率监测预警和调控约束系统。

产业链层面的反馈和预警机制的目的在于对工业循环经济系统内部的物质、能量、价值流动中的关键信息进行反馈，并预警潜在风险。为进一步优化崆峒区工业循环经济发展，未来应着力推进生产过程智能化，促进工业互联网、云计算、大数据在企业研发设计、生产制造、经营管理、销售服务等全流程和全产业链的综合集成应用。在循环产业链中建立废弃物成分定量动态监测体系，促进废弃物利用达到更精细的程度。支持建材企业运用二维码等技术建立绿色建材可追溯信息系统。

6. 有针对性地招商引资

电力产量过低造成的热电厂亏损严重和副产品供不应求都可能给循环经济系统的可持续运行带来风险。与此相应的价格低廉的煤炭资源和电力是崆峒区吸引东部工业企业转移产业的一大优势。加强引进以生产石墨保温材料的康博丝特新材料为代表的东部地区能源密集型的高科技企业，通过能源消耗部门与生产部门的空间集聚促进全国范围内产业的合理布局，能够缓解东部地区用电压力，同时又使西北地区闲置的电力产能得到高效利用，通过提高崆峒区工地工业用电量为热电厂增加收入，通过提升当地工业科技含量带动欠发达地区经济发展。

四、大生态旅游产业发展模式

大生态旅游产业是合理适度开发利用生态旅游资源、策划与开发生态旅游，既顺应旅游业发展潮流，又对加强自然与人文景观保护、提升生态旅游地竞争力、实现生态旅游可持续发展具有重要的理论与现实意义（徐琳等，2007）。

第一，从产业自身发展角度看，生态旅游不同于大众旅游，其开发策划更加注重遵循自然生态规律及人与自然的和谐统一，更加重视资源的长久价值。具体在其开发策划过程中，应贯彻“大生态、大文化、大保护、大旅游”的理念，即整合自然生态旅游资源与历史文化旅游资源，构建以“大生态”为依托、“大文化”为内核的生态旅游资源体系；坚持旅游资源生态化开发，发挥生态旅游环境保护功能，实现大生态旅游对自然生态与人文生态环境的“大保护”，发挥生态旅游“大教育”功能，推动“生态旅游大众化”与“大众旅游生态化”齐头并进，实现“大旅游”生态化发展。

第二，从产业联动发展角度看，生态旅游同大众旅游一样，具有很强的关联带动作用。在生态旅游开发策划过程中，应贯穿“大生态旅游产业体系”理念，即围绕生态旅游产业内部的食、住、行、游、购、娱等要素，构建“生态旅游主导产业（核心旅游产业）-生态旅游辅助产业（与旅游业直接关联的产业部门）-生态旅游关联产业（与旅游业间接关联的一二三次绿色或循环产业部门）”的大生态旅游产业体系，充分发挥生态旅游业的前向与后向拉动作用，促进区域生态-经济系统整体协调发展（专题图 1-36）。

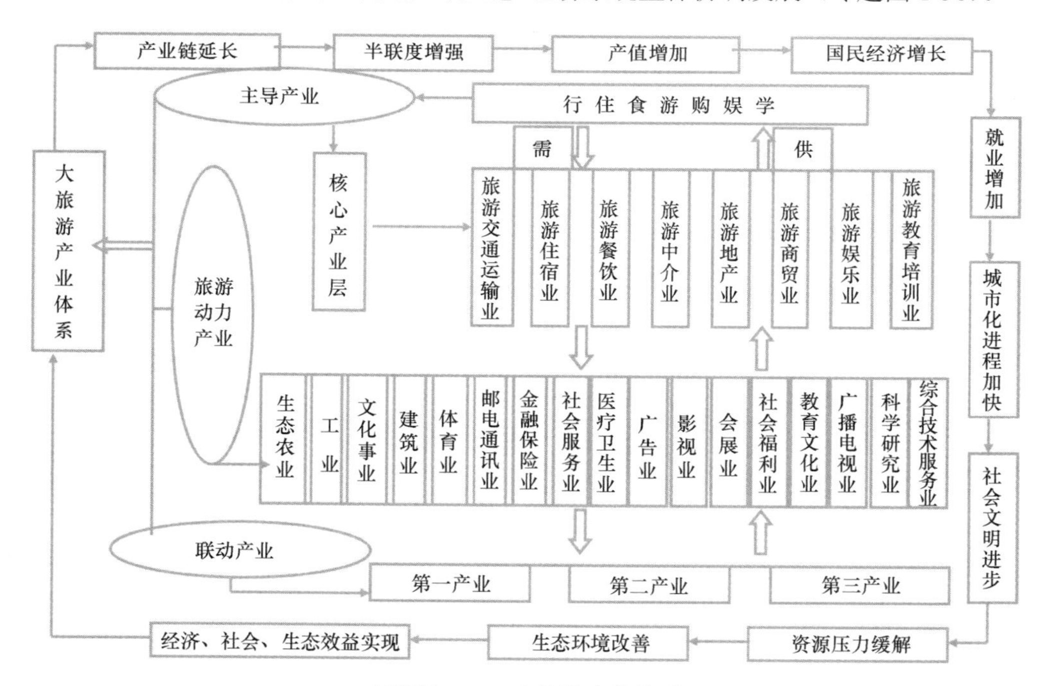

专题图 1-36 大旅游产业体系

第三，从产业发展区域合作角度看，生态旅游开发策划要贯彻“大区域”生态旅游理念，即根据生态旅游目的地及其周边地区旅游资源的共性和特性，构建生态旅游产业带，设计生态旅游线路，塑造区域生态旅游整体形象，实现大生态旅游产业跨区域合作。

（一）静宁县大旅游产业发展模式

1. 积极发展大旅游产业

大旅游产业涵盖住宿业、餐饮业、交通运输业、商业、娱乐业等，旅游业对其他产业，尤其是对商贸服务、交通和金融等相关服务业有巨大的带动作用，同时也需要其他产业对其形成有力支撑。

（1）推动文旅联动，深度挖掘成纪文化内涵

文化是旅游资源的精髓，历史文化遗存、农耕文化及现代城市文明，都是区域文化的组成部分，在体现成纪（西汉所置成纪县治，今位于甘肃省秦安县）历史文化核心地位的同时，同时兼顾文化的多样性，使其和旅游活动结合起来，体现出无论是本土的和被华夏文化同化的，都是华夏文化的源流；深度挖掘这些文化之间的联系，使朝觐、考古、休闲者，都能在“中华始祖”旅游品牌的引领下，畅游华夏历史文化长廊。

（2）推动商旅联动，培育旅游商品优秀品牌

在打造以静宁金果、静宁烧鸡和锅盔为代表的旅游商品基础上，不断优化静宁烧鸡和锅盔的制作工艺，扩大其生产规模，完善生产和流通体系，全面提高其质量和档次，使旅游商品销售收入在旅游业总收入中的比例达到或超过 20%。加快旅游商品市场建设。全面推行旅游商品准入制度、旅游商品销售点特许制度、旅游商品价格调控制度和旅游商品说明及宣传广告审查制度。加快旅游商品研发、生产和市场建设。建立旅游商品开发基金，以企业化运作模式成立旅游商品研发中心，提高特色商品、土特产品、纪念品的制作和开发能力，鼓励多种经济成分，特别是民营经济从事旅游商品开发、生产和销售。加强旅游商品的市场建设，各重点旅游区（点）必须设立旅游购物网点，县城要有旅游商品专卖商店或市场，构建地方特色旅游商品销售服务网络。

（3）推动生旅联动，坚持保护和开发并重

静宁县是生态环境敏感区，能否做到既发展了旅游业，又能保护区域的生态环境，关系到区域能否可持续发展，应统筹旅游开发与生态建设协调发展，以旅游开发与生态和谐发展为目标，紧紧抓住水污染综合防治、生态建设、发展旅游循环经济三大重点，推进农业、工业、旅游业生态建设，切实加强生态环境保护，促进生态建设产业化、旅游发展生态化，建立生态环境与旅游开发的良性循环发展模式。

（4）推动农旅联动，切实加大投入力度

加大对农林区的科技和资金投入，把大地滩建成集果乡风情、观光采摘和现代农业科技服务为一体的生态观光园。依托东峡水库，建成以农家乐服务区、滨水休闲区、滨水广场和特色农业体验区为主的湿地综合开发旅游景区。通过全方位、多层次宣传推介，进一步提升静宁旅游产业知名度。深入挖掘民俗文化和农耕文化，深度开发旅游产品，以旅游行、游、住、食、购、娱的经济活动引进外来资金，带动贫困地区交通业、能源业、邮电业、农业、轻工业、商业等有关行业的发展，增加劳动就业机会，促进贫困地

区人民生活水平的日益提高。

（5）优化空间布局，形成特色功能分区

构建静宁县“一心、一线、一带、四区”旅游产业空间布局。一心：成纪古城旅游中心；一线：312 国道文化旅游线；一带：果乡休闲农业旅游带；四区：环城游憩区、界石铺红色旅游区、葫芦河流域休闲农业旅游区、古成纪遗址及休闲农业旅游区。通过便捷的交通网络对不同分区进行有效衔接，使旅游景观具有层次，满足游客不同的欣赏需求，同时增加游客的逗留时间，增加旅游收益。

（6）加强区域联动，形成特色旅游线路

静宁虽然拥有以成纪文化为核心的独特的旅游资源，但由于基础设施和配套服务薄弱，以及营销资金筹措困难，使区域的旅游资源的市场潜力没有得到充分发挥。加强区域联动，可以扩大旅游品牌的知名度，同时也降低营销成本，丰富旅游线路。

静宁旅游业发展应不断拓展区域联动的空间范围，打造以文化体验、生态观光和休闲度假为特色的旅游线路：静宁—平凉—灵台商周文化名城游；静宁—六盘山—平凉—固原—银川黄河风情游；静宁—兰州—敦煌丝绸之路游；静宁—天水—陇南—九寨沟—四川山水风光游；静宁—平凉—西安—陕北红色旅游等。在市场开发上，近期，客源市场以开发省内及周边省、市的市场为主，以引导平凉游客到静宁旅游为目标。远期规划以提高服务质量，丰富旅游线路与内容为主，客源市场以开发国内及国际市场为主。

2. 打造四大旅游产品

（1）伏羲故里、始祖文化探秘及寻根祭祖游

静宁是羲皇故里，华夏文明的发祥地之一，历史文化遗产独特而丰富。这里有秦汉时期的古成纪遗址、庙儿坪古文化遗址、靳寺汉墓群等省级文物保护单位 4 处，有大地湾文化、仰韶文化、马家窑文化、齐家文化等遗存 146 处，有明代建筑群静宁文庙、清真寺等。始祖文化探秘及寻根祭祖游旅游产品的打造以成纪古城和成纪文化广场为双核，整合静宁文庙、站院巷清真寺、西岩寺山、仙人峡、五台山、九龙山和珍珠林等以佛、道、儒宗教文化和明朝建筑为特色的旅游文化资源，以探寻华夏文化发展脉络为主线，重点打造成纪文化广场，充分发挥伏羲纪念馆、文化馆、图书馆、博物馆、档案馆、文化局、旅游局、八卦坛和石刻碑廊等设施的宣传和展示功能，作为弘扬研究成纪文化的重要载体，引导游客追寻华夏文明的源头，加深对成纪文化的印象。

（2）界石铺长征红色旅游

静宁是一片红色热土。长征红军足迹遍及静宁县的 13 个乡镇和 50 多个村。静宁界石铺是当年长征红军留给静宁的宝贵文化遗产，也是今天静宁发展红色旅游的重要旅游资源。加大对界石铺红军长征纪念园景区投资力度，把这个景区建设为静宁乃至平凉市红色旅游的重要窗口和名片，建设成为爱国主义教育基础和旅游胜地，吸引大量游客、学生到此观光旅游，接受爱国主义教育。鉴于静宁财政上的困难，对于这种有公共服务性质的工程，应争取国家在财政上的支持，加大投资力度，加速景区的扩建工程，把界石铺红军长征纪念园景区打造成全省乃至全国的红色旅游精品景区。

（3）民俗风情游

加大对旧时的窑洞这种近似历史文化遗存民居的保护力度，它和现代农村的顺水

“一面坡”土墙瓦房、砖瓦房一样，构成了静宁独特的民居风格，也是吸引游客所在。

提炼整理当地的歌谣、谚语、民间故事，从口授相传的文化题材转变为纸本或者电子影像出版物，扩大其宣传力度；把《毛女子》《月亮光光》《催眠曲》《吆老牛》《花鸟鸟自由配成双》《有吃有喝心里舒坦》等歌谣、《十杯酒》《四大节》《十里墩》《送干哥》等曲调打造成适宜本地居民演出的舞台剧，搭起乡村大戏台。

把静宁烧鸡和锅盔为代表的名品和各色节令小吃整合起来，形成特色小吃一条街，在“吃、住、娱”中体验当地民俗风情。

（4）乡村生态休闲度假游

静宁是农业部（现称“农业农村部”）划定的西北黄土高原苹果优势产区。目前果树经济林已经突破 70 万亩，果品总产量达 35 万 t，产值 7 亿多元。全县已建成“果”字牌的企业 30 多家。静宁因此获得地理标志产品保护、绿色产品、良好农业规范和出口创汇等 4 张国家级名片，是全县发展乡村生态休闲度假旅游的资源优势。

乡村休闲度假游要结合新农村建设，突破乡村地区交通不便、基础设施配套不足、卫生环境较差的状况，类似农家乐这种类型的服务虽然不追求高档，但要改变目前规模小、数量少、档次太低，与乡村生态休闲度假旅游业的迅速发展的大势不相匹配的状况。

要增加基础设施的投入力度，更要依托静宁金果的品牌效应，开辟生态农业示范园，在专业技术人员引导下，让旅游者了解生态农业的生产流程，并鼓励适当组织一些果园认养、果木培育、水果采摘等活动，让游客玩得开心、吃得放心，让游客既增长了知识又锻炼了身体，同时也能增加果林业之外的收益。

3. 重点开发三大旅游商品系列

充分发掘旅游商品定点生产企业的技术力量及其生产设施的潜力，鼓励、支持企业开发新产品，产业、产品要“上档次、上规模、上水平”。研制、开发具有地方特色的产品，带动静宁旅游商品生产。重点开发静宁特色美食、特色旅游纪念品和书画艺术品三个旅游商品系列。抓好旅游商品销售，把静宁著名旅游商品推广到全国，甚至走出国门；在静宁县内重要景区设置旅游商品购物点，扩大销售渠道。

（1）打造静宁特色美食商品系列

打造以静宁苹果、烧鸡、锅盔等为代表的特色美食商品系列。建立严格质量标准监控体系，通过推出“旅游商品质量放心店”等方式，规范旅游商品经营行为，保护旅游者的合法权益。加大品牌保护力度，大力推进旅游商品有序发展，避免恶性价格竞争。大力发展以静宁金果、烧鸡和锅盔为代表的特色美食旅游商品。静宁金果不光要作为重要果林产品来打造，同时要放眼未来，严格按照国际标准控制培育流程，打造生态旅游商品名品；静宁烧鸡和锅盔要提高制作工艺，按照国际食品认证标准进行认证，提高其知名度。

（2）设计特色旅游纪念品系列

引导全社会力量投入旅游纪念品设计、生产、销售，突出特色。重点开发著名文物仿品、静宁剪纸、地毯、挂毯，景区影印资料等旅游纪念品。

（3）开发静宁书画艺术品系列

书画艺术品在中国的传统文化旅游景点具有重要地位，有的景区建有专门的书画长廊和书画一条街。静宁作为华夏文明的发祥地，也是中国传统书画艺术之乡，在书画方面具有很深的积淀，既有丰富的书画艺术藏品，也有当代的书画名家。静宁可通过打造书画艺术旅游商品来提高其知名度，通过书画古籍珍品的展览、拍卖和制作拓片出售增加收入，通过举办全国的书画展和评比活动推动静宁旅游业的发展。

（二）葫芦河流域乡村旅游产业发展模式

充分发挥葫芦河流域产业基础雄厚、生态环境优美、自然资源丰富、地理区位优越、劳力充裕和市场广阔六大优势，以“绿色发展、循环发展、低碳发展”为原则，谋划“农旅联合、乡旅联合、文旅联合、生旅联合、商旅联合”五大联合及循环产业链条，开发“静宁苹果主题游、设施果蔬采摘游、生态农业体验游、黄土高原乡村风情游、葫芦河美食品鉴游、始祖文化体验游、黄土高原农耕文化体验游、山林生态康体运动游、自然风光摄影游、特色商品节庆集市游”十大产业方向及产品系列，整合需求侧、供给侧双轮驱动，深化供给侧结构性改革，创新“五链循环、十业并举、双轮驱动”的葫芦河流域游憩产业发展模式，进而提升乡村景观游憩价值，强化生态环境保护，优化乡村景观格局，建设乡村良好人居环境，推进“美丽乡村”“金果家园”建设，促进产业结构升级，实现生态跨越发展（专题图 1-37）。

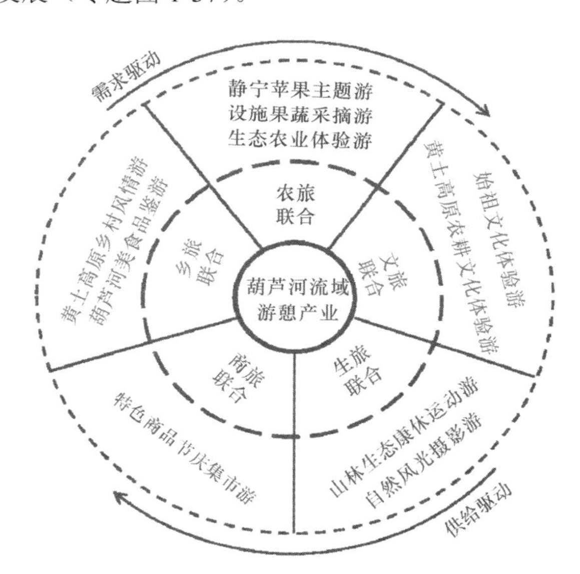

专题图 1-37　葫芦河流域乡村旅游产业发展模式

1. 核心圈层——葫芦河流域游憩产业核心

以“联合发展、互促共生”为理念，以“绿色发展、循环发展、低碳发展”为原则，形成葫芦河流域游憩产业发展模式的核心圈层，将“农旅联合、乡旅联合、文旅联合、生旅联合、商旅联合”五大联动融于葫芦河流域游憩产业内核，驱动游憩产业高速运转。

2. 内部圈层——游憩产业优选及产品体系

发挥葫芦河流域产业基础雄厚、生态环境优美、自然资源丰富、地理区位优越、劳力充裕和市场广阔的六大优势，构建以农旅联合为核心，以文旅联合、乡旅联合为特色，以生旅联合、商旅联合为补充的复合型多时空的葫芦河流域游憩产业体系，开发“静宁苹果主题游、设施果蔬采摘游、生态农业体验游、黄土高原乡村风情游、葫芦河美食品鉴游、始祖文化体验游、黄土高原农耕文化体验游、山林生态康体运动游、自然风光摄影游、特色商品节庆集市游”十大产业方向及产品系列，形成葫芦河流域游憩产业发展的内部圈层。

3、外延圈层——需求供给双轮驱动

发挥供给和需求的双侧动力，推动游憩产业高速运转，形成葫芦河流域游憩产业的外延圈层。供给侧动力主要通过增加有效供给、坚持创新供给、优化服务供给，推动产业转型，需求侧动力主要通过经济、社会、生态的三重叠加效应推动三重叠加需求，促进游憩产业升级。供给和需求双方形成强大驱动力，驱动游憩产业风暴式螺旋提升（程昊，2016）。

（1）静宁苹果主题游

依托现有苹果种植景观，利用静宁苹果的品牌效应，开发以静宁苹果为特色的系列旅游产品，开发采摘活动价值。创新分阶段的旅游活动主题，如：初果林林下花卉观光、幼果林苹果花季观光等，挖掘观光活动价值。苹果采摘为最核心产品，主要是针对静宁县、平凉市以及周边市区的城市居民，利用周末及节假日的时间，到葫芦河流域进行以川区富士苹果采摘、山区山地特色苹果采摘、高科技矮化密植苹果采摘等为主的多样化的静宁苹果采摘活动（专题表 1-5）。

专题表 1-5　静宁苹果采摘游产品系列

产品类型	项目类型
静宁苹果采摘	川区富士苹果采摘、山区山地特色苹果采摘、高科技矮化密植苹果采摘等
苹果特色观光	初果林林下花卉观光、幼果林苹果花季观光、盛果林苹果高科技成果展示等

（2）设施果蔬采摘游

依托设施农业景观，利用设施温室的室内温度可控，不受天气变幻、季节转换的影响等特点，在一年四季，阴晴冷暖天气里均可发展游憩活动，推广全季候乡村旅游理念，开展四季旅游系列产品，创造采摘活动价值。采摘的品种包括当地果品，主要有杏、梨、桃等，当地蔬菜类品种主要有西红柿、辣椒、茄子等。通过引进智能化设备，还可以繁育新型作物品种，如树状草莓、吊篮西瓜、五彩甜椒、异型瓜类等，提升采摘的趣味性（专题表 1-6）。

专题表 1-6　设施果蔬采摘游产品系列

产品类型	项目类型
设施果品采摘	黄杏采摘、香梨采摘、大桃采摘、树状草莓采摘、吊篮西瓜采摘等
设施蔬菜采摘	西红柿采摘、辣椒采摘、茄子采摘、五彩甜椒采摘、异型瓜类采摘等

（3）生态农业体验游

依托园区景观，如现代苹果高科技示范园、现代苹果育苗基地等，开发“科普+学习+参与型现代农业休闲体验游”专项旅游产品，向游客展示现代农业的最新科技成果、发展趋势，并提供多样的参与和体验活动，创造体验活动以及摄影活动价值。通过参与性较强的观光农业旅游活动，向游客提供一种了解现代农业、亲近土地的途径。针对中小学生开展农业科普教育活动，了解当代最先进的农业栽培技术、高效的现代农业生产模式及现代农业发展的方向（专题表 1-7）。

专题表 1-7　生态农业体验游产品系列

产品类型	项目类型
农业科技交流游	新品种展示、科研交流、名优产品博览、科技孵化等
农业科普教育游	农作物认知、农事体验、农耕器具使用、农活认领等

（4）黄土高原乡村风情游

依托乡村居民乡土景观，以美丽乡村规划为契机，通过系统规划，有机整合乡村旅游资源，突出黄土高独具特色的乡村风情，加强文化内涵建设，以乡土文化为核心，开发黄土高原乡村风情游系列产品，提高乡村旅游产品的品味和档次。通过游憩活动，游客能够领略陇东美丽乡村的建筑、文化和农村生活风貌。在乡村民俗、民族风情和乡土文化上做好文章，使乡村旅游产品具有较高的文化品味和较高的艺术格调，增强吸引力，创造更多的购物、餐饮和住宿价值（专题表 1-8）。

专题表 1-8　黄土高原乡村风情游产品系列

产品类型	项目类型
特色建筑	特色窑洞、民居等
民间工艺	民间刺绣、剪纸、彩画、面花、石雕等
特色歌舞	信天游、陕北民歌小调、安塞腰鼓、威风腰鼓等

（5）葫芦河美食品鉴游

依托乡村居民地景观、河塘景观，推出独具特色的美食品鉴旅游产品。特色餐饮的原材料均产自当地，游客可以亲自制定菜单、亲手进行采摘及垂钓，由游憩服务商家提供专业烹调。葫芦河美食品鉴游不仅可以品尝葫芦河流域特色果品，如苹果、黄杏、香梨等，还可以开展特色全品宴，如静宁特色全宴、西北美食全宴等，具有丰富的餐饮价值（专题表 1-9）。

专题表 1-9　葫芦河美食品鉴游产品系列

产品类型	项目类型
静宁美食	静宁烧鸡、静宁锅盔、静宁酿皮、静宁大饼、沪齿馍等
西北美食	牛肉拉面、手扒羊肉、浆水面、牛羊粉汤、鱼羊鲜等

（6）始祖文化体验游

依托文化景观，以伏羲文化为特色，开发始祖文化体验游系列产品，创造体验活动价值。葫芦河流域是中华民族历史上具有重要影响的流域，是伏羲在成纪活动的主要地区之一。伏羲是中华民族的始祖，他根据天地间阴阳变化之理创制八卦，模仿自然界中的蜘蛛结网而制成网罟，用于捕鱼、打猎。挖掘伏羲文化、始祖文化内涵，开展特色文化旅游，可增强游览活动的文化内涵（专题表 1-10）。

专题表 1-10　始祖文化体验游产品系列

产品类型	项目类型
伏羲文化体验	观天文化、渔猎文化、太极八卦文化、原始文字与数字文化等
葫芦河传统文化体验	阿阳古城出土的陶罐、陶铸、玉器、钱币、骨制挂件等

（7）黄土高原农耕文化体验游

依托园区景观、山地苹果景观、山林景观等，挖掘新型体验价值，开发黄土高原农耕文化体验系列产品。设置黄土高原农业文化专题展示区，展示黄土高原特色的梯田旱作农业、传统的男耕女织的农业文明、顺应季节更替的农业生产转变等，令游客可以切身体验从传统的、人工的、低效的农业生产方式逐渐向现代的、高效的、生态的农业生产方式的转变，感受农业发展的变迁，认识环境保护、生态建设、节约资源的重要性（专题表 1-11）。

专题表 1-11　黄土高原农耕文化体验游产品系列

产品类型	项目类型
传统农业文化	男耕女织、畜禽养殖、日出而耕日落而息、轮作种植、传统农耕器具使用等
现代农业文化	矮化密植的苹果新品种、高效节水旱作农业、林下种养殖立体农业等

（8）山林生态康体运动游

依托山林景观、成区连片的果园景观和雄浑豪迈的黄土高原独特地貌，开发山林生态康体运动游系列产品，创造登山价值、观光价值等。黄土地貌是较为独特的高原景观，既有梯田景观，亦有沟壑、茆地等多样化的地质景观，与陕北、宁夏等地区有一定差异。加上山地果园连绵不断，果香四溢，景色宜人，适合开展户外运动，如徒步穿越、自行车越野等，通过建设简单的宿营场地，促进自驾车游和自助游发展（专题表 1-12）。

专题表 1-12　山林生态康体运动游产品系列

产品类型	项目类型
黄土高原自驾游	自行车越野、山地四驱车、山林极速穿越、越野车冲浪等
山林拓展训练	团队建设、家庭活动、设置攀绳梯、梅花桩、跷跷板、石子按摩甬道等
山林探险游	徒步穿越、峡谷林区寻宝、山林速降、峡谷探险、林间迷宫等

（9）自然风光摄影游

依托葫芦河流域的美丽景观，开发自然风光摄影游系列产品（专题表 1-13），定期举办葫芦河摄影艺术节，弘扬四季摄影新风尚，创造摄影活动价值。设置山林、果林摄影点，开辟花卉摄影基地、创意婚纱摄影基地，邀请知名摄影大师、摄影爱好者，搭建摄影交流平台，设置摄影作品墙，记录葫芦河流域的四季美景、静宁的乡土人情。

专题表 1-13　自然风光摄影游产品系列

产品类型	项目类型
自然风光摄影	葫芦河滩风光摄影、水库风光摄影、苹果主题摄影等
人物摄影	乡村古风摄影、美丽乡村摄影、特点人物摄影、生活静态摄影等
婚纱艺术摄影	个人写真、婚纱摄影、创意自拍、纪念摄影、特色全家福等

（10）特色商品节庆集市游

依托乡村居民乡土景观，开设特色商品节庆集市游活动（专题表 1-14），增加购物活动价值。旅游节庆是集中体现地方文化和旅游产品精髓的载体，具有很强的经济和社会功能，是树立旅游地品牌的重要手段之一。通过旅游节庆活动，向游客宣传区域社会、经济、文化等各个方面的情况，增加游客对地区的感性认识，加深游客对节庆主题所承载的区域信息的理解，为区域社会经济尤其是旅游业的发展降低成本、增加动力。

专题表 1-14　特色商品节庆集市游产品系列

产品类型	项目类型
静宁苹果节	名优苹果展示、苹果订购会等
金果家园节	金果人家展示、乡土产品售卖、静宁烧鸡、静宁锅盔、陇西黄芪、陇西党参等
文化艺术节	民俗工艺、民间刺绣、剪纸、彩画、面花、石雕等

（三）崆峒山大生态文化旅游发展模式

1. 崆峒山生态文化旅游概况

1986 年 5 月，时任中共中央总书记胡耀邦视察平凉时亲笔题书“崆峒山”。自 1994 年以来，崆峒山获得了国家重点风景名胜区、国家首批 5A 级旅游景区、国家地质公园、国家级自然保护区、“中国顾客十大满意风景名胜区”“中国旅游行业十大影响力品牌”“中国最具吸引力的地方”“中国最值得外国人去的 50 个地方”、首批“中国旅游文化示范地”“中国十大道教文化旅游胜地”“中国最美的十大宗教名山”“中华民族文化生态旅游最佳目的地”和“建国六十周年，中国最具投资价值旅游景区”等称号和桂冠；2003 年 7 月 26 日，国家邮政局发行了以崆峒山最具代表性的景观——皇城、弹筝峡、塔院和雷声峰组成的“崆峒山特种邮票”，崆峒山登上了“国家名片”。

2. 崆峒山大景区建设概况

平凉崆峒山大景区是平凉市委、市政府为贯彻落实丝绸之路经济带和华夏文明传承创新区建设战略，按照省委、省政府“强力推进 20 个大景区改革建设”要求，进一步加快平凉文化旅游产业发展而规划建设的，规划总面积 315.6 km^2，东起崆峒区白石灰沟，南依华亭县，西邻宁夏回族自治区泾源县，北与崆峒区柳湖镇、安国镇相临，囊括了国家首批 5A 级旅游景区、国家风景名胜区、国家地质公园、全国重点文物保护单位及太统-崆峒山国家级自然保护区，辖崆峒山、太统山、龙隐寺、弹筝峡、胭脂川、十万沟-大阴山等 13 个景区景点。2016 年，崆峒山大景区接待游客 320 万人次，实现旅游综合收入 3.31 亿元，同比增长 15.5%和 11%。

3. 崆峒山大景区建设优势

崆峒山大景区的建设有以下优势：①区位优势明显，是南来北往的枢纽；②生态环境优美，是休闲度假的乐园；③文化积淀深厚，是陶冶情操的家园；④自然资源富集，是观光旅游的胜地；⑤规划布局合理，是投资兴业的沃土；⑥开发政策优惠，是获取收益的福地。

4. 崆峒山大生态文化旅游发展模式效益

崆峒山大生态文化旅游发展模式的效益在于：①挖掘历史人文资源、整合区域旅游资源；②切实加强生态环境保护，促进生态建设产业化、旅游发展生态化，建立生态环境与旅游开发的良性循环发展模式；③“农-旅联动”，推进贫困地区脱贫致富；④深化体制改革、全力融资筹资；⑤狠抓项目建设、主动宣传营销；⑥构建职责明晰、管理科学、精干高效的管理体制；⑦建设全要素智慧旅游系统，加快“互联网+”旅游业的建设步伐，围绕七大旅游要素（行、住、食、游、购、娱、学）而展开，利用互联网、物联网和空间信息技术，完善旅游信息网络基础设施和信息综合大数据库、行业信息控制与监管发布系统、电子商务系统等，借助云计算、高性能信息处理、智能数据挖掘等技术，构建集成智慧景区服务平台、智慧住宿服务平台、智慧交通服务平台、智慧娱乐服务平台、智慧购物服务平台、智慧餐饮服务平台等功能于一体。

五、新型城镇化与美丽乡村建设模式

生态城市是破解城市资源环境与可持续发展矛盾，实现绿色、低碳、循环和可持续发展的金钥匙。以“六城”建设生态城模式推动黄土高原生态脆弱贫困区的新型城镇化和美丽乡村建设进程，探索静宁县农业产业化推动绿色城镇化建设模式、二十里堡新型工业化带动新型城镇化建设模式、崆峒区西沟村旅游小镇建设模式、威戎镇杨桥村城郊集约型美丽乡村建设模式，提升黄土高原生态脆弱区的城镇化率和城镇化质量，实现绿色发展（专题图 1-38）。

把生态城市作为促进新型城镇化的重要支撑点，实施“六城”建设生态城市模式（安全城市、循环城市、便捷城市、绿色城市、创新城市及和谐城市）（甘肃省住房和城乡建设厅，2016）。其中，“安全城市”就是要增强城市资源、环境及社会经济承载能力，建设城市安全、可靠、快速反应的预防灾害和突发事件的应急预警系统，这是生态城建设最基本的要求；“便捷城市”就是建设内外畅通，快速、高效、便捷的交通基础设施和完善的公共服务系统，降低城市居民工作生活时间成本；“循环城市”就是充分考虑人口、产业与技术特点，全面推进企业循环、产业循环、区域循环和社会循环的大循环经济系统工程；“绿色城市”就是建设城市绿色景观系统、绿色基础设施系统和生态宜居宜业人居环境；“创新城市”就是实施“科技创新、产业创新、区域创新、人才创新、文化创新和体制机制创新”等城市创新工程，培育城市创新发展动力；“和谐城市”就是建设城市与环境、人与自然、经济与社会、城市与乡村的和谐互促、良性互动、生态平衡、可持续发展的新格局（图 1-39）。

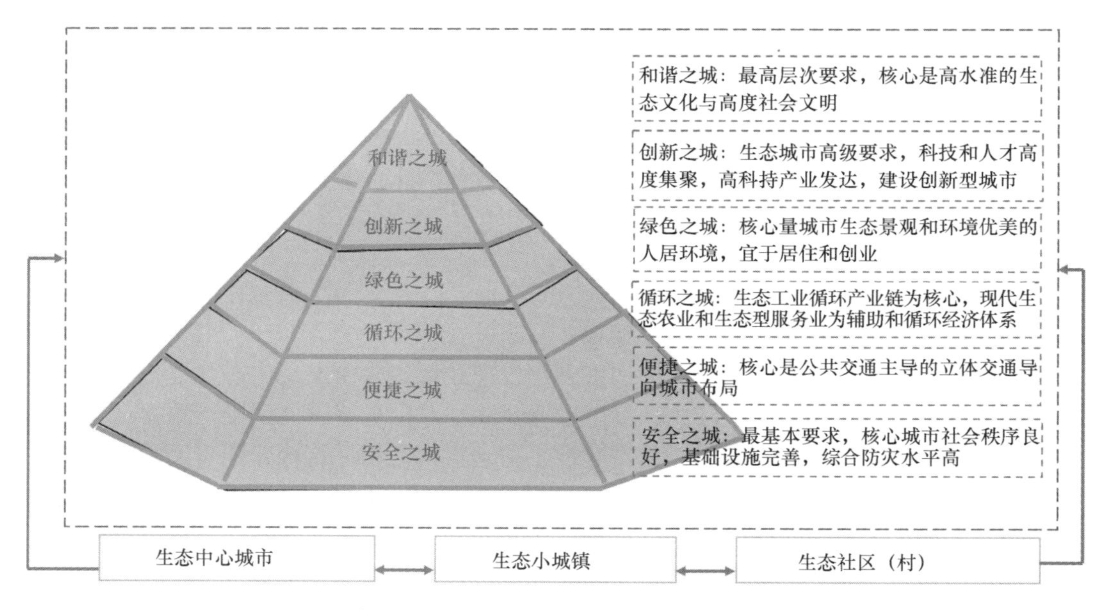

专题图 1-38　六城建设生态城模式框架

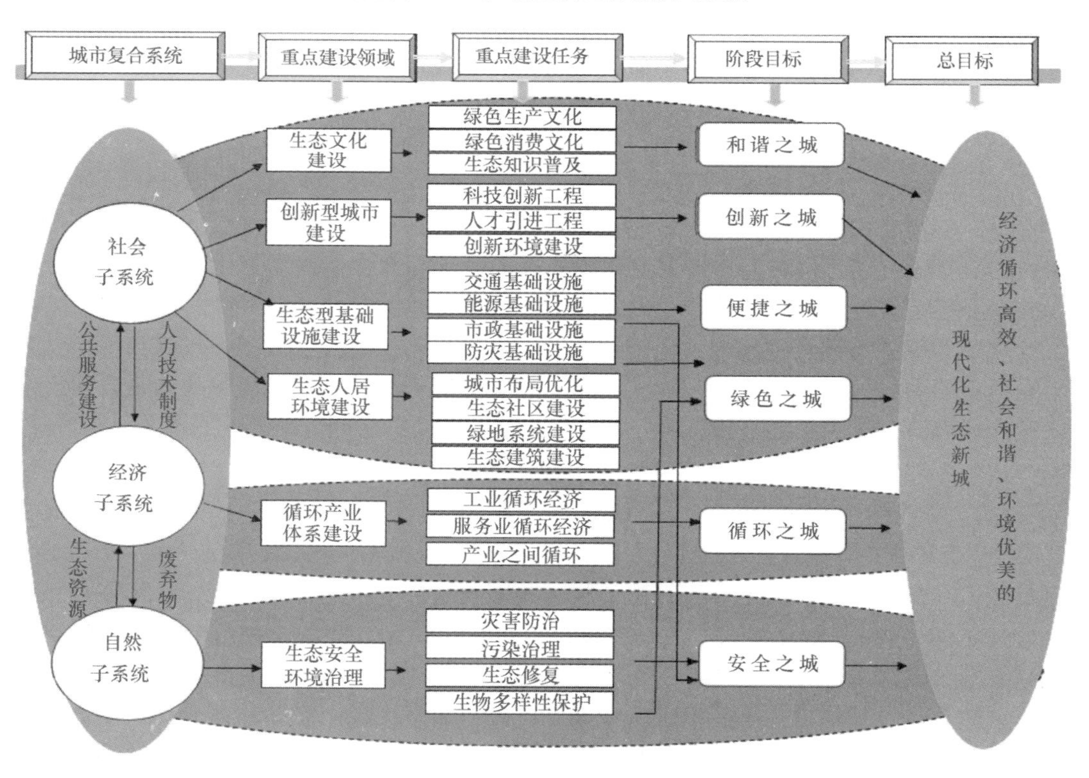

专题图 1-39 “六城”生态城建设路径

（一）静宁县农业产业化推动绿色城镇化建设模式

静宁县立足县情实际，面对黄土高原丘陵沟壑区脆弱生态环境和贫困落后的双重难题，紧紧围绕全面提高城镇化质量、加快转变城镇化发展方式的总要求，按照“城镇建设引领、关联行业跟进，改善民生为本、城乡一体发展”的思路，探索出了一条依靠农业产业化推进新型城镇化的新路子。在工业严重滞后，经济总体落后的现实条件下，将山地开发与扶贫攻坚相结合，因地制宜，通过大力发展高效旱作农业和苹果支柱产业，引导农民脱贫致富，积极推进农业产业化，促进城乡统筹和城镇化发展。

在各届领导的长期坚持下，大力发展苹果产业，“静宁苹果”品牌效应凸显，依靠苹果产业，全县 14.5 万人实现稳定脱贫，苹果产业成为了静宁农民增收致富和奔小康的支柱产业。

1. 静宁县新型城镇化建设概况

静宁县是国家扶贫开发工作重点县，也是六盘山集中连片特困地区扶贫开发工作重点县之一。全县总面积 2193km^2，辖 24 个乡镇（其中建制镇 5 个）、1 个街道办事处、333 个行政村、5 个居委会、2320 个村民小组，总人口 48.9 万，其中农业人口 43.05 万，有回、藏等少数民族人口 1210 人。威戎镇为省列重点小城镇，界石铺、仁大、李店、治平、甘沟 5 个乡镇为市列重点小城镇。

2. 静宁县新型城镇化发展思路

按照人口向城镇、川区转移，产业向城镇、园区集中的发展思路，突出城镇带动战略，构建以县城为中心、小城镇为主体、中心村为基点，城乡统筹、产城融合、四化同步的新型城镇化发展格局，加快建立“1 城（县城）、2 园（静宁工业园区、威戎集中区）、4 重镇（威戎、界石、李店、甘沟）、18 个集镇”的城镇结构体系。

（1）加快建设中心城区

围绕县城向县级市迈进的目标，按照“东拓西展、南扩北伸、中心改造、整体提升”的思路，协调推进新城区开发和老城区改造，加快西城区、文屏教育园、工业园区基础设施配套，拓展发展空间，扩大县城容量。加强市政公用设施和公共服务设施建设，增加基本公共服务供给，增强对人口集聚和服务的支撑能力。抓好城区道路、管网建设，逐步打通“断头路”，加快建设环城路，形成较为完善的中心城区路网框架。统筹电力、通信、给排水、供热、燃气等地下管线建设，推行城市综合管廊模式。积极稳妥推进棚户区和城中村改造，切实改善县城人居环境。

（2）加快建设特色城镇

立足区位条件、产业布局和经济水平，加大扶持建设力度，加快建设特色小城镇。围绕把威戎镇、界石铺镇、李店镇、甘沟乡建设为静宁县的商贸物流重镇、民营经济强镇和生态文化名镇的发展目标，按照“规划引领、产业带动、项目支撑、设施配套”的战略要求，利用 3 年时间，通过积极推进提质扩容建设，持续完善城镇基础设施，全面提升服务功能和承载能力，努力把 3 镇 1 乡打造成县域经济文化次中心。仁大、治平、古城、雷大、细巷等小城镇要完善基础设施和公共服务，大力发展商贸流通服务业，使集镇成为各类商品集散的枢纽和城乡信息交流和服务农村发展的平台。

（3）加快建设新农村社区

统筹美丽乡村、扶贫开发、易地扶贫搬迁、旧村改造、农村危房改造，着眼基础改善、产业开发和公共服务，因地制宜改旧村，突出重点建新村，全力推进新农村社区建设，建成一批宜居、宜业的美丽乡村。试点期间重点实施威戎、城川、界石、甘沟等乡镇20个美丽乡村建设示范点，结合易地扶贫搬迁建设新农村社区50个。

3. 静宁县新型城镇化空间布局

静宁县规划形成“县城—重点镇—一般镇（乡）—村庄”四级城乡等级规模体系，“一心、三轴、四点、四区”的城乡空间结构（专题图1-40）。

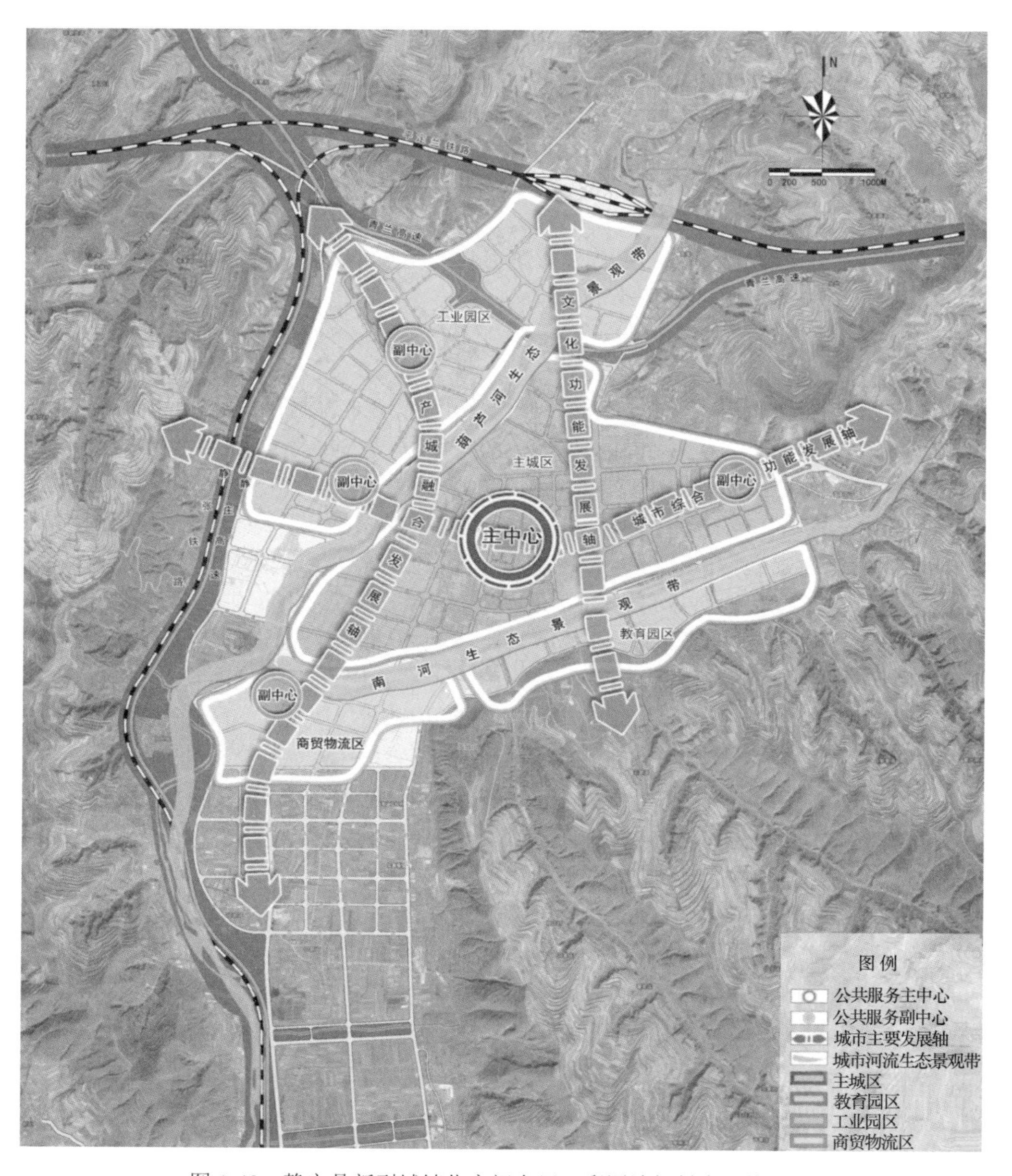

图1-40 静宁县新型城镇化空间布局（彩图请扫封底二维码）

“一心”指以中心城区为主的区域服务核心。通过产业聚集、人口集聚形成县域发展极，带动县域及周边乡镇发展，包括城关镇、八里镇、城川乡。

“三轴”指一条南北城镇轴线，即静秦（静宁县至秦安县）公路串联的城镇发展轴；两条东西向城镇发展轴线，即“312 国道-司桥-古城-曹务”城镇发展轴和“新店-治平-李店-余湾葫芦河南段”城镇发展轴，通过基础设施的建设，加强县城与各乡镇及各乡镇之间的协作。

“四点”指威戎、李店、界石铺镇和甘沟乡四个核心城镇。重点加强这四个乡镇的经济产业发展和小城镇基础设施建设，带动周边一般乡镇的发展，增强对周边乡镇、乡村的辐射，吸引人口、产业向镇区集中，加快城镇化进程，推进城乡经济社会发展。

“四区”指依托四个重点乡镇形成的四大特色经济片区。以界石铺镇为核心，以商贸、农产品深加工、林果业、旱作农业为主的北部城镇发展片区，包括界石铺镇、灵芝乡、三合乡、原安乡、司桥乡；以威戎镇为核心，以农产品深加工、林果业、旱作农业为主的中部经济发展片区，包括威戎、古城、曹务；以李店镇为核心，以林果业为主的南部经济发展片区，包括李店、仁大、贾河、余湾、深沟、雷大、治平、双岘；以甘沟乡为核心，以马铃薯、养殖业、旱作农业为主的西部经济发展片区，包括甘沟、新店、四河、红寺、细巷。

4. 静宁县新型城镇化建设任务

（1）生态城镇建设

以加快城镇化进程和促进城乡一体化发展为目标，加强城乡基础设施建设，优化资源均衡配置，完善规划体系，强化承载支撑，有序推进建设，努力促进以城带乡、城乡互动、统筹发展。

1）科学编制发展规划

依据资源和环境承载能力，加快建立以国民经济和社会发展规划为指导，与土地利用等各项规划相协调的，要素齐全、全面覆盖的城乡规划编制体系，推动产业优化升级、要素优化配置、空间优化布局、资源集约利用，从源头上提升城市生态环境。

2）完善城镇基础建设

以规划为龙头、以建设为重点、以管理为抓手、以经营为出路、以项目为支撑，按照“东拓、西展、南延、北伸，中心改造、整体提升”的思路，山、水、路、桥、楼“五位”齐抓，绿化、亮化、净化、美化“四化”并进，全力抓好城区道路、生态景观、休闲娱乐场所等重点市政工程建设，增强综合服务功能，提升城市品位。加快小城镇建设步伐，完善基础设施配套，提高公共服务能力，大力繁荣城镇经济，引导产业向城镇聚集、农民向城镇转移，加速推进城乡一体化。

3）推进城乡绿化工程

以创建国家级文明城市和生态宜居小城镇、园林化小区、单位为载体，加快城区面山绿化、路网水系绿化、公园街头绿地绿化、住宅小区和单位庭院绿化等绿化工程实施步伐，构筑生态区、生态轴和生态网有机结合的城乡绿化体系，加快推进城乡绿化一体化。

（2）生态文化建设

深入挖掘成纪文化、红色文化、民俗文化内涵，着力打造地域特色文化品牌，努力把文化资源优势转化为经济发展优势。积极发展公益性文化事业，大力加强乡镇文化站、村文化室、农家书屋和体育活动场所等文化设施建设，积极开展丰富多彩的文化体育活动，不断满足群众日益增长的精神文化需求。采取多项措施，加强生态文化建设的宣传教育。教育部门要按照《中小学环境教育实施指南（试行）》要求，加强生态型校园文化建设，将生态环境教育纳入中小学综合实践活动课程，在各相关学科教学中渗透生态环境教育，增强中小学生生态环境意识。县党校要定期举办生态环境建设轮训班、培训班，培训业务骨干和技术人才。广播、电视、网络等新闻媒体要开设专栏，开展生态文明专题讲座。文化宣传部门要开展生态文明建设体裁的文学、文艺作品创作，各机关、单位、社区要积极开展生态县建设系列活动，深化环境教育，增强环保意识，牢固树立绿色消费观、资源观、绩效观，使生态文化建设深入人心。

（3）生态乡村建设

立足不同区域的基础条件和经济发展水平，分类指导，合理选择建设重点和推进措施，加强生态乡（镇）村建设。积极争取六盘山区域贫困片带的扶贫开发项目，以旧村和危旧房改造为突破口，以“三清四化五改六有”为主要内容，强化产业培育和基础配套，大力开展“五村联创”，每年建成30个新农村示范村，努力提升农村公共服务能力和群众生活质量。以312国道、静庄公路、静秦公路沿线和葫芦河流域为重点，扎实、深入开展农村环境综合整治，全面完成以农村面源污染、畜禽养殖污染、生活垃圾、生活污水治理为重点的农村环境连片整治项目，有效治理农村环境突出问题。

（二）二十里堡新型工业化带动新型城镇化建设模式

甘肃平凉工业园区位于美丽奇秀的国家5A级风景名胜区崆峒山下平凉市城东5km处，312国道、宝中铁路和平定高速公路横穿园区，交通便捷，水土资源丰富，地理位置优越。园区区位优势明显，能源资源丰富，特色产业潜力巨大，产业聚集能力较强，承接产业转移优势突出，水、电、汽、热、讯、路等基础配套完善。

甘肃平凉工业园区成立于2002年，是2004年国家清理整顿各类开发区过程中被国务院确定保留的工业园区之一，2006年被省政府批准为省级工业园区。2012年7月，修编完成了《甘肃平凉工业园区发展规划》，总规划面积66.36km^2，自西向东依次划分为商贸加工区、电力工业区、农副产品加工区、仓储物流区、高新技术区、综合服务示范区、精细化工业区和煤炭深加工示范区8个功能分区。

平凉工业园区辖区面积127.4km^2，发展规划面积66.36km^2，下辖1个建制镇，26个行政村，1个街道社区居委会，总人口5.61万，现有企业184户，企业从业人数12 071人。平凉市工业园区突出“转型升级、创新发展”总体要求，积极应对严峻复杂的发展重任，凝心聚力、抢抓机遇、分离攻坚，实现了“一年打基础、两年大变样、三年翻两番”，园区先后被列为国家煤炭深加工示范区、全省第一批循环经济示范园区、全省军民结合产业园，被授予“甘肃劳动关系和谐工业园区”荣誉称号。在未来，园区以创建国家级经济技术开发区为目标，突出抓好招商引资和项目建设“两大主业”，倾力打造融资、服务、创业三大平台，主动融入丝绸之路的黄金段建设，加快转型升级、创新驱动、产城融合，着力改善民生福祉，以新型工业化带动新型城镇化。

（三）崆峒区西沟村旅游小镇建设模式

西沟村位于平泾（平凉至泾源县）公路崆峒大道延伸段上，南邻崆峒山 5A 级景区、崆峒水库，是去往崆峒山的必经之路，离平凉市中心城区约 10km，地理区位、交通、资源等方面优势较为突出。

西沟村依托崆峒山文化，发挥其作为崆峒山景区景点型村庄的独特优势，以“养生文化”为依托，充分利用西沟村的地理区位、风水环境、生态河流、特色农产品等优势，大力发展生态文化旅游、生态农业观光园、传统村落风情旅游。引导农民积极投身旅游事业的开发，开展农家乐、农业观光采摘、餐饮住宿等旅游项目，增收创收，提高农民整体收入。

1. 西沟村旅游小镇建设定位

依托现有区位、交通、自然等优势资源，重点发展特色餐饮、休闲农场、观光农园、休闲商业、创意产业等旅游服务业，同时通过生态化保护，提升村庄品位，增加村庄吸引力，加快发展休闲旅游业，增加村民就业机会，提高农民收入，改善村庄生活环境，提升村庄活力，打造“崆峒山下第一村——专业旅游服务示范村”，以“崆峒山下西沟村、道源文化民俗谷”唱响平凉。

2. 西沟村旅游小镇空间布局

规划结合西沟村的产业发展现状，以及资源、交通、区位等优势，形成“一心、一轴、三区、两节点”的结构形式（专题图 1-41、专题图 1-42）。

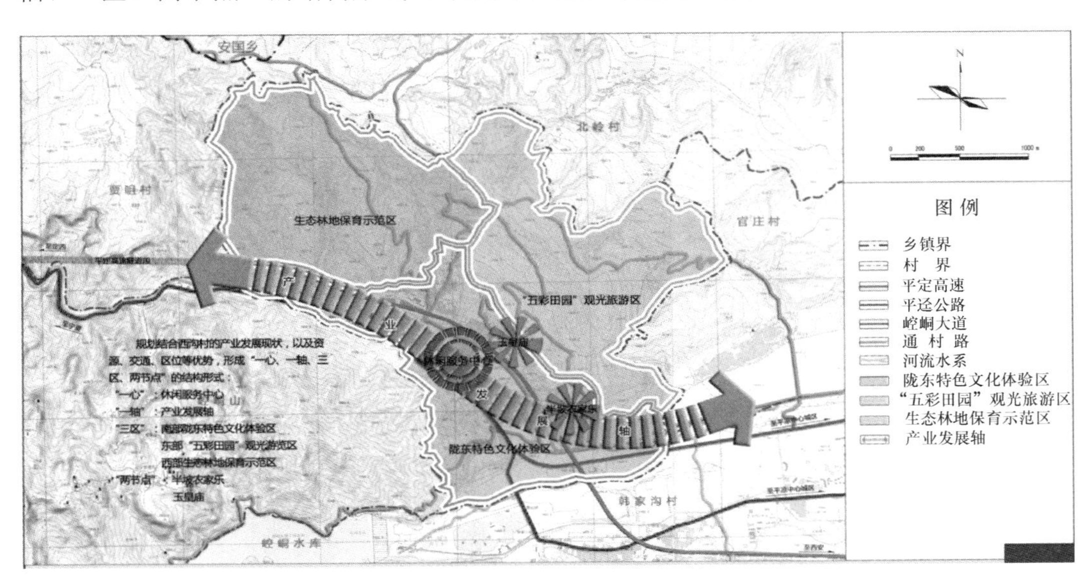

专题图 1-41　西沟村旅游小镇产业结构（彩图请扫封底二维码）

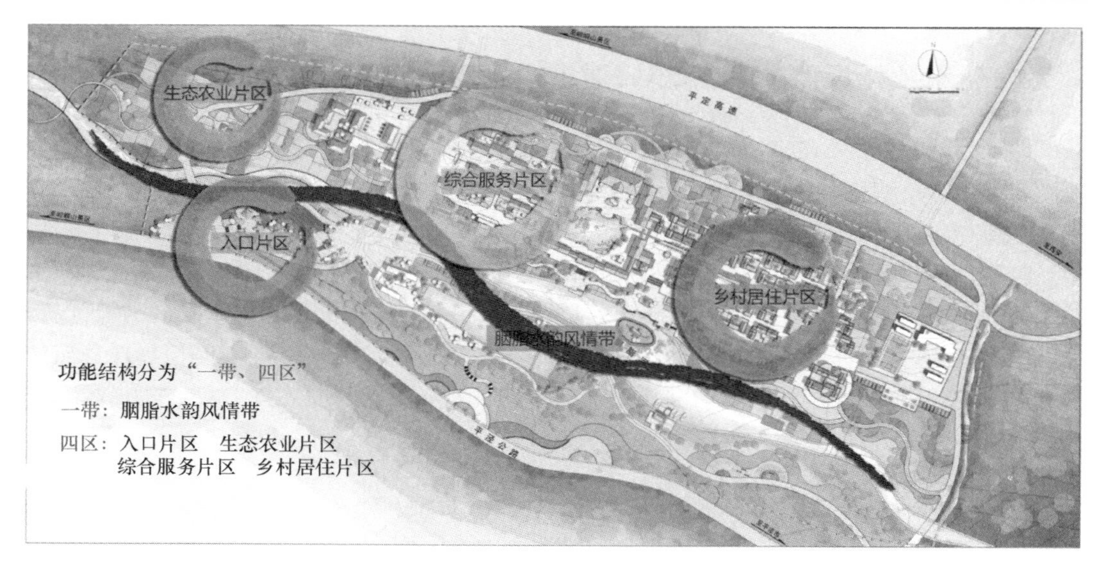

专题图 1-42　西沟村旅游小镇功能结构（彩图请扫封底二维码）

“一心”：休闲服务中心。

“一轴”：产业发展轴。

“三区”：南部陇东特色文化体验区、东部“五彩田园”观光游览区、西部生态林地保育示范区。

“两节点”：半坡农家乐、玉皇庙。

南部陇东特色文化体验区：在现有村庄肌理、传统建筑风貌、地域山水关系的基础上，对现有村庄进行整治，合理规划布局村落公共开放空间、居住生活空间等，使其具有参观考察、风情体验、乡土餐饮、住宿、购物等多种功能，把西沟打造成极具地域文化特色的“美丽乡村”。

东部“五彩田园”观光游览区：指形成的现代农业种植区，主要通过运用现代农业种植技术，合理引进农业新品种，设置农产品采摘观光、山地农家乐、农产品展馆等服务设施，通过规模性、季节性的农田规划种植，形成多个色块、视觉美、强冲击力的五彩田园景观。

西部生态林地保育示范区：通过对生态关键要素的建设和培育，构建区域生态秩序，使生态环境得到良好保护，不仅能促进自然资源的科学合理利用，又能促进区域生态环境的良性循环和健康发展，维护生态安全，保障经济和社会可持续发展。

半坡农家乐：结合地形，因地制宜、依山就势，建造一个风格高雅、韵味独特的窑洞农家乐。依托两个优势特色民居和台地，集窑洞餐饮、休闲观光、农家采摘于一体。

玉皇庙：周边风景优美、环境宜人，具有良好的自然生态条件，可以实现人工与天然的融合与和谐，挖掘其中旅游业的开发潜力和经济优势。

（四）威戎镇杨桥村城郊集约型美丽乡村建设模式

威戎镇杨桥村位于静宁县城以南，地属葫芦河流域，紧邻静庄公路，公共设施和基础设施较为完善，交通便捷，农业集约化、规模化经营水平高，土地产出率高，农民收入水平相对较高，可建设成为城郊集约型美丽乡村示范样板。

杨桥村美丽乡村建设的总体布局为“一心、三带、四片区”。

“一心”：在村委会及周边共同形成的村民活动中心。

“三带”：沿村庄西侧南北向主要道路规划设置农家乐、采摘园，配备二层别墅，形成拉动村庄旅游业的特色产业带；另外，沿东西向中心道路布置商业设施，规划远期形成商业一条街；疏通整治东侧南北向水渠，增大绿化面积，使其与村内现存的房屋建筑形成村庄主要景观带。

六、黄土高原生态脆弱贫困区绿色基础设施与公共服务设施建设模式

（一）绿色低碳基础设施：清洁能源、智慧交通

2015年年初，平凉市筹措2300万元购置的59辆清洁能源环保公交车正式与广大市民见面。这些清洁能源环保公交车的投入运营，将进一步改善群众出行条件，提升中心城市形象和品位。和以往的公交车相比，这次新添的车辆全部为清洁能源环保公交车，其最大的特点就是节能减排，对空气的污染较少，使公交车彻底告别了黑尾。特别值得一提的是，新购公交车中，平凉市首次引进了4辆大块头的双层观光公交，这不仅大幅提升了乘坐公交车的舒适度，还能让乘客更好地饱览平凉风光。这些双层观光公交车将全部投放在新开的1条旅游观光专线上。为进一步提升公交服务水准，方便市民乘车，这次新增加的公交车全部安装了电子语言报站系统、LED车辆运行显示器等，并且在2016年开通了智能化公交调度管理与城市公交一卡通系统。公交一卡通运行后，将实现无人售票制度，同时将在票价上对学生、伤残人士、老年人等特殊群体进行适当优惠。市民可以通过手机、银行卡等进行刷卡乘车，既增加了出行的安全指数，也为乘客提供了方便与快捷的出行服务。

2016年年中，平凉市政府通过和企业合作，投资8亿元，计划利用3年时间共同建设覆盖平凉市各县区的电动汽车充电网络。项目预计建设覆盖公交、出租、景区、城际车站、公务等公共服务领域的充电服务平台，到“十三五”末，促进全市公共领域纯电动汽车比例达到50%以上，居民普遍使用纯电动汽车出行，引导绿色低碳生活方式，减少汽车尾气排放，改善城市空气环境，进一步完善新型城市功能。

2017年6月，平凉市天然气支线管道综合利用项目开工建设。管线起自西气东输二线平泉分输站，途经庆阳市镇原县平泉镇、新城镇和平凉市崆峒区草峰镇、白水镇；止于平凉工业园区四十里铺镇。项目总投资8.5亿元，年输送天然气3亿立方米，主要建设38.7千米支线管道和调峰天然气装置一座、天然气加压门（母）站装置一座。平凉天然气支线管道综合利用项目是平凉市践行新发展理念，着眼推动形成绿色发展和生活方式，着眼增进民生福祉、补齐发展短板，加快建设幸福、活力、美好平凉的重大民生工程。项目建成后，将有效解决平凉中心城区及周边地区城乡居民、工业用户等天然气供

给问题，对改善环境质量、建设绿色平凉具有重要意义。

2017年年底，平凉市崆峒区政府召集区工信、环保、执法、公安、工商、质监、文广、网信、柳湖镇、崆峒镇、东关办、中街办、西郊办等13个单位主要负责人，召开了“全区散煤管控暨洁净型煤推广使用工作调度会议”，对散煤管控和洁净型煤推广工作进行了专项安排部署。要求各级相关部门要高度重视大气污染“冬防”工作，进一步加强施工力量、加快施工进度，尽快完成区域煤改天然气工程，完善优质煤炭市场和周边二级配送网点，切实把煤炭市场清理整治及供暖期各项控煤措施落到实处，减轻散煤燃烧造成的污染，要运用新媒体等技术手段加强对洁净型煤的推广使用宣传力度；要建立、健全煤炭卡口管控制度，安排公安、质监等部门联合执法，加强对进入城区运煤车辆的管控，坚决防止劣质煤炭流入市场；进一步加强施工场地扬尘治理，严格落实洒水、覆盖等降尘措施，加强现场监督检查，针对存在的问题，严格管控、立改立行，确保大气污染防治工作落实到位；相关部门要对具有创新潜力、具有可持续发展、具有循环利用功能、具有环境友好型的企业加大扶持力度，提升企业的竞争力，全面改善辖区内环境治理工作再上新台阶。通过公益广告、广播、微信、门户网站等平台，宣传报道使用劣质煤对大气质量、群众生活的危害和区上制定的使用洁净型煤的优惠政策。发动村社干部走村入户，通过广播、传单、宣传栏等多种载体，向群众宣传洁净型煤的优点和使用方法，引导全社会支持洁净型煤推广工作。

《“智慧平凉”建设总体规划（2013—2020年）》围绕陕甘宁交汇区交通枢纽建设，建立集智能调度、视频监控、定位管理等应用服务为一体的智慧交通体系。

1. 建立道路运输车辆信息监管平台

不断完善客车、出租车、执法车和危险货运车辆的信息化、智能化装备，利用卫星定位技术，实时监测、监控车辆的位置和动态，实现跨部门、跨区域、可视化、智能化的车辆实时综合监管。

2. 推行停车场智能化管理

整合目前的停车场信息资源，实现停车场的统一管理，建设停车诱导系统和统一的停车服务系统。

3. 建设交通综合信息系统

推动传感器、视频监控、地感线圈等检测终端部署，建设道路、车辆、行人等交通信息采集体系，整合高速公路、城市道路视频监控信息资源，推动铁路、公交、出租公司等信息系统对接，整合多种交通信息资源，智能分析处理交通信息，为交通设施建设、客流疏导、应急处理提供决策依据。

（二）信息技术支撑的公共服务设施：智慧医疗、远程教育

在信息技术的带动下，平凉市信息基础设施取得了快速发展，截至2013年年底，建成了以光缆为主体、数字微波和卫星通信为辅助手段的大容量干线传输网络，全市互联网出口带宽达60G，宽带互联网络用户10万户，3G网络覆盖率达85%，用户达20

万户；全市城乡电话用户 167.2 万户，电话普及率 80%；全面建成以光纤骨干网为主的数字化有线电视网络平台。

2016 年，平凉市以创新、协调、绿色、开放、共享的发展理念为引领，全面推进教育信息化基础环境建设、数字资源建设和应用能力建设，实现“宽带网络校校通”“优质资源班班通”和“网络学习空间人人通”。加强与通信运营企业合作，继续实施农村学校光网建设工程和城镇学校宽带提速改造工程，确保全市各级各类学校（含教学点）实现宽带网络接入，其中城镇学校班均出口带宽不低于 5M，农村学校（含教学点）班均出口带宽不低于 2M。鼓励有条件的学校推进无线网络建设，为教师配备教学应用终端，为师生创造移动泛在学习环境。在“全面改薄”项目中优先规划“班班通”建设，在“班班通”建设中优先保障农村小规模学校，以全省集中招标建设为主要形式，加快“班班通”建设进度。2016 年年内，确保“班班通”教室覆盖率达 85%以上，全市所有农村小规模学校和教学点至少建成一个“班班通”教室，力争实现“班班通”全覆盖。实施“校园数字图书馆援建项目”；完善平凉市中小学教育云平台；深化“教学点数字教育资源全覆盖”项目成果；鼓励各县（区）依托各级公共资源平台云空间建设区域教育资源库，鼓励有条件的学校建设录播教室；启动建设“名师课堂”和“专递课堂”，通过优质教育资源录制、推送、共享，解决农村小规模学校和教学点优质师资和课程资源短缺、专业课开不齐的问题。以县（区）为单位，统一规划部署，引导师生、家长、学校依托各级教育资源公共服务平台，建设覆盖各级各类教育的个人学习空间和机构网络学习空间（学生空间、教师空间、班级空间、学校空间、家长空间等）。2016 年年内，学校、教师学习空间注册率达到 100%，学生学习空间注册率达到 80%。重视新媒体传播优势，建好、管好“一网、两微、一端”，把市、县、校三级教育门户网站、政务微博、微信平台、网站客户端等作为全市教育宣传和舆论引导的主阵地。建立完善重大教育新闻信息报送制度、新闻发布制度，规范新闻信息审核、报送和发布流程。制定网络舆情应急预案，有效监控处置网络舆情，营造全市教育改革发展的良好氛围和舆论环境。

“健康甘肃”是在积极响应国家“互联网+”行动计划的时代背景下，由甘肃省卫生和计划生育委员会主导建立的、全省统一的一站式医疗便民服务平台。平台将汇聚所有甘肃省内医疗资源，逐步向公众提供各医疗机构的就医服务，包括预约挂号、诊疗缴费、检查检验报告查询、预约接种、计划生育服务与指导、健康教育、健康档案查询等。

2016 年年初，甘肃省妇幼保健院“智慧妇幼”手机 APP 应用服务系统上线。市民只须扫描二维码或登录医院官方网站进行下载安装手机 APP 后，即可完成预约挂号、个人缴费、检验报告查询和咨询服务。“智慧妇幼”手机版是以移动互联网为核心的智慧保健医疗服务系统，可分阶段实现挂号缴费，实现银联支付、住院费用缴费及查询、院内导航、车位预约、电子点餐等功能。值得一提的是，这一系统是由医院自主研发并推广上线的，这在我省医疗卫生领域实属首家。随着甘肃省妇幼保健院门诊量逐渐增大，挂号难问题日益突出。对此，手机 APP 专设“预约挂号”栏目，患者不仅能够选择专家，并可根据自身时间合理安排问诊时间。同时，这一应用服务系统也可解决患者就诊排队缴费时间长、取检验报告不方便的问题。

为进一步提升医院信息化水平，推进智慧医院建设，积极探索利用“互联网+医疗”便民、惠民，改善患者就医环境，促进信息互通和业务协调。平凉市第二人民医院顺利完成全院wifi覆盖平台建设并于2017年9月20日起正式启用，成为全市首家向患者及家属提供免费无线wifi服务的医疗机构。wifi信号覆盖全院所有就诊区、患者等待区和病房走廊等公共区域，广大患者及家属在院就诊期间可享受不限时的免费上网服务。免费wifi全面覆盖，不仅是平凉市第二人民医院加强信息化建设的一项重要举措，更是为广大患者提供的一项实实在在的便民、惠民服务。为广大患者及家属在院就诊期间，利用医院微信平台、趣医院APP手机挂号、缴费、查询、医生排班等“互联网+医疗”服务提供了更为便捷的通道，营造了更加和谐的就医环境。

为了进一步推进数字医院建设，有效解决信息化在病房最后10米的延伸，积极探索利用“互联网+医疗”模式助推医疗护理质量、工作效率、护理安全的核心监控、优化和提升，进一步确保医疗护理质量的安全。平凉二院与中国电信平凉分公司合作，经过前期的建网、测试、试行，现已建成移动临床护理信息系统，于2017年11月24日全面投入使用，成为市区首家实现临床科室移动护理系统全覆盖的医疗机构。移动护理系统是利用移动设备、无线网络技术和标签识别技术，将护理终端由医护办公室延伸到患者病房、床头，有效解决最后10米的信息化延伸，不但实现了患者身份识别、患者信息查询与统计、患者护理过程记录、生命体征实时采集、医嘱查询、条码扫描检验标本、药物查询等的工作电子化，规范了护理操作流程，预防护理差错，也强化了病患安全，实现了患者信息实时共享，为临床提供了决策支持。平凉二院为了满足医院各种应用的需求，在医院现有局域网的基础上架构了无线局域网建立信息传输的硬件平台，为系统应用于无线手持终端实现了应用实时化和信息移动化，并且采用中间技术建立面向服务的通用数据交换平台和医院的信息子系统，为医院的应用系统提供了统一的、标准的接口，便于现有应用系统的维护和未来系统的扩展。随着该系统的投入使用，护理人员能随时随地访问电子病历，执行医嘱和录入生命体征实时电子化，同时减少了重复工作环节，大大提高了每个医护人员的工作效率，拉近了医护人员与患者的距离。

（三）信息技术支撑的精准扶贫体系：“互联网+”“农业”

2015年11月，党中央和国务院发布《中共中央 国务院关于打赢脱贫攻坚战的决定》，明确提出实施“互联网+”扶贫行动，要把握信息化步伐加快的大趋势，加强信息基础设施建设，尽快缩小贫困地区与其他地区的“数字鸿沟”，以“互联网+”推动新的扶贫变革。甘肃省平凉市自从2016年6月获批国家首批电信服务试点以来，大力推进信息化与精准扶贫相结合，建成一条贯通全市的“信息高速公路”，通过“信息高速公路”承载与传输的利好，助推脱贫进程。

随着信息化不断发展，如今老百姓对小康的期待不仅是吃饱、穿暖的物质化需求，对精神文化生活的期盼也越来越多样化：百兆光纤入户、4K超清或高清电视机进家、公共wifi免费全覆盖等。随着首批电信服务试点项目工程启动以来，平凉市全力打通公共服务“最后一千米”，这些与信息化社会密切相关的公共服务真正地走进了老乡的家里，各种类的高清电视节目，极速的网络浏览体验，便捷的云教育资源共享，优质的农村电商平台，这些真实利好正在不断地改变、改善贫困地区老百姓的日常生活。

“扶贫先扶智，帮困先育人”。以往贫困地区与城市教育资源的不对等是贫困地区学校教育中的大问题、难题。灵台县上良镇旧集村小学校长杨西嶷介绍说，“自从光纤入校后，教师可以利用甘肃教育云平台的课件资源、仿真实验，搜索下载其他教育发达地区的优质课件资源对学生进行课程教育，提升教育、教学水平的同时也激发了学生的学习兴趣，实现了优质教育资源共享和教育均衡发展的目标。”百年大计、教育为本，教育始终是实现全民脱贫致富奔小康目标中重要的一环。

依托“信息高速公路”及农村电商平台，实现跨地域的“互联网+”农业模式，改变传统农产品销售方式，由线下到线上打造农产品销售新生态。随着农村光纤宽带网络普及，农村电商规模扩大，线上线下融合步伐加快，农产品外销和消费品下乡双向流动提速，为助推精准扶贫、增强农村发展内生动力注入了新活力。有力助推了农村公共安全视频监控、远程教育、电子政务、智慧党建、金融服务、合作医疗和便民服务等信息化应用，有效提升了公共资源城乡共享水平。

宽带网络拓展了贫困地区发展视野，各地大力推进电商扶贫，建成一批县级电子商务运营中心、乡镇级电商服务站和村级电商服务点，实现贫困地区、贫困村、贫困户与先进生产要素和社会力量的有效对接，促进了电子商务在农业生产资料下乡和农业特产进城双向流通中的应用，有效整合了农村现有商业资源，带动了农民返乡创业，为全省脱贫攻坚行动做出了积极贡献。

农民不出门，便知天下事。随着移动互联网的不断接入，网上购物对广大农民来说已经不是新鲜事，“村淘”的广告牌随处可见，让千万家农民不用出门便可吃到和用到外国的产品。除了买入，农村的农产品也通过网络走向了世界，快递事业的不断壮大使得在外拼搏的年轻人不用回家就可以吃到家乡的味道。

2017 年年底，以党的十九大精神和习近平总书记在深度贫困地区脱贫攻坚座谈会上讲话精神为指导，结合《中共甘肃省委 甘肃省人民政府关于打赢脱贫攻坚战的实施意见》，平凉市启动了光伏扶贫项目，以贫困县（市、区）为主战场，以村级扶贫电站为重点，将光伏扶贫作为打赢全省脱贫攻坚战的一项重要举措。按照“省级指导，县区负责，政策扶持，技术规范，注重实效”的总体思路，建立和完善光伏扶贫协调推进工作机制，加快光伏扶贫项目建设，为完成全省精准脱贫任务贡献力量。

2018 年年初，甘肃省脱贫攻坚领导小组下发了《关于完善落实“一户一策”精准扶贫计划的通知》，要求由省内定点帮扶单位和帮扶责任人配合乡镇包村干部、村支书和第一书记、驻村工作队长和队员，深入贫困户家中逐户全面了解情况，和贫困户一起讨论分析致贫原因，商议脱贫路线，清算收入支出账，有针对性地完善帮扶措施，用说事、写实的办法完善制定“一户一策”精准扶贫计划。

专题二

羌塘高原高寒脆弱牧区生态文明建设模式

一、羌塘高原概况及生态文明建设面临的挑战

（一）羌塘高原概况

羌塘高原是青藏高原的重要组成部分，亦为青藏高原最大的内流区。“羌塘”藏语全称为“羌东门梅龙东”，即“北方高平地”之意，其藏语意为“藏北高原”，南起冈底斯山脉、念青唐古拉山脉，北至喀喇昆仑山脉、可可西里山脉，东起唐古拉山脉，是青藏高原的腹地，地理坐标范围东经 83°41′14″～95°10′46″，北纬 30°27′25″～35°39′13″，西止于国境线，南北最宽 760km，东西长约 1200km。羌塘高原是我国及亚洲大陆的生态安全屏障和水资源战略保障基地之一，被称为“世界屋脊”的屋脊、“绿色屏障”“第三级冰川”“中华水塔”水源地、“江河源”“野生动物王国”“古象雄游牧文明发祥地”等（高清竹等，2007）。从世界范围来看，羌塘高原自然、地理、生态、气候和文化等方面独一无二且发挥着不可替代的作用。羌塘高原也是西藏自治区的主要畜牧业生产基地（甘肃草原生态研究所草地资源室和西藏自治区那曲地区畜牧局，1991）。长期以来，草地畜牧业是羌塘高原发展国民经济的主体产业，占整个国民经济收入的 80%以上，也是广大藏族牧民群众赖以生存和发展的传统产业。

羌塘高原具有重要的生态系统服务功能，主要包括生物多样性保护、水源涵养和水文调蓄、土壤保持、沙漠化控制及营养物质保持等。为了守护羌塘高原的生态保护红线，目前已建立羌塘国家级自然保护区、色林错国家级自然保护区和麦地卡国家级湿地自然保护区等 3 个国家级自然保护区，以及昂孜错-马尔下错自治区级湿地自然保护区。

1. 自然条件

（1）气候

羌塘高原地域广阔，地势高，地形复杂，气候类型丰富。羌塘高原气候资源分布具有多样和不连续的特点；受高原地形的影响，形成了干燥、寒冷、缺氧的气候环境条件。羌塘高原年平均气温–2.8～1.6℃，年均最高温 4.7～9.2℃，年均最低温–4.6～–9.1℃。最冷月 1 月的平均气温为–14.9～–7.4℃，年最低气温可达–40.0℃。最热月为 7 月，月平均气温 8.7～12.2℃；气候垂直变化明显，递减梯度较大，东南部的年平均气温相对较高，中西部的年均气温相对较低。总之，羌塘高原冬季漫长寒冷，四季不分明，冷暖季不明显。

羌塘高原日照时数长于同纬度的其他地区，年日照时数达到 2400～3200 小时，东部的巴青、索县、比如、嘉黎为 2400～2800 小时左右，中部的那曲、聂荣、安多在 2800～3000 小时左右，西部在 3000 小时以上。每年的 5 月、10 月日照时数最多，2 月、9 月

日照时数最少。年均日照百分率为52%～67%，自东向西递增，申扎日照百分率最大达67%，比如最小为52%；高值出现在11月，低值出现在6～8月。由于地势高、空气洁净、天空状况好，因此光能资源非常丰富，太阳年总辐射量达6000MJ/m^2，西部最高可达6800MJ/m^2，远超同纬度其他地区。

羌塘高原年均降水量为247.3～513.6 mm，受大气环流和地形的影响，降水总体趋势表现为由东南向西北递减。进入20世纪80年代后，全区各县的降水量均有明显的上升。降水多寡与高原季风活动规律一致，季节变化明显，年内降水的80%以上都集中在雨季（5～9月），冬春季降水不足。羌塘高原年蒸发量为1500～2300 mm，由东南向西北逐渐增加，蒸发总量大于自然降水量。另外，冬春季受高空西风急流影响，地面气温低，天气干燥晴朗，多7级以上大风，有时风力可达10～12级，在羌塘高原西北地区的大风带，年均大于17m/s的大风日数约200天。此外，羌塘高原气象灾害频发，气象灾害主要有干旱、雪灾、霜冻、强降温、大风、沙暴、雷暴、冰雹、泥石流等。

（2）水资源

羌塘高原四周高山环抱，南部冈底斯-念青唐古拉山脉是藏北与藏南水系的分水岭。羌塘高原拥有内陆冰川面积6780.26km^2，总冰川面积为8654.59km^2，占全国冰川面积的31.6%。冰川融水径流量76.89亿m^3，占全区总流量的23.6%。羌塘高原是我国最大、世界上海拔最高的内陆湖区，湖泊面积达7308km^2，占西藏总湖泊面积的87.7%，湖水储量1873亿m^3，占全西藏湖水储量的82.8%，被称为“中华水塔”。羌塘高原是青藏高原的脊梁，也是亚洲著名的江河源头，区内河流纵横。我国主要水系沱沱河、金沙江（长江上游）及国际河流怒江-萨尔温江、澜沧江-湄公河等大江、大河均发源于羌塘高原唐古拉山脉南北两端和念青唐古拉山脉之间的高山峡谷地区，流域面积为26.41万km^2；其中，沱沱河流域10万km^2，怒江10.25万km^2，金沙江2.34万km^2，澜沧江3.83万km^2。

（3）植被

羌塘高原植被受海拔、地质和水热条件的制约，呈水平地带性分布。羌塘高原从东南向西北依次出现：湿润、半湿润、高寒湿润、高寒半湿润、高寒半干旱、高寒干旱等不同气候特点；相应地，植被呈现出由东南向西北依次为：山地森林，亚高山、高山灌丛，高寒草甸，高寒草原，高寒半荒漠，高寒荒漠的分布格局。据统计，羌塘高原常见植物有50科175属402种。其中禾本科物种最多，有19属49种；其次为菊科、豆科、毛茛科等。在现有402种植物中，有饲用价值的植物130种，占植物总数的32.3%；主要饲用植物13科47属110种，分别占科、属、种总数的26.0%，26.9%，27.4%；其中禾本科居饲用植物之首，莎草科第二位。羌塘高原的主要有毒有害植物8科33属70种，分别占科、属、种总数的16.0%，8.0%，17.4%。

（4）野生动物

羌塘高原特殊的地理、海拔、气候、植被等生态环境，以及幅员辽阔但人烟稀少、交通不便、经济相对不发达等诸多因素为野生动物的繁衍生息提供了得天独厚的条件，被称为“天然的野生动物乐园”。该区域野生动物种类多，数量大，品种稀有；哺乳动物有39种，鸟类150余种，昆虫340余种，节肢动物20多种；其中，被国家、自治区列为保护名录的Ⅰ级重点保护野生动物有40余种，以野牦牛、藏野驴、藏羚、雪豹、麝、黑颈鹤、玉带海雕、金雕、棕熊、水獭、荒漠猫、白唇鹿、藏原羚、猞猁、盘羊、岩羊、秃鹫、藏雪鸡等最为珍贵。

2. 社会经济状况

中央第五次西藏工作座谈会以来，羌塘高原经济步入跨越式发展的快车道，社会局势进入持续和谐稳定的新阶段，各族人民生活呈现持续改善的良好态势。但由于自然条件差、起步晚、基础薄弱、自我发展能力不足，羌塘高原与西藏全区、全国的经济发展仍存在较大差距。当前，羌塘高原落后的社会生产同人民群众日益增长的物质文化需求之间的主要矛盾没有变，欠发达地区的基本状况没有变，羌塘高原仍属于经济发展的滞后区、民生改善的薄弱区、生态保护的脆弱区，面临着维护稳定与加快发展的任务与挑战。

（1）行政区划

羌塘高原区域范围与那曲市行政管辖区域基本吻合，其社会经济现状以那曲市为主进行介绍。羌塘高原是西藏的“北大门”，紧邻新疆、青海两省（自治区），与区内除山南之外5个地市毗邻。青藏铁路、青藏公路、格拉输油管线、兰西拉光缆、青藏直流联网等西藏的“生命线”贯穿羌塘高原500千米以上，战略地位极为重要，区位优势十分明显。羌塘高原是西藏与内地大通道连接的重要枢纽，是藏东和藏西的连接纽带，是藏中经济区的北部重要门户。

羌塘高原土地总面积约为45.1万km^2，占西藏自治区总面积的36.7%。下辖包括色尼、安多、聂荣、比如、嘉黎、巴青、索县、班戈、申扎、尼玛和双湖11个县（区），25个镇，89个乡，1283个行政村。

（2）人口民族

1958年至今，羌塘高原总人口和牧业人口均有逐渐上升的趋势。截至2015年年底，全区共有11.5万牧户，其中农牧业户9.8万、非农业户1.75万；总人口达到50万人，其中牧业人口为43万，非牧业人口7.0万，藏族人口占98%以上。在纯牧业人口中，男性22.1万人，女性21.9万人。劳动力人口21.1万人，占纯牧业人口的48.0%；其中，从事农牧业生产的劳动力人员14.2万人，占总劳动力的67.3%。

（3）经济状况

2015年，羌塘高原生产总值95.9亿元，比2012年增加47.2%；人均生产总值20 740元/人，比2012年增加46.3%。地方财政收入5.16亿元，人均财政收入1032元；社会消费品零售总额13.6亿元，比2012年增加14.0%；物价指数稳定在102.2左右。全区农林牧渔业总产值19.2亿元，比2010年增长5.4亿元，年均增长6.8%；其中农业产值8.8亿元，牧业产值10.0亿元。农牧民人均可支配收入达8061元，比2010年增长3980元，年均增长12.0%。城镇登记失业率控制在2.4%以内，城镇居民人均可支配收入2.1万元，年均递增11.1%。畜牧业经济持续发展，牧民群众的生产和生活得到了明显提高。

（二）羌塘高原生态文明建设面临的挑战

羌塘高原高寒草地生态环境极为敏感和脆弱，草地植物组成简单，牧草产量低，草地生态系统的抵抗力和恢复力稳定性都较弱。近年来，在气候变化的背景下，加之超载过牧、乱挖药草、乱采滥牧等人类活动的共同作用下，草地严重退化、雪山和冰川消融、冻土层融化、湖水上涨、江河浑浊，引起了雪灾、洪涝等灾害，改变了原有的高原生态平衡，生态环境恶化趋势明显。随着羌塘高原人口压力的不断加大，生态安全屏障保护与经济发展的矛盾日益尖锐，高寒草地生态系统面临着人口、资源、环境和经济发展的严峻挑战。目前，羌塘高原高寒草地退化严重，荒漠化和水土流失加剧，已经对羌塘高原经济发展、社会稳定和生态屏障安全构成了威胁。

1. 气候变化加剧、防灾减灾形势严峻

近年来，全球变暖打破了羌塘高原原有的气候规律，导致雪山和冰川消融、冻土层融化、湖水上涨、江河浑浊，引起了洪涝等灾害，从而打破了高原生态平衡。未来气候变化的不确定性较大，传统的生活和生产方式已受到严重威胁，使得羌塘高原社会、经济和生态环境可持续发展面临着诸多适应压力和挑战。羌塘高原不同灾害类型的科学研究仍较为薄弱，迫切需要提升灾害风险防范能力。欠缺致险因子辨识、承灾体物理暴露和脆弱性分析的能力，缺乏对评估区遭受不同强度自然灾害的可能性及其可能造成的后果进行定量分析和评估的能力，以及改进现有防灾减灾对策的能力。

2. 草地生态系统退化严重且难以恢复

羌塘高原具有水源涵养功能的各类生态系统内物质、能量流动缓慢，系统的抗干扰能力弱，生态与环境十分脆弱。特别是在气候变化和人为活动的压力下，羌塘高原冰川退缩、草场退化、湿地萎缩、土地沙化、水土流失等现象加剧，导致了大江、大河和重要内流湖泊源头区水源涵养功能明显下降。羌塘高原生态系统水源涵养功能直接影响着长江、怒江等江河和纳木错、色林错等重要高原内流湖泊的生态安全，应加强大江、大河和重要内流湖泊源头区的生态保护，恢复大江、大河和重要内流湖泊源头区水源涵养和水土保持重要功能，确保资源的持续利用。

近年以来，羌塘高原高寒草地大范围严重退化，其退化草地面积达草地总面积的58.2%，生态环境恶化趋势明显。在经济发展的过程中，羌塘高原牲畜的数量快速持续增长，到 2015 年年末，该区牲畜存栏总数达到 525.47 万头（只、匹），畜均占有草地 119.9 亩，比 1960 年减少 133.11 亩。近年来，政府针对超载、过牧现象，实施了退牧还草、生态移民等一系列的工程举措，但强制性减畜条件下，退牧还草、草原奖补机制等补助也只能满足农牧民基本生活水平，难以实现牧民致富。此外，超载过牧问题至今尚未得到根本解决，草畜矛盾依然突出。

羌塘高原平均海拔约 4500 m，气候环境条件恶劣、土壤发育过程及植被生长缓慢、破坏后极难恢复，生态恢复和治理的技术难度远远高于低海拔地区。目前，针对高寒地区特殊的自然生态系统的保护和恢复技术仍不成熟，制约了生态保护和建设工程效益的发挥。

3. 羌塘高原野生动物保护面临的挑战

羌塘国家级自然保护区建立以来，由于加大了保护力度，保护区范围内野生动物种群数量明显增加，同时，随着社会经济的发展，保护区人口和家畜数量也有了一定程度的增长。草场承载力下降使得原本和谐的自然保护区内出现了畜牧业生产活动与野生动物直接的冲突。这种冲突主要表现在：牧业生产向野生动物的领地扩张侵占了野生动物的生存空间；建设的网围栏切断了野生动物草路、水路及迁徙通道，造成野生动物栖息地破碎化，并对野生动物造成伤害；草食性野生动物与家畜竞争草场，猎食性野生动物捕食家畜甚至攻击牧民等。同时，非法狩猎、盗猎等违法行为依然存在，环境污染及野生动物疾病也对羌塘高原野生动物保护构成了一定程度的威胁。

4. 产业转型升级难，财政支持缺口大

传统产业升级面临技术挑战。牦牛产业极其依赖高寒草地的健康状况，但目前存在高寒草地生态退化、牲畜温饱得不到解决、防灾和减灾能力不足的问题，牦牛养殖跳不出“夏壮、秋肥、冬瘦、春死”的怪圈。羌塘高原藏药产业目前仍处于相对原始的阶段，主要依靠野生藏药植物资源，人工驯化繁殖和栽培技术较为薄弱。藏药企业技术传统落后，急需高新生物医药技术的注入。

新型产业发展须做好生态风险评估。羌塘高原虽然拥有丰富的自然和人文旅游资源，但旅游产业仍处在较为初级的阶段，众多的旅游资源亟待开发成为旅游产品。同时，羌塘高原生态十分脆弱，寻求发展旅游产业与生态保护之间的平衡点是未来发展羌塘高原旅游产业的关键课题。清洁能源产业在羌塘高原处于刚起步状态，仅处于民用水平的小范围推广阶段，在未来发展清洁能源产业的同时不能忽视羌塘高原生态系统保护。

党中央、国务院一直高度重视青藏高原生态保护和社会经济发展，投入了大量人力、物力，并取得了一定成效。但是，独特而重要的羌塘高原尚未建立起长期、稳定的投入机制和投资渠道。另外，由于投资分配缺乏统筹协调，使用效率不高，投资系统性与连贯性不够，使得生态保护和建设成效较低，未能形成投资集聚效应。随着国家生态文明区建设的逐步推进，建设成本更高，建设需求与投入不足之间的矛盾更加突出。在羌塘高原面积大、条件艰苦，单位面积投入标准低，地方和牧民投资能力弱等前提下，进一步争取充足资金投入及整合资源、提高效率的难度较大。实施羌塘高原国家生态文明区建设，有利于整合各方面生态保护和建设资金，形成合力，提高资金使用效益。

5. 生态环境保护与民生之间的矛盾仍是最根本问题

羌塘高原是我国重要的生态安全屏障之一，为我国甚至亚洲大陆地区水资源供给和生态安全保障做出了一定的贡献。虽然自西藏和平解放，尤其是改革开放以来，党和国家大力推动西藏基础设施建设，但是羌塘高原基础设施依然薄弱，公共服务能力低于全区平均水平；总体经济发展程度远远低于全国平均水平，大多数牧民同胞的生活处在贫困线以下。因此，促进羌塘高原社会稳定可持续发展、广大藏族牧民脱贫致富，是全国共同实现小康社会和边疆稳定的前提。随着国家生态文明区建设和生态保护的大力推进，羌塘高原被定位为“重要的生态安全屏障”“重要的战略资源储备基地”，意味着草地资源、矿产资源、水资源等经济发展可依赖的资源的开发利用将受到进一步限制，直接阻断羌塘高原通过传统产业提高人民生活水平的道路，也使生态保护与经济发展之间的矛盾日益突出。如何在全面解决好保护生态的同时，改善民生和发展社会经济的诸多难题，是国家生态文明区建设中面临的重要任务和挑战。

鉴于羌塘高原的生态屏障作用及其发展现状，既不能走以牺牲生态环境为代价的工业化发展之路，也不能走资源掠夺性的市场经济发展之路，只能建设国家生态文明建设区，充分发挥羌塘高原的生态屏障作用，确保人与自然和谐共处、均衡发展，实现社会发展与生态保护的双赢目的。

二、羌塘高原生态文明建设进展

（一）草原生态保护效果显著

近几十年来，羌塘高原生态状况受到越来越多的关注，政府大力实施环境保护措施，各级自然保护区先后建立。2005年，羌塘高原关闭了33个沙金矿点，总面积达78.21km^2，主要涉及申扎、尼玛和班戈三县，当年三县财政收入减少了1135万元。羌塘高原落实了草场承包经营责任制，推进草地资本经营权长期承包到户的工作，明确草原资本的“所有权、经营权、管理权、保护责任、建设责任”，为草原生态建设和建立生态补偿机制提供了体制保障。截至2013年年底，通过西藏自治区验收的承包到户草场面积4.0964亿亩，占可利用面积的87.34%，覆盖114个乡（镇）、1190个行政村，涉及86 732户、40.06万人、722.79万头（只、匹）牲畜。自2004年起，羌塘高原开始实施退牧还草工程，工程范围不断扩大，直到2012年，工程覆盖了羌塘高原各县。采取草原禁牧、休牧减畜、草地改良等方式，建立了天然草原生态修复系统。截至2015年，全区累计草场退牧还草工程面积3285万亩，草场禁牧面积1268万亩，草场休牧面积2017万亩，草地补播面积958万亩，舍饲棚圈建设30 107户，人工饲草料基地1.1万亩。建立了草畜平衡制度，草场退化趋势得到有效遏制，草原生态逐步恢复；2010年，牲畜存栏1306万个羊单位，2015年，牲畜存栏量1205万个羊单位。藏羚羊的数量由保护前的6万只左右恢复到现在的20万只左右；野牦牛由6000多头恢复到6万多头；藏野驴由5万多头增加至9万头左右。各级政府和群众为保护草原生态所做的努力取得了良好的成效。

（二）草原补奖机制进一步完善

2011年以来，羌塘高原全面实施草原生态保护补助奖励机制工作，发放禁牧补助、草畜平衡奖励、牧草良种补贴、牧民生产资料综合补贴、村级草原监督员补助，涉及11县（区）93个纯牧业乡（镇）、944个纯牧业村及21个半农半牧乡（镇）的246个行政村（居委会）。截至2015年年底，共兑现资金29.68亿元，减畜任务完成50万个绵羊单位，全年实现草畜平衡户数约46 032户。该项工作使草原生态得到了修养，禁牧、休牧、轮牧区的植被生产力和物种多样性恢复明显，植被覆盖率达到了60%以上，减缓了草原退化与沙化的趋势。通过减畜实现了草畜平衡，牧民收入也得到了明显提高；2011年人均增收1260元，草补资金占总收入的26.35%；2013年人均收入为6398.51元，人均增收1620.26元，草补资金占总收入的25.32%。在羌塘高原首次实现了国家保护草原生态变成牧民的增收产业。羌塘高原1960年牲畜存栏总数为249万头（只、匹），畜均占有草地面积253.01亩；到2015年年末，该区牲畜存栏总数达到525.47万头（只、匹），畜均占有草地119.9亩，比1960年减少133.11亩，减畜任务已整体达到草畜平衡目标，但局部地区仍须进一步加强。

（三）畜牧业进一步升级

自 2009 年起，为配合退牧还草工程实施，羌塘高原开展了高寒牧区高标准牲畜棚圈建设。每户建设牲畜棚圈 200m^2，其中暖棚 50m^2、畜圈 150m^2。每座棚圈投资 1.8 万元，其中国家投资 1.2 万元、牧户自筹 0.6 万元。2011～2015 年，共建设牲畜棚圈 66 405 个，总投入 11.95 亿元，其中国家投入 7.97 亿元，个人自筹 3.98 亿元。自 2014 年起，在羌塘高原开展了人工牧草种植工作，其中退牧还草工程种草面积达 0.8 万亩，投入 1080 万元，草原生态保护补助奖励工作种草面积 1.4 万亩，投入 1980 万元，总计种草面积 2.2 万亩，总投入 3060 万元。

20 世纪 90 年代中后期以来，按照“发展牦牛、适度发展山羊、减少绵羊、控制马”的发展思路，实施了牲畜种群结构调整，积极发展经济价值高的畜种，羌塘高原牦牛、山羊、藏系绵羊和马的养殖比例从 2000 年的 21.5∶20.6∶56.5∶1.4 调整到 2010 年的 33.15∶21.12∶44.62∶0.89，能繁殖母畜中牦牛、绵羊、山羊、马的存栏数分别占对应畜种总数的 56.25%、45.70%、47.41%和 28.22%，适龄母畜中牦牛、绵羊、山羊、马的存栏数分别占对应能繁殖母畜的 57.23%、80.40%、63.28%和 25.07%，牲畜种群结构日趋合理化。在本土品种选育方面，先后筛选出了以嘉黎“娘亚”牦牛、安多多玛绵羊和西部绒山羊为代表的本土优良品种。羌塘高原 1979 年的牦牛出栏数为 3 万头，占全年牦牛存栏总数的 2%，生产肉 270 万 kg，按牦牛总头数折合，每头牛年产肉仅为 1.79kg。2013 年出栏牦牛 25.9 万头，占全年牦牛存栏总数的 14.2%，产肉 6.3 万 t，按牦牛总数折合，每头年产肉 17.36kg；2015 年，牛奶总产量 5.7 万 t，按牦牛总数折合，年牛均产奶 22.85kg。

自 2002 年起，羌塘高原积极发展农牧民合作经济组织，促进传统畜牧业转型升级。按照“民办、民管、民受益”的原则，提高农牧业组织化、市场化、产业化和现代化，进而繁荣农牧区经济。依托当地能人、资源、群众基础等优势，以市场为导向，以农牧民自办为前提，不断加强领导和引导，完善措施、优化服务。目前，累计登记注册的各类农牧民专业合作组织达到了 493 家，登记注册 270 余家，注册资金达 5.18 亿元，发展社员户数 1.75 万户，有效带动农牧民 8.81 万人。产业涵盖草原有偿经营、牲畜养殖、畜产品加工、蔬菜种植、药材、运输、建筑建材、餐饮服务等各个方面，组织化生产框架的雏形初步形成。先后涌现了那曲县罗玛镇奶制品加工销售合作经济组织、安多县雁石屏多玛绵羊养殖合作经济组织、聂荣县色庆乡帕玉 28 村合作经济组织、尼玛县白绒山羊养殖合作经济组织、申扎县巴扎 7 村集体经营组织、双湖县嘎措乡集体经营组织等一大批先进典型，大大提高了羌塘高原农牧业市场的组织化程度和竞争能力，促进了农牧业结构调整，农牧业经济效益不断提高。

（四）社会事业稳步发展

近年来，羌塘高原始终把保障和改善民生作为一切工作的出发点和落脚点，扎实推进以安居乐业为突破口的社会主义新农村建设，民生建设取得重大进展，生产生活条件显著改善。2011～2013 年，实施农牧民安居工程 3.7 万户，累计完成 8.3 万户；实施村级环境综合整治 883 个，累计完成 949 个；解决 24.6 万农牧民安全饮水，全区农牧民安全饮水问题已基本解决。文化固定资产投资 1.4 亿元，新建地区图书馆、村级文化室，完成地区赛马场改扩建。培训农牧民 3400 人，农牧民劳务输出 5.2 万人次，新增就业 4728 人，新增养老保险参保 0.8 万人、工伤保险 1.6 万人、生育保险 2.1 万人，参保率均在 93%以上。

西藏民主改革特别是改革开放以来，在中央特殊关怀、全国人民无私援助和 50 万各族人民的不懈努力下，羌塘高原地区社会生产生活方式发生了历史性变革。截至 2013 年年底，羌塘高原拥有运输车 4246 辆、农用车 3637 辆、小车 4596 辆、摩托车 54 816 辆，现代交通工具取代了人背畜驮，牦牛作为运输工具的时代已经结束，马匹除了用作传统文化艺术表演及观赏性运动外，作为长途运输工具的时代也已成为历史。羌塘高原经过两个五年规划的农牧民安居和游牧民定居工程的实施，现已定居和安居的牧户实现了生产生活群体化和固定化，生产生活方式进一步变革，消费欲望、消费水平和消费能力进一步增强。近年来，随着草原经营承包、经营权的有偿转让、退牧还草、草原生态补偿等一系列政策的不断深化和推行，牧民群众对产业化的需求日益强烈，农牧区一大批专业合作经济组织蓬勃发展。

（五）牧民收入稳步提高

1960 年，羌塘高原牧业人口 10.5 万人，2015 年年底达 45.3 万人，同比增长近 4 倍。1980 年，全区农牧业总产值为 7667.30 万元（不变价），2015 年为 19.23 亿元，增长 20 多倍。2013 年，全区劳动力 21.12 万人，占总人口的 49.11%；从事农牧业生产的劳动力人员 14.18 万人、工业劳动力 0.16 万人、建筑业劳动力 0.59 万人、交通运输及邮政业劳动力 0.73 万人、批发与零售业劳动力 0.65 万人、住宿和餐饮业 0.33 万人、其他行业劳动力 2.59 万人。

1960 年，羌塘高原人均占有可利用草地 3619 亩；2015 年，人均占有可利用草地只有 1035 亩，同比减少了 2584 亩；1960 年，人均占有牲畜量为 23 头（只、匹），2015 年人均占有牲畜量为 11.6 头（只、匹），同比减少 49.6%；1980 年，全区农牧民人均收入为 173.55 元，2015 年为 8061 元，同比增长 45.4 倍。

三、羌塘高原草地利用现状及其生态功能评价

（一）羌塘高原草地资源利用现状

1. 草地生态遥感监测

经过遥感监测分析，羌塘高原分布最多的是高寒草原，占地区总面积的 45%左右。与 1990 年相比较，2000 年羌塘高原高寒草甸、高寒草原、冰川、雪山面积减少，高寒荒漠大幅度扩展。水域分布面积的增大，一定程度上缓解了生态环境的恶化，但也引起了洪涝灾害（如奇林湖水面上涨，导致周边约 30 万亩草场被淹没），相应草地面积减少。

截至 2010 年，羌塘高原 6.3 亿亩草地中，退化草地面积约为 23.65 万 km^2（约 3.55 亿亩），占 56.3%。其中轻度退化草地面积约 5.45 万 km^2（约 0.82 亿亩），占 13.0%；中度退化草地面积约 6.76 万 km^2（约 1.01 亿亩），占 16.0%；重度和极重度退化草地面积分别为 8.52 万 km^2（约 1.28 亿亩）和 2.92 万 km^2（约 0.44 亿亩），分别占 20.3%和 4.6%。2010 年，羌塘高原整体草地退化指数为 1.97，接近中度退化等级。羌塘高原海拔在 4750～5250m 范围内的草地退化趋势显著。

基于 CASA 模型的羌塘高原草地植被净初级生产力（net primary production，NPP）及其时空格局的调查发现，羌塘高原草地植被总初级生产力较低，年际变化较大。近 24 年来，高寒草地生产力总体上变化趋势不明显，在正常波动范围之内，变化趋势显著的区域仅占草地总面积的 11.39%，其中显著降低区域约占草地总面积的 11.30%（其中极显著降低区域约占 1.90%，而显著降低区域约占 9.40%），显著增高区域仅占 0.09%。

2. 草地退化主要原因分析

（1）气候变暖的压力

气候变暖成是草地退化的主要自然因素，特别是暖冬和冬春干旱对草地生态系统具有显著影响。

（2）经济发展的胁迫

在经济发展中，牲畜数量快速增长，对草地带来巨大压力。1960 年羌塘高原畜均占有 153 亩草地，到 2013 年畜均只占有 115 亩草地。

（3）资源不合理利用

资源不合理利用，导致生态链的破坏。截至 2015 年年底，全区共有 11.54 万牧户，43 万牧民，每户年均烧 24t 牛粪，年均总计烧约 277 万 t，破坏了高寒草地养分循环过程，减少了草地养分输入，导致草地退化。

（4）交通建设滞后

中西部属自然便道类型的公路里程达 2300km，其中部分路段有 8～9 个便道，平均按 3 条计，每条宽 4m，2300km 的路段内被破坏的草地达 4 万亩。

（5）科技力量不足

草地生态科研力量弱，机构不健全。羌塘高原现有一个市级草原站，草原专业工作人员 19 人，每个专业人员平均管辖 7600 万亩草地，11 个县（区）既无相应机构，也无专职人员。

（6）劳动就业结构不合理

2015 年牧业人口 43 万人，其中劳动力为 17.3 万人，占总人口的 40.2%。从事商业的人口为 43 200 人，约占总人口的 10.1%，建筑工人为 5900 人，占总人口的 1.4%，工厂工人为 1628 人，占总人口的 0.4%，从事牧业、靠天然放牧的人口为 39.4 万人，占总人口的 91.6%。

（二）羌塘高原生态服务功能评价

生态系统服务功能是指生态系统与生态过程所形成及所维持的人类赖以生存的自

然环境条件与效用。它不仅为人类提供了食品、医药及其他生产生活原料，还创造与维持了地球生态支持系统，形成了人类生存所必需的环境条件（李文华等，2002）。生态系统服务功能的内涵可以包括有机质的合成与生产、生物多样性的产生与维持、调节气候、营养物质贮存与循环、土壤肥力的更新与维持、环境净化与有害有毒物质的降解、植物花粉的传播与种子的扩散、有害生物的控制、减轻自然灾害等许多方面。生态服务功能重要性评价是针对区域典型生态系统，评价生态系统服务功能的综合特征，并且应根据评价区生态系统服务功能的重要性，分析生态服务功能的区域分异规律，明确生态系统服务功能的重要区域。生态服务功能重要性评价明确回答区域各类生态系统的服务功能及其对区域可持续发展的作用与重要性，并依据其重要性分级。生态服务功能重要性共分 4 级：极重要、中等重要、比较重要、不重要。生态服务功能重要性评价是对每一项生态服务功能按照其重要性划分不同级别，明确其空间分布，然后在区域上进行综合。

羌塘高原处于低纬度、高海拔的高寒地区，其生物生存、发展的特殊性尤为让世人瞩目。对羌塘高原生态系统服务功能进行评价具有重要的科学和现实意义。羌塘高原生态系统服务功能评价主要内容包括：生物多样性保护、水源涵养和水文调蓄、土壤保持、沙漠化控制以及营养物质保持评价等。

1. 生物多样性保护重要性

生物多样性保护重要性评价主要是评价区域内各地区对生物多样性保护的重要性，重点评价生态系统与物种保护的重要性。优先保护的生态系统与物种保护的热点地区均可作为生物多样性保护具有重要作用的地区。优先保护生态系统评价以优势生态系统类型、反映了特殊的气候地理与土壤特征的特殊生态系统类型、特有生态系统类型、物种丰富度高的生态系统类型及特殊生境为准则。

羌塘高原生物多样性保护重要性评价可以根据生态系统或物种占全自治区物种数量比率和重要保护物种地分布（即评价地区国家与省级保护对象的数量）来评价生物多样性保护重要地区（专题表 2-1）。

专题表 2-1　生物多样性保护重要地区评价

重要性等级	生态系统或物种占全区物种数量比例	国家与省级重点保护物种
极重要	优先生态系统或物种数量比例> 30%	国家 I 级
中等重要	物种数量比例 15%～30%	国家 II 级
比较重要	物种数量比例 5%～15%	其他国家与省级保护物种
不重要	物种数量比例 < 5%	无保护物种

羌塘高原俗称为“世界屋脊的屋脊”，具有独特而丰富的野生动植物资源和物种多样性，被誉为“高寒生物种质资源库”，许多生物物种为青藏高原特有种。由于羌塘高原所处的地理位置及海拔使其植物区系、植物形态特征和生理结构上都具有高原特点，因而是一个植物区系较为复杂的地区。据统计资料，常见植物有 50 科 175 属 402 种。羌塘高原目前是中国动物资源比较丰富的地区之一，拥有的野生动物多达 230 多种，其中有 10 多种是特有的珍贵物种，被列为国家级重点保护对象，列入国家和自治区级重点保护的野生动物共有 40 多种。其中，西北部可可西里无人区濒危珍稀的兽类有 13 种，

其中含国家Ⅰ级重点保护野生动物5种，Ⅱ级重点保护野生动物有8种。珍稀鸟类共有8种，国家Ⅰ级重点保护野生动物2种，国家Ⅱ级重点保护野生动物6种。由此可见，羌塘高原生物多样性保护重要性水平已达到极重要等级，尤其是西北部可可西里无人区的生物多样性保护价值更高，具有极重要的生物多样性保护生态服务功能。

2. 水源涵养重要性

植被的水源涵养功能，是植被系统与气候系统、地质地貌系统、社会经济系统间相互作用的结果。水源涵养功能主要表现在植被能调节水分变化、减少地表径流、不断增补河川水量。在系统外在条件一致的情况下，植被结构及其动态对这一功能的大小具有决定性的作用。不同的植被类型具有不同的结构和功能特点，当植被发生动态变化时，植被的整体功能输出也发生相应的变化。

水源涵养重要性评价可以根据评价地区在对流域所处的地理位置，以及对整个流域水资源的贡献来评价。羌塘高原生态系统水源涵养的生态重要性在于大江大河和重要内流湖泊源头区和整个区域对评价地区水资源的依赖程度及洪水调节作用。因此，羌塘高原生态系统水源涵养重要性评价分级指标参见专题表2-2。

专题表2-2　生态系统水源涵养重要性分级表

类型	重要性
大江大河和重要内流湖泊水源地	极重要
城市水源地和农灌取水区	中等重要
洪水调蓄	不重要

羌塘高原处在唐古拉山脉和念青唐古拉山的怀抱中，正是这两座巨大的山脉孕育了我国长江、怒江、澜沧江等多条大江、大河及羌塘高原的内流河与众多湖泊。羌塘高原生态系统物质循环和能量流动缓慢，系统抗干扰能力弱，生态环境十分脆弱。特别是在气候变化和人为活动的压力下，羌塘高原冰川退缩、草场退化、湿地萎缩、土地沙化、水土流失等加剧，导致大江大河和重要内流湖泊源头区水源涵养生态功能明显下降。羌塘高原生态系统水源涵养功能直接影响着长江、怒江等大江大河和纳木错、色林错等重要内流高原湖泊的生态安全，今后应加强大江大河和重要内流湖泊源头区的生态保护，恢复大江大河和重要内流湖泊源头区水源涵养和水土保持重要功能，确保资源的持续利用。

3. 土壤保持重要性

羌塘高原土壤类型复杂多样，共有12个类、29个亚类、98个土属、406个土种，受其成土条件影响，土壤发育较为年轻，其东部土壤生物积累作用强，而西部土壤则富含钙质。据^{14}C测定，发育在近期冰渍物上的高山寒漠土，成土年龄不足300年，高山草甸土成土年龄3600年左右。羌塘高原东部土壤有机质普遍高，高达15%；西部土壤碳酸钙高，最高达20%，土壤黏土矿物以水云母为主，其次为高岭石、蒙脱石。羌塘高原土壤按其适宜性和农业利用状况，可分为森林土壤、灌丛土壤、草地土壤和难利用土壤四大类。羌塘高原土壤侵蚀方式主要有水力侵蚀、风力侵蚀和冻融侵蚀、重力侵蚀和泥石流等。

土壤保持的重要性评价要在考虑土壤侵蚀敏感性的基础上，分析其可能造成的对下游河床和水资源的危害程度与范围。羌塘高原土壤保持的重要性评价分级指标参见表 2-3。

表 2-3　土壤保持重要性分级指标

水体类型	敏感性				
	不敏感	轻度敏感	中度敏感	高度敏感	极敏感
1～2 级河流及大中城市主要水源水体	不重要	中等重要	极重要	极重要	极重要
3 级河流及小城市水源水体	不重要	较重要	中等重要	中等重要	极重要
4～5 级河流	不重要	不重要	较重要	中等重要	中等重要
重要湖泊	不重要	中等重要	极重要	极重要	极重要

羌塘高原是我国长江、怒江、澜沧江等主要江河的发源地，也广泛分布着众多内流河与湖泊。该地区自然条件极为严酷、生态系统极其脆弱，其土壤侵蚀状况不仅对青藏高原有影响，对全国的江河、气候、生态与环境也都有直接影响，甚至对全球也有不容忽视的影响。羌塘高原土壤侵蚀敏感性较高，中度以上（包括中度敏感、高度敏感和极敏感）敏感区的面积 18.95 万 km^2，约占羌塘地区总面积的 42.0%。羌塘高原土壤侵蚀较敏感区主要分布在长江、怒江和澜沧江等大江大河源头区域，其土壤保持重要性较高。另外，羌塘高原西部地区土壤侵蚀敏感性较低，但该地区广泛分布着内陆高原湖泊，其土壤侵蚀直接影响着重要内陆高原湖泊的自然环境，土壤保持重要性较高。

4. 沙漠化控制重要性

沙漠化控制重要性评价是指在评价沙漠化敏感程度的基础上，通过分析该地区沙漠化所造成的可能生态后果与影响范围，以及沙漠化的影响人口数量来评价沙漠化控制作用的重要性。在沙尘暴起沙区，重要性评价可以根据其可能影响范围来判别：若该区沙漠化将对多个省市的生态环境造成严重不利影响，则该区对沙漠化控制有极重要的作用；若该区沙漠化将对本省市的生态环境造成严重不利影响，则该区对沙漠化控制有重要的作用；若该区沙漠化不对其他地区的生态环境造成不利影响，则该区对沙漠化控制作用不大。

羌塘高原沙漠化控制重要性评价主要评价和分析评价区沙漠化直接影响的人口数量和沙尘暴可能影响的范围以评价该区沙漠化控制作用的重要性，其评价指标与分级标准参见专题表 2-4。

专题表 2-4　沙漠化控制作用评价及分级指标

重要性等级	直接影响人口	沙尘暴影响范围
极重要	>2000 人	多个省、区、市
中等重要	500～2000 人	整个西藏自治区
比较重要	100～500 人	本地区及其周边地区
不重要	<100 人	对其他地区没有影响

羌塘高原沙质土壤和风成沙分布广泛，尤其是西部地区气候干旱、植被稀疏、大风

频繁，使该地区沙化面积逐渐扩大。羌塘高原沙漠化敏感性较高，沙漠化敏感（包括中度敏感、高度敏感和极敏感）区占到地区总面积的78.8%。羌塘高原沙漠化较敏感区主要分布西北部，该区域沙漠化不仅直接影响着羌塘几十万人口，沙漠化形成的沙尘暴影响范围涉及整个西藏自治区乃至周围几个省市。可见，羌塘高原对沙漠化控制有极重要的作用。

四、羌塘高原生态功能区划

生态功能区划是指在对生态系统客观认识和充分研究的基础上，根据区域生态环境要素、生态环境敏感性与生态服务功能空间分异规律，应用生态学原理和方法，揭示自然生态区域的相似性和差异性规律以及人类活动对生态系统的干扰规律，从而进行整合和分区，将区域划分成不同生态功能区的过程。生态功能区划的目的是为制定区域生态环境保护和建设规划、维护区域生态安全、资源合理利用与工农牧业生产合理布局及保育区域生态环境提供科学依据。生态功能分区规划不同于自然区划，它既要考虑自然环境特征和过程，也要考虑人类活动的影响，它是特征区划和功能区划的统一。

生态功能区划分区系统分生态区、生态亚区和生态功能区三个等级。为了满足宏观指导与分级管理的需要，根据研究区实际情况，必须对区域开展分级区划。

（一）生态功能区划依据、指标与方法

1. 生态功能分区的依据

由于区域资源分布的差异，在进行羌塘高原生态功能分区时，根据实际情况，运用区域空间发展理论和生态位理论，基于资源、环境特征的空间分异规律及区位优势，寻求资源现状与经济发展相适应的资源开发与社会经济发展途径；进行合理的地区空间布局和宏观生态功能分区规划；实现人与自然的和谐发展，社会、经济和环境效益的统一。

羌塘高原草地生态系统包括多个亚系统，由于其所处的生态位和区位优势不同，区域发展潜力也不尽相同。通过生态环境敏感性评价、生态服务功能价值评估和生态系统脆弱性分析，可以了解哪些生态系统是既重要且脆弱，哪些是重要但尚能承载一定的人为活动强度，哪些是虽不太重要但较为脆弱，哪些是既不太重要又可承受一定的人类活动强度。每一生态功能区可以提供多种生态服务，不同的生态功能区也可以提供相同或相近的生态服务。由于每个生态功能区的类型、面积大小不同，所处地理位置的差异，它们所提供的生态服务（支持）作用的大小也不同。

基于资源环境的空间分异特征及生态环境敏感性、生态服务功能价值评估结果，并根据羌塘高原总体布局规划、社会经济发展规划，考虑现有社会功能、资源区划等，进行合理的空间布局规划，制定生态功能规划方案，为合理布局草地资源、保护区域生态环境提供依据。

2. 生态功能区划指标与方法

在进行生态功能区划分时，由于区划等级单位的不同，在指标选取上有差异。很多

指标难以定量表达，为了避免生态功能区划分时的人为主观性，全面地揭示羌塘高原生态环境的本质特征，选取指标时是定性和定量相结合进行。根据以上的划分原则和方法，选取了反映羌塘高原生态环境相似性和差异性指标体系，具体如下。

地理指标：地质地貌、水文、植被、土壤、交通、境界。

生态指标：水源涵养、生物多样性。

环境指标：环境功能、环境质量、污染源及其分布。

资源指标：草地资源、水资源、旅游资源等。

经济指标：人类活动强度、土地利用。

生态功能区规划工作面对的客体是一个复杂的系统，要素复杂多样，区域影响程度不一。因此，在进行具体的生态分区时，根据区划的目的和区域的生态景观特征可采用不同的方法。鉴于羌塘高原空间结构复杂、景观多样化的特征，本次规划在基于遥感和GIS技术手段的基础上，主要采用：①顺序划分与合并法；②模糊聚类分析法；③要素迭置空间分析法；④类型制图法；⑤生态综合评价法。

基于上述五种主导方法，并采用其他辅助方法，在不同层次上的区划采用相应的方法，并以GIS和RS为技术手段，采取自下而上分析、自上而下划分的方法进行羌塘高原生态功能区的划分。

（二）羌塘高原生态功能分区及其命名

1. 生态区、生态亚区和生态功能区的划分

羌塘高原生态系统具有复杂的空间结构，从宏观到微观可以分为不同的层次。根据羌塘高原生态规划的目的和要求，以及生态系统结构与功能的不同，羌塘高原生态区划体系包括生态区、生态亚区、生态功能区三种空间尺度。在羌塘高原，高寒草地是主要生态系统，草地退化是首要生态问题。因此，该地区主导生态功能是高寒草地生物多样性保护。另外，羌塘高原是我国大江、大河和重要高原湖泊的源头区，其辅助生态功能为源头区水源涵养功能。划分生态区、生态亚区、生态功能区三级分区时，必须以主导功能为主并且也要兼顾其他功能。

（1）生态区划分

羌塘高原地理位置特殊、空间结构复杂、生态系统独特，从生态和资源管理的方向出发，根据生态功能分区原则和依据，结合高寒草地生态系统结构与生态功能，划分羌塘高原为2个生态区，即东部高寒草甸生态区和中西部高寒草原生态区。

（2）生态亚区划分

羌塘高原是我国大江、大河和重要高原湖泊的源头区，水源涵养功能是其重要生态功能。另外，在羌塘高原的发展过程中，由于气候和地形地貌特征，以及人口的聚集和对草地资源的利用，对草地生态系统结构和功能产生影响，在同一生态区内部，生态系统结构存在差异。生态亚区注重区域发展对生态系统结构的影响大小，反映自然因素和人类活动对生态系统和景观结构的干扰程度。因此，在生态分区的基础上，根据各生态区的自然环境和结构特征，以及水源涵养功能和景观空间异质性，进一步划分4个生态亚区，即东部江河源高寒草甸生态亚区、长江源高寒草原生态亚区、可可西里高寒草原

与高寒荒漠草原生态亚区和高原湖泊流域高寒草原生态亚区。

（3）生态功能区划分

羌塘高原的社会经济发展依赖于自然环境，同时又极大地影响和改变着自然环境。随着羌塘高原的发展，人类干预自然生态环境的能力和规模不断提高。人类活动对生态环境具有胁迫作用，反映了人类社会子系统对自然环境系统的作用过程，主要表现在两方面：一是对资源的胁迫，即人类活动对自然资源的过度开发导致资源耗竭；二是对环境的胁迫，由于人类活动而输出的污染物破坏了环境的自然净化过程，造成生态与环境恶化。在羌塘高原各种生态亚系统中，受人类活动的影响程度不同，也即对自然资源和生态与环境构成的压力不同；不同类型、不同状态的生态系统对外界干扰的反应也不同，表现出不同的生态环境敏感性和生态脆弱性。同时，各生态区和生态亚区中的不同生态功能区，也表现出不同的生态服务功能类型和重要性。因此，依据生态环境敏感性、生态系统脆弱性、生态服务功能类型和生态胁迫程度等，将各生态亚区划分为不同的生态功能区，以便有利于生态环境恢复和保护，以及草地资源管理和开发利用。根据以上原则，划分 11 个生态功能区，即东部江河源水源涵养保护生态功能区、东部江河源水土保持生态功能区、东部江河源草地保护与治理生态功能区、长江源水源涵养保护生态功能区、长江源水土保持与沙漠化控制生态功能区、长江源高寒草地保护与治理生态功能区、可可西里高原湖泊水源涵养保护生态功能区、可可西里生物多样性保护与沙漠化控制生态功能区、高原湖泊流域水源涵养保护生态功能区、高原湖泊流域生物多样性保护与沙漠化控制生态功能区、高原湖泊流域草地保护与治理生态功能区。

2. 生态分区方案

根据以上生态功能区划分原则和划分方法，将羌塘高原共划分为 2 个生态区、4 个生态亚区和 11 个生态功能区。各生态区、生态亚区和生态功能区目录及其分布面积见专题表 2-5～专题表 2-8。

专题表 2-5　羌塘高原各生态区、生态亚区及生态功能区目录

ID	生态区	ID	生态亚区	ID	生态功能区
01	东部高寒草甸生态区	0101	东部江河源高寒草甸生态亚区	010101	东部江河源水源涵养保护生态功能区
				010102	东部江河源水土保持生态功能区
				010103	东部江河源草地保护与治理生态功能区
02	中西部高寒草原生态区	0201	长江源高寒草原生态亚区	020101	长江源水源涵养保护生态功能区
				020102	长江源水土保持与沙漠化控制生态功能区
				020103	长江源高寒草地保护与治理生态功能区
		0202	可可西里高寒草原与高寒荒漠草原生态亚区	020201	可可西里水源涵养保护生态功能区
				020202	可可西里生物多样性保护与沙漠化控制生态功能区
		0203	高原湖泊流域高寒草原生态亚区	020301	高原湖泊流域水源涵养保护生态功能区
				020302	高原湖泊流域生物多样性保护与沙漠化控制生态功能区
				020303	高原湖泊流域草地保护与治理生态功能区

专题表 2-6　羌塘高原生态区名称和面积一览表

编号（ID）	生态区	面积（万 km^2）	占地区总面积比例（%）
01	东部高寒草甸生态区	6.69	14.99
02	中西部高寒草原生态区	37.92	85.01

专题表 2-7　羌塘高原生态亚区名称和面积一览表

编号（ID）	生态亚区	面积（万 km^2）
0101	东部江河源高寒草甸生态亚区	6.69
0201	长江源高寒草原生态亚区	3.98
0202	可可西里高寒草原与高寒荒漠草原生态亚区	14.30
0203	高原湖泊流域高寒草原生态亚区	19.63

专题表 2-8　羌塘高原生态功能区名称和面积一览表

编号（ID）	生态功能区	面积（万 km^2）
010101	东部江河源水源涵养保护生态功能区	12 002.7
010102	东部江河源水土保持生态功能区	40 356.9
010103	东部江河源草地保护与治理生态功能区	14 785.9
020101	长江源水源涵养保护生态功能区	7 914.8
020102	长江源水土保持与沙漠化控制生态功能区	23 483.5
020103	长江源高寒草地保护与治理生态功能区	8 088.8
020201	可可西里水源涵养保护生态功能区	13 394.3
020202	可可西里生物多样性保护与沙漠化控制生态功能区	130 203.1
020301	高原湖泊流域水源涵养保护生态功能区	30 876.5
020302	高原湖泊流域生物多样性保护与沙漠化控制生态功能区	131 942.6
020303	高原湖泊流域草地保护与治理生态功能区	33 050.9

（三）羌塘高原生态功能区特征

1. 东部高寒草甸生态区（01）

东部高寒草甸生态区处于青藏铁路与公路以东、唐古拉山脉和念青唐古拉山脉间的广阔区域，面积约为 6.69 万 km^2，约占土地总面积的 14.99%。该生态区以高寒草甸和高寒灌丛生态系统为主，是怒江、澜沧江、拉萨河等大江大河的源头区，其生态环境状况不仅对青藏高原有影响，而且对全国的江河、气候、生态环境也有不容忽视的影响。该生态区主要生态功能为高寒草甸保护与水源涵养，辅助生态功能有土壤保持、生物多样性保护、沙漠化控制等。

该区地域广阔、气候类型多，形成了气候资源分布的多样性和不连续性。从东南向西北，气候明显表现出湿润、半湿润、高寒湿润、高寒半湿润的水平地带性变化。总之，本生态区冬季漫长寒冷、四季不分明、冷暖季不明显。该区东部与唐古拉山和念青唐古拉山邻近，形成高山峡谷地形地貌，地势高、地形复杂。东部高山峡谷区，包括索县、巴青、比如和嘉黎等县，河谷深、谷岭高差 500～1500m。该区草地生态系统以高寒草甸生态系统为主；也有一部分灌丛林地，虽然林地面积只有羌塘高原总面积的0.23%，但其生态作用和经济价值不容忽视。该区是羌塘高原主要畜牧业基地；土壤以高山草甸土和高山灌丛草甸土为主，土层厚30～40厘米；具有的草皮层坚韧而有弹性；组成草丛的种类因地区不同而有差异，东部一般10～30种，中部单调一般8～15种；主要优势种及亚优势种为：高山嵩草、大嵩草、矮生嵩草、圆穗蓼、鸡骨柴、锦鸡儿、金露梅、雪层杜鹃、碱茅、草地早熟禾等。伴生种差异性较大，具有共性的有：二裂委陵菜、异穗苔草、矮火绒草、羊茅。

本生态区的主要生态环境问题是：人口较为集中（人口密度在3.0人/km^2以上），草地退化严重，中度以上退化草地面积约占东部土地总面积的27.1%；青藏公路和青藏铁路均穿过该区，也是西藏自治区的北大门。在生态环境敏感性方面，该区对沙漠化、土壤侵蚀、草地退化敏感性均较高，水源涵养、土壤保持、沙漠化控制、生物多样性保护等生态系统服务功能极为重要。因此，在进行社会经济活动时，必须注意生态系统的全面保护。该区生态保护和建设的重点是加强水土保持、退化草地治理、沙漠化控制，做好防治草地生态系统退化工作。

本生态区根据相关分区原则，可划分为1个生态亚区和3个生态功能区。

（1）东部江河源高寒草甸生态亚区（0101）

东部江河源（怒江、澜沧江、拉萨河源）高寒草甸生态亚区主要分布于唐古拉山脉和念青唐古拉山脉间的高山峡谷地区，也有一小部分分布于唐古拉山脉北麓东端的巴青县，其面积为6.69万km^2，约占地区总面积的14.99%。怒江源头在羌塘高原安多县的中东部和唐古拉山中东段的吉热格帕山；怒江上源卡曲、索曲、本曲、巴青曲、热玛曲等最主要支流均发源于唐古拉山的南麓；澜沧江上源的吉曲发源于唐古拉山南麓东端；拉萨河和易贡藏布均发源于羌塘高原嘉黎县。由于人类活动和自然因素双重作用，本生态亚区草地退化和土壤侵蚀问题十分严重，生态环境十分脆弱。该生态亚区的生态与环境状况直接影响着怒江、澜沧江、拉萨河及易贡藏布下游地区及整个流域的生态与环境。

本生态亚区的主要生态环境问题是：人口密度高、经济发展较快，同时草地退化和土壤侵蚀问题也比较严重。本生态亚区对土壤侵蚀、草地退化敏感性均较高，在水源涵养、土壤保持、生物多样性保护等生态系统服务功能方面极为重要。该区生态保护和建设的重点是加强水土保持、退化草地治理、做好防治草地生态系统退化工作。

本生态亚区划分为3个生态功能区。

1）东部江河源水源涵养保护生态功能区（010101）

藏北的东部江河源水源涵养保护生态功能区包括藏北东部江河源高寒草甸生态亚区内的冰川、雪山，以及河流、湖泊等水域及其周边地区（约在1km之内），其面积约为12 002.7km^2。本生态功能区具有极重要水源涵养功能，直接影响着怒江、澜沧江、拉萨河，以及易贡藏布等大江、大河水的资源及流域的生态环境。

该区冰川与雪山退缩、土壤侵蚀、草地退化问题比较严重。该区对气候变化、土壤侵蚀、草地退化敏感性均较高，水源涵养、土壤保持、生物多样性保护等生态系统服务功能极为重要。因此，在本生态功能区，尽量减少不利于生态服务功能的社会经济活动，全面保护水域及周边草地生态系统。该生态功能区的主要生态功能为水源涵养，辅助生态功能有土壤保持、生物多样性保护等。该区生态保护和建设的重点是加强水土保持、退化草地治理，做好防治草地生态系统退化工作。

2）东部江河源水土保持生态功能区（010202）

东部江河源水土保持生态功能区面积约为 40 356.9km^2。本生态功能区植被以高寒草甸为主，植被基本保持未退化或轻度退化状态。这一生态功能区现为天然牧场，对维护区域生态安全意义十分重大，其草地平均产草量 74.4kg 鲜草/亩，28 亩草地可以养一个羊单位。本生态功能区具有潜在土壤侵蚀风险，对土壤侵蚀、草地退化敏感性均较高，水源涵养、土壤保持、生物多样性保护等的生态系统服务功能极为重要。本生态功能区生态保护和建设的重点是合理利用草地资源、科学控制牲畜数量，做好防治草地退化和土壤侵蚀及其他灾害工作。

3）东部江河源草地保护与治理生态功能区（010103）

东部江河源草地保护与治理生态功能区面积约为 14 785.9km^2。多年来由于自然条件和人为干扰两方面的原因，本生态功能区草地植被覆盖度明显降低，草地退化十分严重，已出现中度以上（中度、重度、极重度）草地退化状况，并且土壤侵蚀等生态问题十分突出。

该区内生态系统对土壤侵蚀、草地退化敏感性较高，水源涵养、土壤保持、生物多样性保护等生态系统服务功能极为重要。该区域应采取一系列退化草地有效治理措施和政策，恢复其生态功能。本生态功能区生态保护和建设的重点是：对于中度退化草地，减少或禁止放牧，围栏封育，靠自然力量恢复；重度以上退化草地，靠自然力量短期内很难恢复，因而须增加人为恢复措施，因地制宜地进行退化草地恢复，包括生态补播、灌溉、添加有机肥等。

2. 中西部高寒草原生态区（02）

中西部高寒草原生态区包括唐古拉山脉以北的羌塘高原北部和中西部广阔区域，面积约为 37.92 万 km^2，占总面积的 85.01%。该生态区西部地区大多为浅切割的山地，保存了平坦的高原夷平面，在河流的上游有宽平的谷地和湖盆发育，河道平缓，河床宽浅，流水缓慢。该区西部平均海拔 4500m 以上，山势平缓，其间宽谷、梁坡、湖盆相间；超过 6000m 以上的高山约 10 多座，是河流与湖泊的补给来源；由于辽阔的羌塘四周被大山阻隔，区内水系不能外泄，因此该区内陆湖泊众多；特别是西藏最大和较大的湖泊，如纳木错、色林错、格仁错、当惹雍错均在该区。该区唐古拉山脉以北区域为长江源头区，地势高，地形复杂。该区气候干燥，地表径流少，地下水十分贫乏，成土物质粗，土层薄，土壤有机质含量少，蒸发量大于降水量；冬季漫长寒冷，四季不分明，冷暖季不明显。另外，冬春季受高空西风气流的影响，地面气温低，天气干燥晴朗，多 7 级以上大风，有时风力可达 10～12 级。该区日照时数高于同纬度的其他区域，年日照时数在 3000 小时以上。由于海拔高、空气洁净，光能资源相当丰富，太阳平均年总辐射量达 6000MJ/m^2，最高达 6800MJ/m^2。中西部高寒草原生态区以高寒草原和高寒荒漠生态系统为主。该区植被生长条件极差，植被稀疏低矮，而且种类简单，以紫花针茅为主要优势种，其次为矮火绒草、棘豆、矮金露梅和独一味等。

本生态区的主要生态环境问题是：该区人口比较稀疏，沙漠化和草地退化（毒草和鼠害）问题比较严重，生态环境极其脆弱。该生态区主要生态功能为高寒草原及其生物多样性保护、高原湖泊和长江源水源涵养，辅助生态功能有沙漠化控制和土壤保持等。

在生态与环境敏感性方面，该区对沙漠化、草地退化、土壤侵蚀敏感性均较高，水源涵养、生物多样性保护、沙漠化控制等生态系统服务功能极为重要。因此，在进行社会经济活动时，必须加倍注意生态系统的全面保护。该区生态保护和建设的重点是加强沙漠化控制、生物多样性保护、退化草地治理，做好防治沙漠化和草地退化工作。

本生态区根据相关分区原则，可划分为 2 个生态亚区和 6 个生态功能区。

（1）长江源高寒草原生态亚区（0201）

长江源高寒草原生态亚区地处唐古拉山脉以北与青海相接处，面积约为 3.98 万 km^2。长江正源（沱沱河源头）位于西藏自治区那曲市安多县北部唐古拉山脉的主峰格拉丹东冰峰。格拉丹东主峰与安多县帕那镇的直线距离约为 140.6km，是唐古拉山脉的最高峰。该区域 5500m 雪线以上的山地包括格拉丹东、吉热格帕等，分布着各种类型的冰川地貌。该区域冰雪融化补给河流，成为我国第一大河——长江的发源地。区域内群山纵横，群山之间河流谷地与湖盆交错出现，粗粒质的冰水沉积、冲洪、洪积和湖积物构成疏松表层，局部地段有风积沙丘和沙垄，多年冻土和季节冻土阻隔地表水下渗，地表积水、低洼处积水成湖或沼泽地。唐古拉山北麓东端是长江的另一个主要源头——通天河上源的当曲、莫曲的发源地。地貌类型为中山、低山和山间盆地，海拔 5300～5500m，相对高度差 200～300m。山幅不宽，一般只有 8～15km，其间为宽广的盆地；盆地开阔，多年冻土和季节冻土阻隔地表水下渗，形成大面积的沼泽滩地；河间洼地还形成众多小湖，通天河上源的当曲、莫曲和澜沧江上源的扎曲都发源于此。长江源高寒草地生态亚区以高寒草原生态系统为主。在人类活动和自然因素双重作用下，本生态亚区草地退化和沙漠化问题十分严重，导致冻土层下降，自然环境十分脆弱。该生态亚区自然环境状况直接影响着长江流域的生态环境。

本生态亚区为唐古拉山脉北麓广阔地区，气候相对干燥、大风日数较多、土壤松散、地势高、地形复杂；人类活动强度相对较大，青藏公路和青藏铁路均穿过该区，该区也是西藏的北大门；草地退化和沙漠化问题比较严重，中度以上退化草地面积约占该区总面积的 25.5%。本生态亚区对沙漠化、土壤侵蚀、草地退化敏感性均较高，水源涵养、土壤保持、沙漠化控制、生物多样性保护等生态系统服务功能极为重要。因此，在进行社会经济活动时，必须加倍注意生态系统的全面保护。该区生态保护和建设的重点是加强水土保持、退化草地治理、沙漠化控制，做好防治草地生态系统退化工作。

本生态亚区划分为 3 个生态功能区。

1）长江源水源涵养保护生态功能区（020101）

长江源水源涵养保护生态功能区包括长江源高寒草地生态亚区内的冰川、雪山及河流、湖泊等水域及其周边地区（约在 1km 之内），其面积约为 7914.8km^2。

本生态功能区具有极重要水源涵养功能，直接影响长江流域水资源及其环境，生态环境较为脆弱。该区对气候变化、土壤侵蚀、沙漠化、草地退化敏感性均较高，水源涵养、土壤保持、沙漠化控制、生物多样性保护等的生态系统服务功能极为重要。因此，在本生态功能区，尽量减少不利于生态服务功能的社会经济活动，应全面保护水域及周边草地生态系统。该生态功能区主要生态功能为水源涵养，辅助生态功能有土壤保持、沙漠化控制、生物多样性保护等。该区生态保护和建设的重点是加强水土保持、退化草地治理、沙漠化控制，做好防治草地生态系统退化工作。

2）长江源水土保持与沙漠化控制生态功能区（020102）

长江源水土保持与沙漠化控制生态功能区面积约为 23 483.5km^2。该生态功能区对维护区域生态安全意义十分重大，其现在的使用功能为天然牧场，草地植被以高寒草原为主，草原植被保存相对完好，基本保持未退化或轻度退化状态，产草量 8.5～38kg/亩。本生态功能区存在着潜在生态问题即土壤侵蚀和沙漠化问题，引起生态问题的驱动因素为气候条件及人为影响，人为影响主要表现为过度放牧和不合理开发，该区域为土壤侵蚀和沙漠化中度敏感区。

本生态功能区生态服务功能主要为水源涵养、土壤保持和沙漠化控制，同时生产牲畜饲草、改良土壤、保护生物多样性，生态地位十分重要。本生态功能区生态保护和建设的重点是合理利用草地资源、科学控制牲畜数量，做好防治草地退化、土壤侵蚀和沙漠化工作。

3）长江源高寒草地保护与治理生态功能区（020103）

长江源高寒草地保护与治理生态功能区面积约为 8088.8km^2，本生态功能区植被以高寒草原为主。多年来，由于气候变化和人类活动加剧，该生态功能区草地植被覆盖度明显降低，已出现中度以上（中度、重度、极重度）草地退化状况，并具有沙漠化、土壤侵蚀倾向，生态问题十分突出。

该区生态环境较为敏感，土壤侵蚀、沙漠化、草地退化敏感性均较高，水源涵养、土壤保持、沙漠化控制、生物多样性保护等生态系统服务功能极为重要。该区域现为天然放牧场，但随着其生态功能减弱，其生态服务重要性随之降低，应采取一系列退化草地有效治理措施和政策，恢复其生态功能。本生态功能区生态保护和建设的重点是：对于中度退化草地来说，减少或禁止放牧、围栏封育，靠自然力量恢复；重度以上退化草地，靠自然力量短期内很难恢复，因而须采取人为恢复措施，因地制宜地进行退化草地恢复，包括生态补播、灌溉、施肥、消灭鼠虫害等。

（2）可可西里高寒草原和高寒荒漠草原生态亚区（0202）

可可西里高寒草原和高寒荒漠草原生态亚区以羌塘高原西北部可可西里无人区为主，其面积约为 14.30 万 km^2。该生态亚区以高寒草原和高寒荒漠草原生态系统为主。本生态亚区有着独特的野生动植物资源和物种多样性，生物多样性比较丰富；该区濒危珍稀的兽类有 13 种，包括国家级保护动物雪豹、藏野驴、野牦牛、藏羚、白唇鹿、棕熊、猞猁、兔狲、豺、石貂、岩羊、盘羊、藏原羚；珍稀鸟类有 8 种，包括金雕、黑颈鹤、秃鹫、猎隼、大鵟、红隼、藏雪鸡、大天鹅。

本生态亚区为无人区，基本不受或极少受人类活动的干扰，可以视为野生动物的乐园。但该区气候干旱、大风频繁、植被稀疏、土壤松散，沙漠化问题比较严重，生态环境极其脆弱。本生态亚区主要生态功能为生物多样性保护和沙漠化控制功能，辅助生态功能为高原湖泊水源涵养。在生态环境敏感性方面，该区对沙漠化敏感性均较高，生物多样性保护、沙漠化控制、水源涵养等生态系统服务功能重要性极为重要。该区生态保护和建设的重点是加强沙漠化控制、生物多样性保护，做好防治沙漠化工作。

本生态亚区划分为 2 个生态功能区。

1）可可西里水源涵养保护生态功能区（020201）

可可西里水源涵养保护生态功能区包括可可西里无人区冰川、雪山以及高原湖泊、河流及其在1km之内的周边地区，其面积约为13 394.3km^2。该生态功能区气候干旱、大风频繁、植被稀疏、土壤松散，沙漠化问题比较严重，生态环境极其脆弱。该区主要生态功能为水源涵养、生物多样性保护和沙漠化控制等。另外，本生态功能区内的水域是无人区野生动物的饮水源，对生物多样性（尤其是野生动物）保护具有极重要生态服务功能。因此，该区对气候变化、沙漠化敏感性较高；水源涵养、生物多样性保护、土壤保持等生态系统服务功能重要性极为重要。该区生态保护和建设的重点是禁止人为干扰，加强沙漠化控制、水源涵养保护，做好保护生物多样性工作。

2）可可西里生物多样性保护与沙漠化控制生态功能区（020202）

可可西里生物多样性保护与沙漠化控制生态功能区面积约为130 203.1km^2。该区以高寒草原和高寒荒漠草原生态系统为主。本生态功能区有着独特的野生动植物资源和物种多样性，生物多样性比较丰富；该区濒危珍稀兽类有13种，珍稀鸟类有8种。本生态功能区基本不受或极少受人类活动干扰，可以视为野生动物乐园；但该区气候干旱、大风频繁、植被稀疏、土壤松散，沙漠化问题比较严重，生态环境极其脆弱。本生态功能区主要生态功能为生物多样性保护和沙漠化控制功能。在生态环境敏感性方面，该区对沙漠化敏感性均较高，生物多样性保护、沙漠化控制、水源涵养等生态系统服务功能重要性极为重要。该区生态保护和建设的重点是加强沙漠化控制、生物多样性保护，做好防治沙漠化工作。

（3）高原湖泊流域高寒草原生态亚区（0203）

高原湖泊流域高寒草原生态亚区面积约为19.63万km^2。该区以高寒草原和高寒荒漠草原生态系统为主，大多为浅切割的山地；在河流的上游有宽平的谷地和湖盆，河道平缓，河床宽浅，流水缓慢。该区内陆湖泊众多，特别是西藏最大和较大的湖泊，如纳木错、色林错、当惹雍错都在该区。该区冬季漫长寒冷，四季不分明，冷暖季不明显。另外，冬春季受高空西风气流的影响，地面气温低，天气干燥晴朗，多7级以上的大风，有时风力可达10～12级。该区日照时数高于同纬度的其他区域，年日照时数在3000小时以上。由于海拔高、空气洁净，光能资源相当丰富，平均太阳年总辐射量达6000MJ/m^2。

该区人口比较稀疏，经济发展较慢，沙漠化和草地退化（毒草和鼠害）问题比较严重，生态环境极其脆弱。该生态区主要生态功能为生物多样性保护和沙漠化控制，辅助生态功能为高原湖泊水源涵养。该区对沙漠化、草地退化敏感性均较高，沙漠化控制、水源涵养、生物多样性保护等生态系统服务功能极为重要。因此，在进行社会经济活动时，必须加强生态系统的全面保护。该区生态保护和建设的重点是加强沙漠化控制、生物多样性保护、退化草地治理，做好防治沙漠化和草地退化工作。

本生态亚区划分为3个生态功能区。

1）高原湖泊流域水源涵养保护生态功能区（020301）

高原湖泊水源涵养保护生态功能区面积约为30 876.5km^2，包括羌塘（除可可西里无人区以外）高原湖泊流域高寒荒漠草地与高寒草原生态亚区内所有冰川、雪山、湖泊、河流及其在1km之内的周边地区。该生态功能区气候干旱、大风频繁、植被稀疏、土壤松散，沙漠化问题比较严重，生态环境极其脆弱。该区主要生态功能为水源涵养、生物多样性保护和沙漠化控制。该区对气候变化和沙漠化敏感性较高，水源涵养、生物多样性保护、土壤保持等生态系统服务功能极为重要。该区生态保护和建设的重点是减少和控制人为干扰，加强沙漠化控制、水源涵养保护，做好生物多样性保护工作。

2）高原湖泊流域生物多样性保护与沙漠化控制生态功能区（020302）

高原湖泊流域生物多样性保护与沙漠化控制生态功能区面积约为 131 942.5km^2。本生态功能区植被以高寒荒漠草地、高寒草原及高寒荒漠为主，草原植被基本保持未退化或轻度退化状态，现为天然牧场，其草地产草量为 9～25kg 鲜草/亩。该生态功能区气候相对干旱、大风频繁、植被稀疏、土壤松散，生态环境极其脆弱；存在沙漠化问题，对沙漠化、草地退化敏感性均相对较高；沙漠化控制、水源涵养、生物多样性保护等生态系统服务功能极为重要。本生态功能区生态保护和建设的重点是合理利用草地资源、科学控制牲畜数量，做好防治草地退化和沙漠化及其他灾害的工作。

3）高原湖泊流域草地保护与治理生态功能区（020303）

本生态功能区面积约为 33 050.9km^2。本生态功能区植被以高寒荒漠草地、高寒草原及高寒荒漠为主。由于自然及人为两方面原因，本生态功能区草地植被覆盖度明显降低，草地生态系统严重退化，已出现中度以上（中度、重度、极重度）草地退化状况，生态问题十分突出。

该区生态环境对外界干扰较为敏感，沙漠化、草地退化敏感性均极高，沙漠化控制、水源涵养、生物多样性保护等生态系统服务功能极为重要。本生态功能区生态保护和建设的重点是：对中度退化草地来说，减少或禁止放牧，围栏封育，靠自然力量恢复；重度以上退化草地，靠自然力量短期内很难恢复，因而须采取人为恢复措施，因地制宜地进行退化草地恢复工作，包括生态补播、灌溉、施肥、消灭鼠虫害等。

（四）羌塘高原生态功能区分类汇总概述

为了统筹协调生态保护与社会经济发展关系，实施分类指导和管理，在生态功能分区的基础上，该区划根据各生态功能区的生态保护和产业发展方向的区别，将其区分为严格保护生态区、重点治理与控制利用区及资源开发利用区等 3 类生态功能区。其中，严格保护生态区 4 个，面积 64 188.3km^2，占生态功能区总面积的 14.23%；重点治理与控制利用区 4 个，面积 186 128.7km^2；占生态功能区总面积的 41.27%；资源开发利用区 3 个，面积 195 783.0km^2，占生态功能区总面积的 43.41%。

1. 严格保护生态区

严格保护生态区是羌塘高原及其周边地区，甚至是长江、怒江、澜沧江、拉萨河等大江大河流域水源涵养和生态安全的保障区域，以水源涵养和生物多样性保护为主，该地区要尽可能禁止或避免大规模的开发活动。其生态保护要求和产业发展方向为：遵循景观生态学原理，树立大生态观念，突出在景观层次上对水源涵养区进行保护。对于河流、高原湖泊及冰川和雪山保护区，要制定其周边地区草地管理条例或管理办法，加强草地破坏的处罚，规范人类行为，减少人类活动的强度和范围；提高牧民生态保护意识，封山育草、封山护草，开展水土流失治理和沙漠化控制，运用生物措施和工程措施，进行退化草地生态系统的恢复和重建。适当开展生态旅游项目，禁止发展大规模开发项目，尽量限制畜牧业活动，要求已有畜牧业开发活动（项目）必须有生态保护措施。其中，冰川与雪山水源涵养保护生态功能区应禁止人为干扰，加强冰川和雪山生态保护工作。羌塘高原严格保护生态区的具体数量、面积与分布情况分别列于专题表 2-9。

专题表 2-9　羌塘高原严格保护的生态功能区

编号（ID）	生态功能区	面积（km^2）
010101	东部江河源水源涵养保护生态功能区	12 002.7
020101	长江源水源涵养保护生态功能区	7 914.8
020201	可可西里水源涵养保护生态功能区	13 394.3
020301	高原湖泊流域水源涵养保护生态功能区	30 876.5
	合计	64 188.3

2. 重点治理与控制利用区

重点治理与控制利用区包括羌塘高原草地退化严重的生态功能区和可可西里生物多样性保护与沙漠化控制生态功能区。其中，可可西里生物多样性保护与沙漠化控制生态功能区地处可可西里无人区，目前很难开发利用，是限制资源开发和控制利用区。而在草地退化严重的生态功能区，进行重点治理退化草地的同时，可以进行对草地生态环境影响不大的经济建设和草地资源开发活动。其生态保护要求和产业发展方向为：加强畜牧业开发活动的环境管理，重点治理退化草地，通过生物和工程措施，进行退化草地生态系统的恢复和重建。鼓励开展生态旅游，限制大规模建设项目，在中度退化草地可以开展生态牧业项目，但必须有生态保护措施。羌塘高原重点治理与控制利用区的生态功能区的具体数量、面积与分布情况分别列于专题表 2-10。

专题表 2-10　羌塘高原重点治理与控制利用的生态功能区

编号（ID）	生态功能区	面积（km^2）
010103	东部江河源草地保护与治理生态功能区	14 785.9
020103	长江源高寒草地保护与治理生态功能区	8 088.8
020202	可可西里生物多样性保护与沙漠化控制生态功能区	130 203.1
020303	高原湖泊流域草地保护与治理生态功能区	33 050.9
	合计	186 128.7

3. 资源开发利用区

资源开发利用区是羌塘高原可以开发利用草地资源、发展畜牧业经济的地区。羌塘高原草地资源可开发利用区的总面积为 195 783.0km^2。资源开发利用区是畜牧业经济发展重点地区，以经济发展为主，同时要兼顾生态环境承载能力，必须实行载畜量和养畜规模控制。其生态保护要求和产业发展方向为：科学制定合理载畜量、有效控制养畜规模，加强草地生态系统保护，防治草地退化、沙漠化和水土流失。大力开展草地生态建设，加强传统畜牧业的生态化改造，发展新兴生态畜牧业，有效控制环境污染；在畜牧业项目中推广生态保护措施，旅游项目必须配套建设污染治理设施。可以发展一些工业和建设项目，尤其是发展一些有利于发挥羌塘高原自然资源优势的工业和建设项目；如风力、水力、太阳能发电等利用羌塘高原自然资源的项目及畜牧业产品深加工项目；不仅充分利用羌塘高原气候资源和畜牧业资源，带动羌塘高原畜牧业发展，而且为生态保护积累资金，可促进经济与环境资源协调发展。但是工业和建设项目必须配套建设污染治理设施，有效控制环境污染。羌塘高原资源开发利用区的生态功能区的具体数量、面积与分布情况分别列于专题表 2-11。

专题表 2-11 羌塘高原控制性开发利用的生态功能区

编号（ID）	生态功能区	面积（km^2）
010102	东部江河源水土保持生态功能区	40 356.9
020102	长江源水土保持与沙漠化控制生态功能区	23 483.5
020302	高原湖泊流域生物多样性保护与沙漠化控制生态功能区	131 942.6
	合计	195 783.0

羌塘高原生态功能区划作为国民经济和社会发展中长期规划编制工作的依据，其内容和目标必须纳入羌塘高原各项专项规划之中，并作为羌塘高原国土综合规划和生态建设规划修编的基础理论支持。因此，须要在生态功能区划的基础上，进一步编制羌塘高原生态环境保护和建设规划，要求建设项目在开发建设的过程中，加强环境规划、论证和监督，统筹兼顾。要大力推进生态功能区划实施，搞好羌塘高原的生态保护和生态建设。一方面，应加强法制建设和执法力度，建立环境与经济的综合决策机制。另一方面，应加大投入，加强技术支持系统能力建设、国际合作和公众参与力度，提高生态保护科技水平，形成全社会共同参与生态保护与建设的新局面。

五、羌塘高原生态保护及生态补偿长效机制

羌塘高原是国家生态安全屏障，是国家级的重点生态功能区。羌塘 6.3 亿亩草原生态系统，对调节气候、保护水源、保持生物多样性等都有重要作用。保护生态和生物多样性是人与自然和谐相处，实现可持续发展战略的重要前提。羌塘高原水资源丰富，有冰川、河流、湿地和湖泊等水生态单元。羌塘高原物种丰富，常见植物有 50 科 175 属 402 种。有哺乳类 39 种、鸟类 150 余种、昆虫 340 余种、节肢动物 20 多种，其中，被国家、自治区列为保护名录的 I 级重点保护的野生动物有 40 余种。

随着国家生态文明区建设和生态保护的大力推进，羌塘高原水源、草地、生物资源的开发利用将受到进一步限制，生态保护与经济发展之间矛盾日益突出，必将减缓当地经济发展和农牧民生活水平的提高速度。在保护生态的基础上，如何全面改善民生、发展社会经济，是生态文明建设中面临的重要任务和挑战。在经济发展过程中，羌塘高原的牲畜数量保持着较高的水平。针对超载过牧现象，该地区实施了退牧还草、生态移民等一系列的工程举措；但由于对转变农牧民生产方式引导不足，舍饲畜牧业基础设施建设薄弱，牧业生产仍以传统放牧为主，以强制性减畜手段为辅，退牧还草、饲料粮补助、草原奖补机制等补助也只能满足农牧民基本生活，难以保障实现脱贫致富的目标。草场承载力下降使得原本和谐的自然保护区内出现畜牧业生产活动与野生动物直接的冲突。

同时，环境污染及野生动物疾病也对羌塘高原野生动物保护构成了一定程度的威胁。因此，应加强羌塘高原水资源、草地资源、野生动物资源保护，协调保护与发展的关系，制定生态补偿长效机制，建立“人-草-畜”和谐共生的生态保护体系。

（一）羌塘高原生态特征

羌塘高原是国家生态安全屏障，是国家级的重点生态功能区。羌塘 6.3 亿亩草原生态系统调节了印度洋的暖湿气流对我国及东亚地区的影响；是地球上最大的潜在风沙源，控制了北半球的沙尘天气；被称为“中华水塔”和“江河源”，确保了我国及亚洲地区的水生态安全。羌塘高原的野生动物资源多样、丰富而独特，不仅关系我国的国计民生，而且在世界生物物种多样性中处于独特地位。因此，保护生态和生物多样性是人与自然和谐相处，实现可持续发展战略的重要前提。

1. 水资源

羌塘高原四周高山环抱，南部冈底斯-念青唐古拉山脉是藏北与藏南水系的分水岭。羌塘高原拥有内陆冰川面积 6780.26km^2，总冰川面积为 8654.59km^2，占全国总冰川面积的 31.6%。冰川融水径流量 76.89 亿 m^3，占全区总流量的 23.6%。羌塘高原湖泊众多，是我国最大、世界上海拔最高的内陆湖区，湖泊面积达 7308km^2，占西藏总湖泊面积的 87.7%，湖水储量 1873 亿 m^3，占全西藏湖水储量的 82.8%，被称为“中华水塔”。羌塘高原是亚洲著名的江河源头，我国主要水系沱沱河（长江源西源）、金沙江（长江上游）及跨国河流怒江-萨尔温江、澜沧江-湄公河等大江、大河均发源于羌塘高原唐古拉山脉南北两端和念青唐古拉山脉间的高山峡谷地区，流域面积为 26.41 万 km^2。

2. 植被

羌塘高原植被受海拔、地质和水热条件的制约，呈地带性分布。羌塘高原气候从东南向西北依次表现为“湿润—半湿润—高寒湿润—高寒半湿润—高寒半干旱—高寒干旱”的水平地带性梯度。与之相对应，植被类型呈现由东南向西北依次为“山地森林—亚高山、高山灌丛—高寒草甸—高寒草原—高寒半荒漠—高寒荒漠”的分布格局。此外，羌塘高原的草地植被在海拔梯度上还表现出明显的垂直地带性分布规律。但由于东西跨度较大，羌塘高原西部与中部、东部地区草地植被垂直地带性分布有很大的差异。

据统计，羌塘高原常见植物有 50 科 175 属 402 种。其中禾本科种数最多，有 19 属 49 种；其次为菊科、豆科、毛茛科等。在现有 402 种植物中，有饲用价值的植物 130 种，占植物总数的 32.3%，主要饲用植物 13 科 47 属 110 种，分别占科、属、种总数的 26.0%，26.9%，27.4%；其中禾本科居饲用植物之首，莎草科位列第二位。此外，尚有豆科、蓼科、菊科、藜科等。羌塘高原的主要有毒有害植物 8 科 33 属 70 种，分别占科、属、种总数的 16.0%，8.0%，17.4%。

3. 生物多样性

羌塘高原特殊的地理、海拔、气候、植被等生态环境，以及人烟稀少、交通不便、经济相对不发达等经济社会条件为野生动物繁衍生息提供了得天独厚的场所，被称为

“天然的野生动物乐园”。羌塘高原野生动物种类多、数量大，多为珍贵稀有品种。羌塘高原有哺乳类动物39种、鸟类150余种、昆虫340余种、节肢动物20多种；以野牦牛、藏野驴、藏羚、雪豹、麝、黑颈鹤、玉带海雕、金雕、棕熊、水獭、荒漠猫、白唇鹿、藏原羚、猞猁、盘羊、岩羊、秃鹫、藏雪鸡等最为珍贵。在羌塘高原，适应高寒缺氧条件的野生动物占据了大片区域，成为优势种。其中蹄类最常见的是藏野驴、藏原羚、盘羊、藏羚羊和野牦牛等。藏野驴和藏原羚多栖息在高原开阔的湖滨盆地和河谷；岩羊和盘羊多生活在山地；藏羚羊和野牦牛广泛栖息在羌塘的各种生境内。啮齿类动物中分布广泛的是黑唇鼠兔和高原兔（灰尾兔）。高原适应性很强的啮齿动物还有喜马拉雅旱獭、藏仓鼠和松田鼠。食肉动物中分布最广泛的是狼和藏狐，其次是多活动在雪山和冰川附近的雪豹，裸岩山谷有棕熊和猞猁。鼠兔和旱獭掘洞而居，其掘洞对于草原土壤更新有积极作用，是众多的草原食肉动物，如猛禽中的大鵟、红隼等，哺乳类的藏狐、赤狐、棕熊、狼等的主要食物来源。草原、鼠兔和食肉动物等共同构成了羌塘高原高寒草地生态系统食物网。羌塘高原分布的鸟类主要有黑颈鹤、藏雪鸡、斑头雁、棕头鸥、渔鸥、赤麻鸭、绿头鸭、凤头鸊鷉、高山兀鹫、玉带海雕、猎隼和大鵟等。众多的湖泊中有难以计数的小岛，这些岛为鸟类的栖息与繁殖提供了天然的场所。

（二）羌塘高原生态建设与生物多样性保护战略

1. 羌塘高原水资源保护战略

羌塘高原水生态是由雪山、冰川、降水、冻土、地表水、地下水、河流、湖泊、湿地所组成的“一塔、四源”。“一塔”是指西部“中华水塔”；内陆区内陆冰川面积6780.26km^2，总冰川面积为8654.59km^2；湖泊面积达7308km^2。“四源”指中东部“江河源”外流区，由“长江、怒江、澜沧江、拉萨河源”组成了地球淡水资源最丰富、最自然、最清洁的水生态源头，是我国乃至亚太地区的水资源供应的有力保障。羌塘高原水生态系统的生态服务价值不仅限于当地和中国，甚至涉及全球水生态安全。

（1）羌塘高原水资源保护原则

明确羌塘高原水源保护的地位。羌塘高原的水源关系全国乃至亚太地区，水源保护的意义涉及全国、亚洲乃至全球的水生态平衡及水安全，有极其重要的战略意义。

以人为本与水资源保护相结合。牧民是羌塘高原水源地保护和治理的主体。水生态保护的政策措施要充分考虑牧民的生存利益，保障水源地保护范围内牧民的生产与生活，建立健全水生态补偿机制。

明确羌塘高原水生态保护重点区域。对羌塘高原“三区、湿地、湖边、河源、流域”进行重点保护。“三区”是指羌塘国家级自然保护区、色林错国家级保护区、昂孜错-马尔下错自治区级自然保护区。羌塘国家级自然保护区，是目前我国第一大自然保护区，区域内雪山、冰川、河流、湖泊最集中，野生动物最多，高寒生物多样性最独特。色林错国家级保护区位于申扎、尼玛、班戈、安多、色尼等5县（区）所辖交汇点。昂孜错-马尔下错自治区级自然保护区是湿地保护区，保护区范围共涉及尼玛县甲谷乡、卓尼乡、卓瓦乡、吉瓦乡等4乡。“湿地”指麦地卡湿地，所在地域为嘉黎县措拉乡和林堤乡。该湿地内大小湖泊星罗棋布，属拉萨河的源头。该湿地是世界上海拔最高，最具青藏高原特色的湖泊沼泽草甸性湿地。“湖边”指羌塘高原大于 $1km^2$ 的湖泊，数量达 1091 个。“河源”指长江、怒江、澜沧江、拉萨河等源头，主要涉及安多、聂荣、色尼、比如、索县、巴青、嘉黎等县（区）内的河流源区。“流域”是指大江、大河及众多河流的流域，主要涉及安多、聂荣、色尼、比如、索县、巴青、嘉黎等县（区）内的河流源区。

（2）建立水资源保护的综合保障机制

1）建立完善管理机制

制订和完善科学的管理制度和措施，建立国家投入、政府管理、牧民保护的水环境保护机制；建立有法可依、违法必究、谁污染谁治理的水污染治理机制；建立谁保护谁受益、谁利用谁付费、资源有价、保护有偿的水资源利用机制；采用有效的科技和经济手段实现水资源的优化配置，提高水资源的利用率。

2）建立完善法律保障体系

坚决执行《中华人民共和国水法》（简称《水法》，其余类似法条和规章制度等可依此处理）《防洪法》和《水土保持法》等有关法律法规，积极制定地方性“实施办法”；落实政府水资源保护工作资金投入和牧民保护行动的实施，确保有法可依、有法必依、违法必究。

3）建立完善科研机制

以羌塘高原雪山冰川、河流湖泊、冻土层、地表水、地下水生态的合理保护和可持续利用为目标，对羌塘高原特有的水力侵蚀、风力侵蚀、冻融侵蚀、复杂多样的水土流失特点进行重点研究，监测评估高寒草地退化对流域的综合影响，使水资源管理与经济发展、生态环境保护紧密结合，促进经济效益、社会效益与环境效益协调统一。

4）建立环境影响评价机制

借鉴国际上通行的“战略环境评价”，将羌塘高原雪山冰川、河流湖泊、冻土层、地表水、地下水生态、草原生态、区域开发、国土规划（城镇发展）、土地利用、野生动物保护，以及能源、水利、交通、旅游、自然资源开发等行为和计划纳入环境影响评价范围。

5）建立水生态环境会计制度

借鉴国际环境管理定量化的经验，在羌塘高原逐步建立全面的环境状况报告制度和环境会计制度，使环境管理规范化、定量化，全面落实环境是红线、底线的政策规定。

（3）实施羌塘高原水生态保护工程

1）复原工程

目前羌塘高原“三区”和“湿地”的整体生态恶化是由人类频繁活动、各种垃圾和污染物没有及时处理所造成的。因此，必须退人减畜，实施生态复原工程，恢复自然原貌。

2）复育工程

造成羌塘高原“湖边”（即 1091 个湖泊）整体生态污染的主要原因是生活垃圾。因此，必须对湖泊周边村镇生活垃圾和污染物进行处理，规范人类行为，减少污染，促进湖泊生态全面复育。

3）修复工程

目前羌塘高原“河源”，即长江、怒江、澜沧江、拉萨河等众多河流源区的水土流失、群众生活垃圾和污染物，直接影响江河源区的生态安全。因此，必须对其进行全面治理，使江河“源区”生态得以尽快修复。

4）改善工程

从规范人类活动和行为入手，对羌塘高原大江、大河及众多河流流域的水土流失和垃圾污染进行全面治理，进一步改善江河“流域”生态环境。

2. 羌塘高原草原生态保护战略

（1）草原生态保护的原则

1）确保草原的核心地位

草原是羌塘高原生物多样性的载体，是国有的生态资本，是牧民的生存资本，是羌塘高原最大、最古老、最具生命力的生境。因此，确保草原的核心地位是羌塘高原生态建设及生物多样性保护的前提。

2）树立正确的保护理念

树立可持续发展观，解决发展与保护相协调的问题是羌塘草原生态保护的关键。

3）保持科学的保护态度

草地退化是草地生态系统在演化过程中，其结构特征和能量流与物质循环等功能的恶化，即生物群落（植物、动物、微生物群落）及其赖以生存环境的恶化；既包括“草”的退化，也包括“地”的退化。因此，草地退化是整个草地生态系统的退化，是一个综合、复杂的过程。

4）提高以人为本的保护意识

牧民是草原使用、治理、建设、管理的主体；草原是牧民生产、生活的主要空间与载体。制定草原生态治理措施必须考虑草原生态逆变原理，使牧民群众的需求能与现代科学技术有机结合。

5）实行有效的改革举措

落实草原经营承包到户工作，是牧区经济体制改革的核心，是激活“人—草—畜”系统的驱动器，是草原畜牧业实现规模化、标准化、专业化、现代化经营体制的关键要素，是改造和提升传统草原畜牧业的基础和核心工程。

6）建立专业化的经营管理体制

确定科学合理的草原载畜量和草原经营核算标准是草原经营承包到户工作的基础。政府把国有草原资源的经营（使用、保护、建设）权承包到户；制定用、建、管、护的标准体系，即草原载畜量的标准、畜群结构标准、牲畜饲养年限标准、草原经营核算标准、草原建设保护和使用强度标准。这是保护草原牧业生态安全、彻底扭转草原资源的掠夺式经营、抑制超载过牧的有效途径。牧民在拥有草原后，根据政府规章及自身的经营水平和能力，自行确定以草养畜、草原出租、草原入股、转产改行、进城务工等有效经营策略。政府运用产业升级、拓宽就业渠道的杠杆（草场承包到户并作为资本来经营）来进行调控，创建一种既有保障又开放的就业市场。

（2）草原生态保护和建设的目标定位

1）观念目标定位

草原是国有资本，是牧民的财富，是羌塘高原生物多样性的载体；树立保护草原生态是羌塘高原第一要位的思想，把草原作为羌塘高原最大的资本和最重要、最具生命力的产业。

2）法律目标定位

对草原的管理实行两权分离，所有权属于国家，把经营权下放到牧户。同时，加强对草原的行政管理和法治管理。行政管理负责草原基础设施建设与管理，选择合理的承包方式，科学分配草场，适时调整畜群、畜种结构及草畜结构，提高草原管理与建设的科技含量；法治管理负责相关法律法规的完善和规章制度、实施办法的制定；加大实施力度，特别是法律责任追究力度，依法保护和管理草原生态安全。

3）体制目标定位

草原作为重要的国有生态资本，经营权长期承包到户，必须建立适合资本市场的运作规律；即经营有主、资源有价、放牧有界、放养有量、租用有偿、保护有法、流转有序、建设有责、租赁有章的经营体制等现代经济管理手段。

4）政策目标定位

羌塘高原草原生态环境十分脆弱，一旦破坏，很难恢复。其不仅影响羌塘高原本身，对全国的江河、气候、生态也有直接的影响。目前，羌塘高原草地退化面积超过 2 亿亩，牧业经济尚处在传统经营水平，94%的人口还从事着传统的草地畜牧经营方式。因此，应该把草原生态保护放在羌塘高原一切工作的首要位置，并从政策层面予以目标定位。

（3）草原生态分区保护对策

为统筹协调生态保护与社会经济发展关系，实施分类指导和管理，在羌塘高原生态功能区划的基础上进一步将生态功能区划分为严格保护生态区、重点治理与控制利用区及生态产业发展与资源开发利用区等 3 类生态功能区，并制定各生态功能区的生态保护和产业发展方向。

1）生态严格保护区的保护对策

该区是羌塘高原周边地市乃至长江、怒江、澜沧江、拉萨河等大江、大河源头水源涵养和生态安全的保障区域，以水源涵养和生物多样性保护为主，禁止大规模的开发活动。生态保护要求和发展方向是：遵循景观生态学原理，树立大生态观念，突出在景观层次上对水源涵养区进行保护；对于河流、高原湖泊及冰川和雪山保护区，要制定其周边地区草地管理条例或管理办法，其中冰川与雪山水资源涵养保护生态区应禁止人为干扰；加强对草地破坏活动的处罚力度，规范人类行为，减少人类活动的强度和范围；提高牧民生态保护意识，封山育草、封山护草；开展水土流失治理和沙漠化控制，运用生物措施和工程措施，进行退化草原生态系统的恢复和重建；适当开展生态旅游项目，禁止发展大规模开发项目，尽量限制畜牧业活动，要求已有畜牧业开发活动必须有生态保护措施。

2）重点治理与控制利用区的保护对策

该区包括羌塘高原草地退化严重的生态功能区和可可西里生物多样性保护与沙漠化控制生态功能区。生态保护要求和发展方向是：加强畜牧业开发活动的环境管理，重点治理草地退化；通过生物和工程措施，进行退化草地生态系统的恢复和重建；鼓励开展生态旅游，限制大规模建设项目；在中度退化草地可以开展生态牧业项目，但必须有生态保护措施。

3）资源有效利用区的保护对策

该区为羌塘高原可以发展畜牧业经济的地区。在资源开发利用区发展畜牧业经济，同时要兼顾生态环境承载能力，实行载畜量和养畜规模控制。生态保护要求和发展方向是：制定科学的合理载畜量、有效控制养畜规模，加强草地生态系统保护，防治草地退化、沙漠化和水土流失；大力开展草地生态建设，加强传统畜牧业的生态化改造，发展新兴生态畜牧业，有效控制环境污染；在畜牧业项目中推广生态保护措施，旅游项目必须配套建设污染治理设施；发展风力、水力、太阳能发电等有利于发挥羌塘高原自然资源和生态环境优势的可再生能源产业及畜牧业产品深加工项目，建设项目必须配套建设污染治理设施，有效控制环境污染。

（4）草原生态补偿体系

1）进一步建立完善的思想理论体系

开发利用资源环境就要付出代价，坚持“谁破坏谁恢复”“谁保护谁受益”的原则。建立合理有效的禁牧、休牧、轮牧的政策理论管理体系。

2）进一步建立完善的草原生态补偿体制

对地处重要功能区、水源涵养区、自然保护区及国家四项主体生态功能区，应建立完善的专项法律规章、专门扶持政策、专项财政转移支付、专项财政补贴和奖励等形式的补偿体制。

（5）草原生态补偿的技术标准

1）生态补偿标准的基本公式

生态补偿数量的计算是实现生态合理补偿的前提和关键。通常是生态补偿主体（国家和生态环境受益地区）对生态补偿对象（上游欠发达地区）为其获得的环境收益进行补偿。生态建设补偿额度确定的依据是资源环境核算体系及绿色GDP。在宏观经济分析中反映环境和资源的影响，须要建立“绿色国民账户”，通过环境调整的国内净产值（EDP）和净收入来反映绿色价值。在传统账户下，调整前的国内净产值NDP =消费+投资+（出口－进口）。而经过环境调整后的国内净产值EDP =消费+（产品资产净资本积累+非产品资产净资本积累-环境资产的损耗）+（出口－进口）。于是，环境调整前后的国内净产值的差额（调整前的国内净产值－经过环境调整后的国内净产值），即为当期全社会环境福利的总价值，也是须要全社会共同负担的外部社会成本。

2）草原生态补偿对象的参数

草原生态补偿实行“3＋1”，即：“严格保护生态区补偿、重点治理与控制利用区补偿、资源有效利用区补偿”＋“生态移民补偿”。

严格保护生态区的补偿参数。羌塘高原东部江河源水源涵养保护生态功能区12 002.7km^2，长江源水源涵养保护生态功能区7914.8km^2，可可西里水源涵养保护生态功能区13 394.3km^2，高原湖泊流域水源涵养保护生态功能区30 876.5 km^2，合计64 188.3 km^2。这些区域全部作为退牧还草严格生态保护区，按面积对牧户进行补偿。

重点治理与控制利用区的补偿参数。东部江河源草地保护与治理生态功能区14 785.9km^2，长江源高寒草地保护与治理生态功能区8088.8km^2，可可西里生物多样性保护与沙漠化控制生态功能区130 203.1km^2，高原湖泊流域草地保护与治理生态功能区33 050.9km^2，合计186 128.7km^2。按照国家和西藏自治区草地载畜量标准，作为严格控制牲畜总量的重点治理生态区，按面积和饲养量的标准对牧户进行补偿。

资源有效利用区的补偿参数。东部江河源水土保持生态功能区 40 356.9km^2，长江源水土保持与沙漠化控制生态功能区 23 483.5km^2，高原湖泊流域生物多样性保护与沙漠化控制生态功能区 13 1942.6km^2，合计 195 783.0km^2。按照理论载畜量 1100 万个绵羊单位的标准，作为有效资源开发利用和保护生态区，按面积和饲养量的标准对牧户进行补偿。

进入城镇的生态移民补偿参数。参照以上三项补偿政策，对自愿选择进入城镇的牧民，按生态移民小城镇建设的实际情况进行补偿。

生态补偿标准参数。严格保护生态区的补助标准为每亩每年 5.98 元；重点治理与控制利用区的补助标准为每亩每年 3.99 元；资源有效利用区的补助标准为每亩每年 1.99 元；进入城镇的生态移民补偿办法，根据他们原有承包草原的类型、面积所得到的生态补偿为基础，其余补偿应从其他专项资金中解决。

3. 羌塘高原野生动物保护战略

羌塘高原栖息着大量的野生稀有动物种群，如藏羚、野牦牛、藏野驴等。这里生息繁衍着其他哺乳类 39 种、鸟类 150 余种、昆虫类达 340 余种、节肢动物类达 20 多种。

（1）野生动物保护的原则

保持野生动物种群的数量，保护野生动物生境，保护与利用相协调。人类要给野生动物预留足够的生存空间，每个公民都必须树立保护野生动物的意识。引导牧民建立正确的野生动物保护观，科学保护、合理利用。牧民既是野生动物的保护者，也是为野生动物无偿提供草场的奉献者。因此，野生动物的保护必须充分考虑当地牧民群众的合法利益，完善相应的补偿制度。科学确定羌塘高寒草原的承载能力，减轻草原承载负担，给野生动物让出生存空间，实行退人减畜。对所有国家级和自治区级野生动物保护区，建立“两保、三防”野生动物保护（野保）群众组织；建立退人减畜保护草原生态、退人减畜保护野生动物生存空间，严厉打击野生动物盗猎行为，防止野生动物疾病传染，防止野生动物受人为干扰的保护机制；实行严格的保护目标、保护责任，建立相关工作程序、规则和补偿标准。

（2）野生动物保护的指标及标准体系

1）指标

保护区内的野生动物要有足够的栖息地和食物。目前，羌塘高原保护区均有牧民居住，在保护区内野生动物与家畜处于混群状态。野生动物保护法和野生动物保护区是近年来才出台划定；而居住在保护区的牧民群众已有悠久的历史，并受草原经营承包到户长期不变的政策和法规的保护。因此，要使野生动物得到真正意义上的保护和管理，就须要政府制定各保护区的食草动物数量上限、牧民家畜饲养数量上限和野生动物发展数量底线，以及牧民退草、减畜、改行择业的具体指标体系。

2）标准

政府部门应尽快制定牧民退出保护区的草原区域、类型、等级、经济价值，牧民减畜的品种、折算公式、经济价值及牧民改行后从事“两保、三防”工作的报酬等的计算标准。

（3）野生动物分区保护体系

将羌塘高原北部无人区设为野生动物“保留地”，禁止牧民迁徙及任何形式的开发活动。在核心区边缘乡镇，严格控制人口和牲畜数量，逐步减少人口和牲畜；将牧民转化为保护者，通过野生动物保护补偿制度保护牧民的权益，同时为野生动物种群恢复留出空间。在缓冲区留足野生动物的活动空间，制定适当养畜标准，减少人为干扰；提高现有的生态补偿和野生动物保护补偿标准，实行严格的减畜政策。在目前草食动物严重超载的区域，分区域制定食草动物上限饲养指标、减畜指标和野生有蹄类控制指标，降低畜牧业所占比例；建立生态补偿和野生动物保护补偿机制，加强草地监测。

（4）制定野生动物分级保护体系

针对国家、自治区列为保护名录的Ⅰ级重点保护野生动物的繁殖、迁徙，要严格禁止人类干扰，确保其正常繁衍。为国家、自治区列为保护名录的Ⅱ级保护的野生动物划定足够的生存空间，并制定专项的保护措施。

（5）羌塘高原野生动物保护机制的科学研究

1）加强对保护野生动物行为时效性研究

从物种保护实践中，深入研究环境对动物行为的影响及其行为的生态适应；将动物行为学和行为生态学的理论应用到物种保护实践中，从而促进物种保护工作。

2）加强对人类活动与动物行为和谐共存可能性研究

利用进化生物学和生态学的理论方法，对自然环境及生物多样性进行保护；了解人类活动对物种、种群、群落和生态系统的影响；研究濒危物种的保护机制策略。

3）加强对野生动物栖息地的破碎情况下的遗传变异研究

评估物种遗传变异水平和遗传多样性现状，如近亲繁殖程度、有效种群大小、种群间迁移和基因流等，提出针对性的保护措施，以保护物种的进化潜力。

4）加强对野生动物资源保护与利用的限度理论研究

评估羌塘高原野生动物的最适种群数量，超过最适种群数量的种类可以适当加以利用，用科学的方式对待野生动物保护。

（6）野生动物保护机制的保障措施

1）野生动物保护机制的道德保障

羌塘高原珍稀和濒危野生动物是国有生态资本，是高原生态链的瑰宝，在全球生态系统中起着至关重要的作用。保护野生动物，尤其是珍稀、濒危野生动物是构建生态文明、促进人与自然和谐相处的重要组成部分。

2）野生动物保护机制的法律保障

合理制定保护责任和保护规则，科学划定保护范围，预算管理保护经费，研究野生动物的栖息规律和需求，提高野生动物保护的科技含量。执法管理部门负责《中华人民共和国野生动物保护法》和《西藏自治区（野生动物保护法）实施细则》等相关法律法规的执行和宣传工作，加大实施力度特别是法律责任追究力度，依法保护野生动物安全。

3）野生动物保护机制的行政保障

目前仍然存在买卖和偷猎珍稀、濒危野生动物的现象，必须加强监管力度。无偿性保护、奉献性保护已达不到真正保护的目的。因此，必须实行有偿保护、规范保护，形成保护珍稀野生动物机制，建立保护有主、保护有界、保护有量、保护有价、保护有偿、保护有序、保护有责、保护有法的经营管理体制，建立现代经济管理手段下的野生动物保护模式。

4）野生动物保护机制的政策保障

加强野生动物保护的首要措施是要保护其栖息地，恢复生境、复壮种群。保护羌塘高原的珍稀、濒危野生动物既是区域职责，也是全国的职责。目前，地方政府保护珍稀、濒危动物的科技水平、设施条件、经济实力尚不具备。因此，要把野生动物保护放在突出的地位，融入经济建设、政治建设、文化建设、社会建设的全过程。

（三）羌塘高原生态保护对策建议

1. 羌塘高原水资源保护对策建议

羌塘高原是沱沱河、金沙江（长江上游）及怒江-萨尔温江、澜沧江-湄公河等大江大河的发源地。羌塘高原水资源保护要涵盖江河源区、湿地、湖泊、河流等多个方面。为保护羌塘高原水资源，提出如下建议：①推进羌塘高原水生态文明建设，建立完善管理机制、法律机制、科研机制、环境影响评价机制、水生态环境会计制度等保障制度；②实施各项水生态工程，保护和恢复羌塘高原水生态环境；③加强羌塘高原水生态文明科学研究，建立完善水生态长期监测网络。

2. 羌塘高原草原生态保护对策建议

草原是羌塘高原生物多样性的载体，是高原最为重要的生态系统。羌塘高原草原生态保护是第一重要的工作。具体对策建议如下：①严格按照生态严格保护区、重点治理与控制利用区和资源有效利用区三个不同功能分区，落实草原生态保护措施；②完善草原生态补偿机制，建立健全草原生态补偿体系；③明确合理载畜量及禁牧、休牧、轮牧的政策理论的管理体系；④加大羌塘高原草原生态保护和建设投资，巩固和扩大草原生态保护和建设力度；⑤加强草原生态保护和建设科学研究，完善羌塘高原草原生态长期监测网络，加快建设羌塘高原生态工程研究中心。

3. 羌塘高原野生动物保护对策建议

羌塘高原有大量的野生稀有动物种群，为了保护生物多样性，促进人与自然和谐发展，保护野生动物应主要采取以下对策：①充分考虑当地牧民群众的合法利益，建立完善的补偿制度和应急方案，引导牧民建立正确的野生动物保护观；②建立有针对性的分区分级野生动物保护体系，完善各项保障机制；③建立科学保护和合理利用的野生动物保护政策，建立保护与利用相结合的长效机制；④加强科学研究，完善羌塘高原野生动物长期监测网络，科学有效地保护羌塘高原生物多样性。

六、羌塘高原高寒脆弱牧区生态畜牧业及相关产业发展模式

随着国家生态文明建设和生态保护的大力推进，羌塘高原的资源开发利用将受到进一步限制，生态保护与经济发展之间的矛盾有可能进一步增强，必将减缓当地经济发展

和农牧民生活水平的提高速度。在保护生态的同时，如何全面改善民生、发展社会经济，是生态文明建设中面临的重要任务和挑战。在保护中发展、发展中保护，既是羌塘高原生态文明建设的强烈需求，也是社会主义新时代对羌塘高原提出的要求。因此，生态保护与高原特色产业协同发展是羌塘高原生态文明建设的必然选择和必由之路。

畜牧业是羌塘高原的支柱产业，是广大牧民赖以生存的传统产业。但发展单一的传统畜牧业不仅带来了严重的生态问题，并且已不能满足经济社会发展的需求。牦牛产业是羌塘高原经济的基础产业、支柱产业和特色优势产业，在羌塘高原畜牧业生产中占有绝对优势。此外，羌塘高原具有得天独厚的藏医药、文化旅游和新能源资源等优势。因此，发展以牦牛产业为核心的高原特色生态畜牧业，大力发展藏医药产业、羌塘特色旅游产业及清洁能源产业，不仅有利于传统畜牧业转型升级，对恢复退化草地、保护生物多样性、涵养水源、保障国家生态安全也具有重要的生态意义，对实现牧区生产生活生态“三生共赢”（“三生”指生活、生产与生态）、增进各民族团结、保持社会和谐稳定、区域经济可持续发展具有重要的现实意义。

（一）羌塘高原生态产业基本情况

1. 羌塘高原牦牛产业现状

牦牛产业是羌塘高原经济的基础产业、支柱产业和特色优势产业，在羌塘高原畜牧业生产中占有绝对优势，在实现牧区生产生活生态“三生共赢”、增进各民族团结、保持社会和谐稳定中具有不可替代的地位。加快发展牦牛产业，对调整和优化牧区经济结构，提高畜牧业综合生产能力，繁荣牧区经济，促进牧民增收，推动精准脱贫和全面建成小康社会具有重要的意义。

羌塘高原拥有近200万头牦牛，占全西藏牦牛总数的39%，占全国牦牛总数的16%，具有牦牛产品绿色原产地的绝对优势。牦牛已成为高寒草地生态链中最重要、最不可缺少的一环。近几年来，国家对牦牛产业的投资力度不断加大，投资规模和建设领域不断拓宽，牦牛养殖科技创新能力和成果应用水平明显提升，已初步形成了全区牦牛产业区、种质资源保护区和育肥带。羌塘高原牦牛业产值在畜牧业产值中的比例约50%以上，全区牦牛肉类总产量17.94万t，占肉类总产量的58.7%。牦牛产业的快速发展，带动了加工产业、旅游业等二三产业的发展。受自然条件、人口快速增长、传统牧业粗放式经营和全球气候变暖等因素的共同影响，羌塘高原草场超载过牧和草原退化现象严重，人、草、畜矛盾日益突出。羌塘高原牦牛产业面临着饲草料供给不足、良种供给不足、科技供给不足和草地生态压力大、养殖设施条件滞后、生产经营管理粗放、牦牛产品附加值低、牦牛肉类自给不足、季节性供应短缺等诸多问题。

2. 羌塘高原藏药产业现状

藏医药学是中国传统医药学宝库中不可分割的重要组成部分。藏医药学以其系统的理论和独特的临床疗效及用药特色，为本民族的繁衍生息和医疗卫生事业做出了重要贡献。近年来，藏药产业以其独有的文化资源和自然资源，成为西藏发展特色产业经济的重要力量。羌塘高原高海拔、高寒、干旱的气候条件造就了西藏特有的生态环境。藏药植物种类丰富，药材资源分布广泛，植物药成分复杂，动物药种类繁多；羌塘高原还蕴藏着具有较高药用价值的矿物资源。

羌塘高原在藏医药产业发展方面尚不成规模，没有大型的藏药制造厂，主要扮演原材料供给基地的角色。但由于人为和自然因素的双重压力，羌塘特色藏医药资源面临严重的无序开发和生境恶化的威胁，亟待科学规划和统筹管理。同时也须要建立特色藏药制药厂以延伸藏药产业链。应该加大对藏药产业基础设施和配套设施的投资力度。羌塘高原特色藏医药产业的建立直接关系藏医药和中医药事业的发展，也关系边疆民族地区社会经济发展和政治稳定。

3. 羌塘高原特色文化与生态旅游发展现状

羌塘高原拥有丰富的自然和人文旅游资源。多年来，随着交通条件的不断改善和对外宣传力度的不断加大，以高原的自然地理生态观光和民族宗教文化体验为主要内容的旅游项目已受到国内外游客的青睐。独特的自然风光旅游产品、象雄文化旅游产品及其他和谐生态文明旅游产品均属于中华民族特色文化保护地的重要组成部分。特别是东接昌都，西联阿里，横贯羌塘全境的“象雄游牧文化长廊”，是西藏目前尚未开发的高端特色旅游产品。在特点上具有独特性、唯一性，在价值上具有高端性、精品性，在感观上具有神奇性、神圣性和神秘性。目前羌塘高原旅游产业仍处在初级阶段，众多的旅游资源亟待开发成为旅游产品。同时，羌塘高原生态十分脆弱，旅游产业与生态保护相协调是未来发展羌塘高原旅游产业的原则。开发建设羌塘高原生态旅游产业，对保护羌塘高原生态系统、展示古老传统的游牧和谐生态文明具有十分重要的意义。

4. 羌塘高原清洁能源开发利用产业建设现状

能源是制约羌塘高原社会经济发展的重要因素。羌塘高原农牧区的生产生活能源主要包括太阳能、风能、水能、生物质能等清洁能源，也包括传统的煤炭、石油等化石能源。在农牧区，生活用能占能源消费总量的绝大部分，传统的牛羊粪及薪材消耗占农牧区能源消费总量的 89.7%。随着人类社会经济的飞速发展，人类对自然生态环境越发重视，加上传统矿物能源的逐渐枯竭，清洁可再生能源的开发利用受到世界各国的高度重视。

羌塘高原农牧区的清洁可再生能源储藏量丰富，主要包括太阳能、风能、水电、地热能、生物质能等，具有广阔的市场发展潜力。羌塘高原日照时数高于同纬度的其他区域，年日照时数达到2400～3200 小时，年平均日照百分率为 52%～67%。由于海拔高、空气洁净，该地区光能资源相当丰富，平均太阳年总辐射量达 6000 MJ/m^2。羌塘高原冬春季受高空西风气流的影响，地面气温低、天气干燥晴朗，多 7 级以上的大风，有时风力可达 10～12 级。此外，羌塘高原河流和湖泊较多，径流量较大，尤其是降水较多的东部地表水资源较为充沛。在羌塘高原还有丰富的地热和温泉资源，可运用于地热发电及城市供暖等。因此，羌塘高原具有十分丰富的太阳能、风能、水能和地热能等新能源资源优势。

羌塘高原的清洁可再生能源开发利用起步较晚，生产技术落后。因此，羌塘高原新清洁能源的深入开发利用有待加强。清洁能源的使用可以增加农牧民的收入，提高农牧民的生活质量，带动农牧区社会经济与自然环境的协调可持续发展。大力发展清洁可再生能源，不仅仅能有效地解决农牧区的日常生产和生活用能，还能将生产和生活紧密结合，促使农牧民增收。大力发展清洁能源产业，加快羌塘高原建设，实现羌塘高原生态系统保护与经济发展的双赢，是羌塘高原生态文明建设的有效途径之一。

（二）羌塘高原牦牛产业提升与发展思路

1. 羌塘高原牦牛产业建设的目标

立足羌塘高原牦牛种质资源分布特点，紧密结合牦牛产业发展现状及趋势，针对羌塘高原牦牛产业面临的“缺品种、缺营养、缺技术、缺方式”四大难题，以提高牦牛个体繁殖性能、生产性能为核心，以调整和优化牦牛群体结构为主线，以增强牦牛良种供给能力、饲草料有效供给能力和疫病防控能力为保障，以推动牦牛产品加工增值、增效为重点，以牦牛产业科技创新和技术集成示范应用为支撑，以牦牛业绿色增产和牧民增收为目标，着力构建种质资源保护体系、良种繁育体系、健康养殖体系、饲草料供给体系、产品加工体系、科技支撑体系等6大产业体系。进一步提升牦牛产业发展水平，实现牦牛增肥、增效，做大、做强牦牛产业，做精、做优牦牛特色品牌，增强牧区经济可持续发展能力。

2. 羌塘高原牦牛产业建设的总体思路

依据羌塘高原牦牛种质资源分布特点和产业发展基础，按照“1234”发展思路，即1个优先（生态保护优先）、2个关键（种质资源保护和饲草料的有效供给）、3个重点（良种繁育、健康养殖、产品加工）、4个保障（政策、投入、科技、信息），大力发展牦牛产业。在牦牛主产区加强牦牛养殖基础设施条件建设，设立牦牛产业化开发重大科技专项，集中攻关全产业链的核心技术，形成牦牛肉奶产品集中供给基地；在饲草料资源充足、适宜牦牛养殖的半农、半牧区，发挥农牧结合优势，大力种植优质饲草料，加快推广牦牛半舍饲高效养殖综合配套技术，推动牦牛产业转型升级；在牦牛优良类群的主产区，加大特色种质资源保护力度，加快牦牛良种繁育一体化进程，为全区提供优质种源；在那曲等中心城镇建立牦牛产品加工与产品集散地；加强牦牛科技创新平台建设，强化牦牛全产业链的技术创新，建立健全牦牛产业科技推广服务体系、产品加工体系和市场信息服务体系，实现牦牛产业绿色增产、创新发展，实现牦牛产区生态良好、牧民生活宽裕、牧区社会和谐稳定。

3. 羌塘高原牦牛产业建设策略

（1）建立牦牛科技支撑体系

加强省部共建青稞和牦牛种质资源与遗传改良国家重点实验室建设，设立牦牛产业化开发重大科技专项，汇集国内外创新资源，集中攻克牦牛种质资源、遗传改良、产品开发等全产业链的核心技术，大幅提高牦牛产业科技创新能力。

1）实施牦牛种质资源鉴定评价与种质创制研究

开展牦牛种质资源收集、保存、鉴定与评价，筛选优异种质，挖掘重要性状功能基因，阐明重要性状基因的分子机理，开发分子标记，创制牦牛优异新种质，为牦牛遗传改良奠定基础；加强牦牛高效繁殖技术研究，着力突破牦牛“一年一胎”核心关键技术。

2）开展牦牛生态健康养殖体系研究

采取养殖小区、专业合作社、联户经营等模式，打造一批羌塘高原牦牛生态养殖示范基地，重点开展牦牛育种繁育、营养调控、疾病控制、环境控制等关键核心技术研究，提升牦牛生产效率与产出质量。

3）加强牦牛差异化育肥关键核心技术研发

采取自繁自育、农牧耦合、异地育肥等多种模式，加强牦牛差异化育肥技术创新，培育中高档特色品牌，真正把高原净土、无污染区域产出的牦牛肉成为有品质、有品味、有品牌优势的特色精品。

4）研究牦牛饲草料轮供技术体系研究

以退牧还草、草原生态补助奖励机制政策为引导，通过土地开发、土地流转、草场治理等方式，实施优质饲草料的集中连片规模化种植研究与产品开发，有效解决牦牛产区冷季饲草料供需矛盾。

5）加大牦牛产品精深加工技术研究

加强牦牛产品加工顶层设计，强化产品加工科技创新。

6）草地畜牧业经营模式研究

制定高原牦牛良种标准、饲养技术标准、产品质量标准等标准体系，实现科学研究、科学分析、科学预测、科学定位、科学开发，确保环保主导产业与环境友好型牦牛产业的良好发展。

（2）加强牦牛产业工程建设

1）实施牦牛产业母牛补饲保暖工程

针对羌塘高原冬春饲草严重不足而导致母牦牛冬瘦春乏、牦牛畜群结构不合理及母牦牛质量差、产能低等问题，主要以冬春母牦牛补饲保暖作为突破口，调整牦牛畜群结构，推广和选育地方优良品种，进行冬春季精（草）饲料补饲，优化夏秋季放牧管理，提升母牦牛产能，保障羌塘高原牦牛奶业的奶源质量和数量。

2）实行犊牛差异化育肥出栏工程

以牧业经济合作组织作为推广政策和技术落脚点，大力推广犊牦牛快速育肥 18 个月龄出栏集成技术。通过商品牛提前出栏，避免冬季掉膘减重以及“春乏、夏活、秋肥、冬瘦”的恶性循环，既缩短饲养周期，又能保护脆弱的草原生态，同时促进牧民增收，达到多赢效果。

3）实施牧区饲草料供给工程

紧紧抓住国家生态安全屏障体系建设的重要战略机遇期，坚持立草为本、草业先行、以草兴牧的原则，实施天然草地植被恢复关键技术研究与集成应用重大科技专项；主攻草地生态修复与保护、乡土牧草驯化与制种、草地科学补播与建植、改良草地灌溉、天然草地生物灾害综合防控等关键技术，有效保护草地生态环境，促进草原生态文明建设。立足于解决家畜冬春缺草和休牧舍饲饲草供应问题，减轻天然草地载畜的压力，加速草地生态系统恢复。以退牧还草、草原生态补助奖励机制政策为引导，在西藏土地面积大、光热水资源富集、农业基础设施良好的农区和半农半牧区，通过土地开发、土地流转、草场治理等方式，建立饲草料供给基地，实施集中连片规模化种植；逐步扩大种植面积，推广人工草地持续利用技术模式；建立和实施“南草北调”补贴政策，实现牦牛饲草料生产与轮供有机统一，有效解决牦牛产区冷季饲草料供需矛盾。高寒牧区充分利用房前屋后和两用日光暖棚、畜圈，广泛推广冬棚夏草技术、窝圈种草技术、牧草冬春储备技术，确保牧草季节性供应平衡。大力发展饲料加工业，实行饲草料种植与加工企业补贴政策，鼓励和扶持中小型饲料加工企业加大产品开发，进一步提高牦牛养殖饲草料储备能力、供给能力。

4）强化牦牛产品深加工工程

以企业为主体，牧业经济合作组织作为推广政策和技术的落脚点，建立带动示范研究、典型示范、区域推广等“三个层次基地”；组织收购牛奶、牛肉和牛皮等系列高端产品的原料，扶持深度加工和营销等企业；改进草畜产品加工技术手段，开发具有自主知识产权的牧业产品；发展畜牧业产品市场体系，形成畜产品生产、加工和销售的完整产业链。

5）加强牦牛产业组织模式创建

采取“政府主导、行政推动、项目带动、企业主导、企农联合”的模式，强化金融政策、生产补贴政策、招商引资政策，鼓励和引导企业进军牦牛产业、引领牦牛产业；大力开展饲草种植、牦牛养殖、循环农业、屠宰加工、产品营销的全产业链运营模式；提高牦牛养殖的综合效益，提升牦牛产业链整体水平，打造高原净土、绿色知名品牌。

（3）建立牦牛产业化综合试验示范基地

建立优良品种繁育、牧草高效培育、畜产品加工、产品包装销售等一系列示范工程；改进草原畜牧业生产方式，提高草畜产品加工技术手段，发展完善畜牧业产品市场体系，实现项目成果的全方位示范和推广。综合运用地面调查、遥感、地理信息系统、全球定位系统和计算机信息技术与方法，搜集和调查羌塘高原草地、土壤、水、气候资源、自然灾害、生态环境背景及其变化状况；优化牦牛产业化规划和管理，科学评价草地保护与建设工程效益，建立三维可视化地学信息管理与服务系统。

（4）建立牦牛全产业链的技术创新中心

依托国家牦牛产业科技创新资源，成立羌塘高原牦牛全产业链的科技创新中心；深化国内外科技合作与交流，加强牦牛全产业链的技术创新、协同创新，破解牦牛在牧区繁育、农区育肥的生态适应性技术难题；研制农区秸秆资源化利用、牦牛营养参数、设施养殖、饲养工艺、产品加工等关键核心技术；以技术创新强有力支撑产业发展模式，推动产业基地稳步推进。

（5）政策保障措施

进一步加强组织领导，强化宣传教育，发展社会中介组织；建立多元化投入机制，强化金融政策、生产补贴政策、招商引资政策；加强牦牛业基础设施建设，鼓励和引导民营企业、专业合作社、种养殖大户积极发展牦牛产业；构建牦牛产业专家决策咨询机制、牦牛业科技推广服务机制，强化科技创新体系、市场体系、信息服务体系建设；大力培育新型职业牧民，加强农牧民培训，全面提升牧民科学种植、养殖致富技能。

（三）羌塘高原藏药产业建设与提升思路

1. 羌塘高原藏药产业建设的指导思想

遵循自然生态规律，突出地域特色品种，科学规划布局，集中连片，规模发展，逐步实现藏药材生产结构优化，促进牧民收入不断增加。根据近期国内外藏药材市场需求的发展趋势和羌塘高原药材生产现状，提出藏医药材优势区域产业发展的指导原则：稳定种植面积，提高产量品质；积极发展加工，大力促进外销。使羌塘高原优质藏药材向优势区域集中，提高初加工比例，建立名贵珍稀野生藏药材资源生态保护区，全面实现野生药材保护性开发。

2. 羌塘高原藏药产业建设策略

明确羌塘高原藏药材研发思路，制定长期发展战略并有步骤地开展资源、生境、种植生产、质量功效和加工技术等系统的科研开发，对科学保护生态环境、合理利用自然资源和推动藏医药产业的健康可持续发展具有重大意义。

（1）开展藏药资源生境与种质资源保护

羌塘高原藏药材物种丰富，但资源更新速度慢，一旦破坏，难以恢复。为了了解藏药资源的分布和储量，需要组织专业人员对羌塘高原野生藏药材资源进行全面普查。通过实地调查，结合访问、座谈和查阅文献，全面了解和掌握该地区野生藏药材资源的分布状况、现有资源总量、资源再生能力及资源实际可采集量等，合理开发和保护有限的藏药材资源。根据藏药资源生物学特性、分布特点和羌塘高原自然条件，在资源相对集中、有保护价值的地域，建立保护区，有效保护藏药资源及其生境。针对濒危藏药资源，系统调查其资源现状（种类、分布范围、数量、质量）、濒危原因，编制濒危藏药资源目录及应对方案。对一些环境特殊、价值高的濒危品种，可建立个别品种的保护地，使濒危藏药资源得到有效保护，为下一步建立羌塘高原野生藏药材保护区和制定保护措施提供有力的依据，为该地区藏药材生产企业的可持续发展提供资源保障，并为深入研究和合理开发利用打下坚实的基础。

藏药种质资源是藏药生产的物质基础，是提高藏药质量的物质保证。将特色藏药的活植物、种子、组织从自然分布区迁移到人工保护区加以保护和繁殖，通过建立低温、低湿的人工种质资源库，对藏药植物种子、果实、花粉、无性繁殖体和动物的精液、卵子等进行保存，建立了藏药种质资源库，使藏药资源得到有效的保护。

（2）加强藏药栽培技术研究

根据当前藏药研究水平，积极开展物种生物学、栽培管理、生长发育规律、病虫害防治、区域分布、野生抚育技术及人工栽培技术研究；繁育优质、高产、抗病、无污染、抗逆的良种，改进药材栽培技术；提高药材产量、质量和稳定性，促进藏药产业可持续发展，从根本和源头上解决资源问题。

（3）加强藏药种植基地建设

因地制宜、合理布局，建立羌塘高原藏药材生产基地。根据不同种类药材的生物学特性、地域分布范围，选择最佳生态区域；对藏药材进行科学合理布局规划，制定详细的种植区划，促进藏药生产向优势区域集中，建立优质中药材规范化生产基地。实现由零星分散向规模化转变，并根据市场和品种，在示范引导的基础上逐步推广。

通过引种驯化、野生变家种（养），建立特色藏药生产基地。选择适宜种植并栽培后功效不发生变异的品种积极进行人工栽培；建立种植基地，推广标准化种植，促进产业发展，提升产业功能，建立藏药材生态产业发展模式。发展羌塘高原特色藏药资源的原种抚育、育种、驯化、种植及药用动物驯养基地及其产品的精深加工产业基地。在保护好虫草、雪莲等野生资源的前提下，适度发展藏茵陈、藏黄连、红景天等藏药材的种植。可切实有效地保护野生藏药资源，保障藏药材供给，逐步实现藏药的规模化生产。

鼓励藏药生产企业参与藏药材种植，形成种植、开发、生产产业链。采取以“藏药企业+科研+基地+农户”模式，将藏药产业的发展建立在藏药材规模种植的基础上，在改善生态的同时，培育新的经济增长点，以产业带动种植，以种植发展产业。

（4）加强藏成药的开发研究

充分利用羌塘高原特色藏药资源优势，发展冬虫夏草、红景天、藏黄连、蕨麻、雪莲等藏药材规范化提取物和保健品的加工基地建设；积极研发特色生物保健药品，形成特色动植物藏药生产、研发及深加工产业链。重点推进特色藏药科技试验示范基地、产品综合交易中心和园区建设，着力打造“高原、绿色、有机”的“羌塘藏药”品牌。

（5）加大特色藏药产业重点工程建设

1）加大特色藏药材的主产区工程建设

以藏药材资源保护优先原则，注重野生药材的保护性开发，建立特色藏药保护区1000万亩，人工藏药种植区10万亩，保证藏药材资源与可持续利用。

2）强化特色藏药产业化工程建设

以羌塘高原特色藏药资源的保护为核心，按照“继承创新、跨越发展”的思路，解决影响藏药现代化发展的核心问题，改善藏药材种植、加工、生产、流通和管理体系，使藏药生产走上标准化、规范化轨道；加强藏药产业化基地建设，改造传统藏药生产工艺，进行现有藏药二次开发和新剂型研制，促进传统藏医药的现代化；发展具有自主知识产权的藏药科技产业，形成特色藏药产品的生产、加工、销售的完整产业链。

3）实施特色藏药资源保护与补偿工程建设

在羌塘高原生态功能区划的基础上，通过对重点药材资源调查与深入研究，对特色藏药资源的数量进行科学的评估和准确的统计，切实建立藏药资源现代化的数据库与监管体系；对特色藏药天然分布区域和生存环境进行保护，建立自然保护区或设立封育区进行原地保护。将特色藏药的活植物、种子、组织从自然分布区迁移到人工保护区加以保护和繁殖，深化人工驯化繁殖和栽培技术。同时，针对当地农牧户开展草原生态补偿与保护奖励机制，有利于提高特色藏药资源的保护能效并促进生态平衡。同时，对新开发的藏药材基地，要按国家政策规定，落实税收减免政策。

4）开展藏药资源科技支撑与服务工程建设

围绕特色藏药资源保护、开发与利用方面的科学意义和潜在价值，通过建立藏药资源种子库和标本库，从保护生物学的角度揭示极端环境下高原生物的物种形成、遗传与演化规律，对特色藏药资源可持续利用及其产业化发展提出具有可行性、前瞻性和可操作性科技支撑与数字化技术服务措施。

（6）加强立法，明确野生藏药材的管理权

加强对藏药资源保护的相关立法，推动和完善藏药材相关法律法规，强化濒危野生藏药材资源管理，明确野生药用植物的管理权，规范种植、养殖藏药材的生产和使用，提高人们对藏药资源的法律保护意识。

（四）羌塘高原生态旅游产业建设与发展思路

1. 羌塘高原生态旅游产业建设的指导思想

高原生态旅游产业是保护环境的产业，必须从环境保护的角度推动旅游产业科学发展；从民生改善、发展经济的角度保护环境。实施高原旅游产业必须从打造“神奇、神圣、神秘”的旅游产品着手，进行精细、精准、精心地设计，形成具有高原特色的旅游产业链；发展高原旅游产业，分层次形成主打产品、附带产品和一般产品；打造“世界屋脊”“绿色屏障”“第三级冰川”“中华水塔”“江河源”“野生动物王国”“古象雄游牧文明”等象征性品牌，确保羌塘高原“精品、特品、绝品”旅游产业链的形成。

2. 羌塘高原生态旅游产业建设策略

（1）全力打造现有旅游产品

全力打造羌塘恰青赛马旅游文化艺术节。充分发扬自由、自愿、自主展示草原牧人帐篷、草原游牧服饰、草原特色商品、民族手工艺、草原牧人歌喉和舞姿、民间音乐风采、草原牧人马术和“格萨尔”歌舞说唱艺术的文化主题。将羌塘恰青赛马旅游文化艺术节打造为弘扬羌塘草原游牧文明记忆，展示草原游牧文明的新发展、新变化，展示羌塘高原人民的精神风貌、羌塘生态文明建设和社会建设所取得的巨大成就的旅游项目。

打造传统的五条旅游线路：

羌塘草原可可西里自驾远征行（世界旅游精品线路），线路为：拉萨（格尔木）—色尼—班戈（纳木错北部）—双湖（普诺岗日冰川）—尼玛（当惹雍错）—日喀则—拉萨。

青藏铁路沿线民俗体验游，线路为：格尔木—格拉丹冬—唐古拉山口—措那湖—藏北风情园—卓玛圣谷—拉萨。

羌塘西部探险游，线路为：色尼—班戈—申扎（黑颈鹤观赏区）—石棺古墓群—古象雄王国遗址—当惹雍错—绒玛温泉奇观—双湖普诺岗日冰川—尼玛绒玛温泉（加林山岩画）—改则—阿里—拉萨（新疆）。

唐蕃古道文化品质游，线路为：拉萨—比如（那秀民俗文化旅游区）—索县（赞丹寺）—巴青县（露布寺）—昌都。

摄影创作采风游，线路为：昌都—巴青（布加雪山）—索县（格木原始森林）—比如（那秀民俗文化旅游区）—嘉黎（荣拉坚参大峡谷）—林芝。

通过以上五条传统旅游线路，向世人展示远古草原文明与现代文明交融的特色旅游资源，使其成为中华民族特色文化保护地和世界旅游目的地。

（2）进一步研发新的景区资源

结合雪山、湖泊、溶洞等自然景观与传说、民间故事，展现独特的高原自然景观与草原文明的融合；开发双湖县、尼玛县等地的岩画及古老干打垒房屋、古墓群与石棺葬等羌塘古代文明遗迹的旅游路线，体现古老的羌塘高原草原文明和文化。

（3）大力发展生态旅游业

羌塘高原有着丰富而独特的旅游资源。自然资源类景观包括唐古拉山、羌塘草原、当惹雍错、卓玛峡谷、长江源、沱沱河、色林错、达果雪山、措那湖；人文历史景观包括象雄王国遗址、草原八塔、达木寺、格萨尔艺人、格萨尔自然文化遗迹；野生动植物资源包括野牦牛、藏野驴、藏羚、雪豹等。羌塘高原发展生态旅游业，应科学规划和开发旅游资源，使自然生态、文化与旅游业协调发展。在保护自然生态的前提下，营造特有文化氛围。以民族文化构建当地旅游形象，坚持保护性开发，开发历史古迹、宗教文化旅游、民俗风情结合景观生态观光旅游，拓展生态牧业观光旅游和观赏牧业。在现有牧区家庭旅游业发展的基础上，大力引导和扶持牧民群众兴办“牧家乐”家庭旅游业。建立一套旅游生态安全机制，使生态旅游项目的开发与保护环境相结合。加强旅游基础设施建设，整合旅游资源，努力创建具有浓郁高原民族特色的旅游品牌，加快旅游产业发展，将精品旅游业培育成羌塘高原重要的支柱产业之一。大力开展旅游招商引资，加快旅游业步伐。

（五）羌塘高原清洁能源开发利用产业建设与发展思路

羌塘高原具有丰富的太阳能、风能和水能资源。应发挥新能源的资源优势，把可再生能源和新能源列入新兴产业的发展目录；加大政策支持力度，大力发展可再生能源和新能源产业，如风力发电、光伏产业等，为新型城镇化提供能源支撑，实现羌塘高原的绿色和低碳城镇化。

1. 加强太阳能光伏电站建设

羌塘高原由于海拔高、大气洁净、空气干燥、纬度低，太阳总辐射量大，是我国太阳能资源最丰富的地区之一。太阳能是羌塘高原新能源利用最理想、最有效和最直接的能源，也是实现羌塘高原能源利用结构调整的有力推手。

（1）开展太阳能光热技术的研究与应用

虽然羌塘高原太阳能供热已有多年历史，但太阳能采暖工程的研究与应用还处于起步阶段。太阳能光热技术的研究与应用，对节能降耗、降低对一次性能源的依赖有着不可估量的作用。比如，天然气和太阳能混合供暖示范项目、农牧区民居太阳能采暖关键技术研究与示范、太阳能中温光热技术在藏药生产和食品加工等领域的应用研究都很有现实意义。

（2）建设太阳能光伏电站

根据羌塘高原纬度和不同倾角方阵面全年所接受的日照辐射量分布情况，优化布置太阳能光伏电站。合理规划太阳能光伏电站建设，加强太阳能光伏电站的技术研究和引进工作；在保护环境的前提下，建设太阳能光伏电站若干，基本能够缓解羌塘高原的城镇用电问题。

（3）实现光伏建筑一体化

光伏建筑一体化不仅能够实现建筑节能，并且可以降低成本，改变光伏发电在主流能源中的从属地位。对于羌塘高原来说，光伏建筑一体化属于起步阶段，建筑要穿上绿色节能的“外衣”还有很长的一段路要走。

（4）建设风光互补发电站

风光互补发电站可以实现全天候的发电功能，比起单用风机和太阳能更经济、实用；可以有效解决边远牧区、边防哨所、无电地区的用电问题。羌塘高原风能资源丰富，这为风光互补电站建设带来了机遇，通过两者的协调运行，能够为电网提供优质的电力输送。

（5）建立和健全光伏、光热市场服务体系和管理标准

建立和健全光伏、光热市场服务体系，建立长效的后期运营维护机制，制定高寒地区光伏、光热产品质检标准，开展羌塘高原光伏系统废弃蓄电池无害化处理等方面的工作。

（6）引进新型太阳能技术产品

在羌塘高原太阳能资源丰富的地区，引进新型太阳能技术产品，通过集成再创新满足不同的市场需求。在推广技术和产品的同时，传播利用新能源、节能减排的绿色理念。

（7）建立和健全太阳能产业服务网络体系

在羌塘高原，除了须要进一步加大太阳能的研发和推广力度，逐步降低太阳能建设、利用和维护成本外，还须建立和健全太阳能产业服务网络体系，加强太阳能利用的技术培训和人才培养。

2. 促进羌塘高原风能的开发利用

羌塘高原是全西藏风力最大的地区，年均有效风能密度为 130～200W/m^2，有效风力时数在4000小时以上。

（1）开展风能资源评估与研究

正确评价初选风电场的风能资源，取得具有代表性的风速和风向资料，了解不同高度的地方的风速、风向的变化特点。科学设计适合高原特点的风力机机型，选择已经经过实际运行考核的风电机组、做好风电场科学规划与选址。

（2）加大风光互补电站建设

风力发电具有间歇性、不稳定性和不可调控性等缺点。因此，羌塘高原主要以发展风光互补电站为主。羌塘高原太阳能与风能资源相当丰富，且农牧民居住较为分散，应当大力发展风光互补发电技术；可以补充部分时段风能不足，克服太阳能光伏发电造价高的缺点；同时发电质量、可靠性和稳定性也会得到提高。开发利用风能和太阳能互补的牧户供电和供热系统，减少牛粪燃烧，有利于羌塘高原高寒草地生态系统的物质循环。

3. 推进水电产业建设的发展策略

（1）合理规划，加大开发利用研究

加强流域统一综合规划，加大公共财政投入力度，妥善有序地进行水电开发。羌塘高原河流众多，水能资源丰富。但由于人力、物力、财力和交通等条件的限制，对河流

的开发利用研究工作较少；前期工作储备严重不足，不利于资源优化配置和电力工业可持续发展。同时，为合理利用水能资源，科学有序开发水电，应加大河流水电开发利用研究的范围和力度，增加水电项目的前期储备。

（2）加大环境保护力度，完善环境保护措施

在水电开发过程中，高度重视环境保护。羌塘高原河湖流域具有丰富的物种资源、自然景观资源、人文资源。各流域生态环境须进行保护的面积广、种类多、难度大。加之高原流域生态环境脆弱，一旦破坏，修复十分困难。当前关于羌塘高原水资源开发争论的焦点是如何处理好保护与开发的关系；其核心是开发对环境的影响问题；水电开发如何与环境、生态、社会、经济协调发展的问题。在水电开发的同时，应重视生态恢复和建设，保护生物多样性。在工程建设和运行中特别要加强对珍贵、濒危物种的保护。各流域水资源的开发应坚持生态环境保护优先，积极、科学、合理开发利用的原则。树立环保理念，严格落实国家有关环境保护的法规、政策和要求；坚持“开发中保护，保护中开发”的原则，加强水电开发的前期研究和论证工作，加大环境保护力度；完善环境保护措施，最大限度地减少水电站在建设期间和运行以后对环境的不利影响。

（3）妥善解决移民问题

在水电开发过程中，妥善解决移民问题。坚持以人为本，将水电工程效益的逐步发挥同移民生活改善、乡村振兴相结合。充分考虑移民的合理要求，结合当地的民族、宗教等习惯和特点，认真做好移民安置规划。

（4）加强政策宏观调控和管理

为规范羌塘高原水电建设，借鉴全国其他地区经验，建议尽快出台一系列市场管理制度，以法律规范开发建设行为，做到统一规划、合理开发、保护资源、有序建设。

（5）拓宽水电建设融资渠道

在水电建设中要积极发挥中央电力企业主力军的作用。另外，应制定政策吸引企业的投资、援建省（市）的投资、外资参与水能开发，做到投资主体多元化。

4. 加大地热资源的开发力度

加强环境地质问题研究，对地热资源的开发区域进行合理评估。加强羌塘深部地热资源勘探力度，尤其是要加强高温干热岩的勘探，提高地热资源的综合利用率，合理开发和建设地热电站，缓解羌塘高原的城镇用电问题。大力发展清洁能源和可再生能源，坚持区内供给和区外输入并举、规模化与分布式相结合的原则；加强城镇化所必需的能源基础设施的建设，在主电网无法覆盖的偏远城镇大力发展风能、分布式太阳能、地热能等新能源，提高新能源和可再生能源利用比例。实施城镇取暖替代工程，利用电力、燃气、太阳能和地热能逐步取代牛粪燃烧等传统取暖方式。

（六）羌塘高原生态产业提升与发展对策建议

1. 羌塘高原牦牛产业提升与发展对策建议

（1）从环保和发展双向举措，推动牦牛产业发展

从高原牦牛的物种保护、产能研究、潜力挖掘、良种选育等角度制定保障政策体系，

发展牦牛产业，实现环保和发展双重效益，以发展的方式解决生态保护问题。

（2）提高母牦牛的产能

从提高母牦牛的产能抓起，即把母牦牛的冬季保暖补饲、提高其综合产能作为牦牛产业的核心措施，推动牦牛产业快速发展。

（3）大力开展牦牛良种推广

从良种推广入手，大力推进公犊牛的保暖、补饲、育肥、快速出栏专项措施，包括冬季母牛保暖、补饲提高产能、公犊牛补饲育肥以快速提高品质并出栏，使其具备商品化的最基本要素，推动牦牛产业链的形成，吸引国内外有识之士和强势企业入驻羌塘开发高档次牦牛产品，提升产业水平。

4）加大项目投资和技术支撑力度

通过对母牦牛、公犊牛专项扶持，并通过项目投资、技术支撑、优惠政策扶持等途径，加快草原畜牧业畜群、畜种结构调整，使牦牛真正成为高寒草原环境友好型牦牛产业。

2. 羌塘高原藏药产业建设与提升对策建议

（1）构建藏药资源生态适宜性评价与分析体系

构建羌塘高原特色藏药资源生态适宜性评价、分析体系与关键技术，为特色藏药野外生境保护、优良品种选育、开发与推广提供示范。

（2）建设藏药规范化示范基地

以农牧户参与、科技支持和政府引导的运作模式，在羌塘高原建立特色藏药规范化种植与野生资源抚育示范基地，创建特色藏药种植生产的教学样本与实训基地，切实推动当地经济的发展，扶助广大农牧民脱贫致富。

（3）构建藏药生产技术推广体系

构建市、县、乡（镇）、村一体化的藏药种植、管理等技术推广体系，培训药农，使先进、科学、规范化的技术在羌塘高原全面推广，发挥先进科技成果在惠及百姓生活、促进新农村建设中的支撑和引领作用。

（4）加强藏药的研发和流通

推进传统藏药产业升级改造，培育高新技术生物医药产品，促进保健产品等高技术产品的研发，提升当地特色藏药的品牌效应。建设和完善藏药产品物流平台，为特色藏药企业提供可靠、便捷的物流服务。

3. 羌塘高原生态旅游产业建设与发展对策建议

（1）开展羌塘高原生态旅游产业科学研究

全面研究和开发高寒草原生态脆弱区旅游资源的各项指标及可行性。一是羌塘高原旅游产业特性与发展潜力研究；二是羌塘高原旅游产业开发技术与应用技术研究；三是羌塘高原旅游产品可持续利用技术研究；四是科学策划羌塘高原旅游产业营销市场，制定羌塘高原旅游产业市场目标和景区容量，打造游客“吃、住、行、游、娱、购”所涉及的旅行社、交通、餐饮、酒店、景区、景点、旅游商店、游览车及休闲娱乐设施等旅游核心企业。同时，政府、协会组织、金融、保险、通讯、广告媒体等要强化服务职能，实现科学研究、科学分析、科学预测、科学定位、科学开发。

（2）制定羌塘高原生态旅游产业保障政策

建立高原旅游产业，需要制定三项政策。一是制定扶持国家主体生态功能区建设旅游产业的保护政策；二是制定国家主体生态功能区发展旅游主导产业的研发政策；三是制定由国家主体生态功能区向国家生态文明区过渡的许可政策。总体来讲，就是要通过对高原旅游产业的保护、研究、潜力挖掘、市场开拓，达到发展旅游和实现环保的双重目的。

4. 羌塘高原清洁能源产业建设与发展对策建议

（1）加强新能源基础设施建设

加大国内先进技术和设备的引进力度，尤其是能适应高原环境的新能源发电技术和设备的引进。

（2）大力开展新能源发电技术应用研究

由政府出资扩大新能源科技队伍，大力开展新能源发电技术集成和应用研究，尤其是增强复合新能源开发利用的研究。开展风力资源普查，研究开发风光互补电站技术，建立符合羌塘高原实际情况且有利于促进新能源产业快速发展的运行机制。

（3）大力开展太阳能资源利用技术转化及其产品研究

以太阳能资源利用技术转化及其产品开发为重点，探索大规模太阳能并网发电技术。同时，加大风能和地热能的研究和投入。

（4）制定新能源发电的行业规范

编写羌塘高原新能源发电行业规范，加速新能源科研成果转化，组织实施规模化示范和推广，推动新能源产业快速发展。

专题三

三江源区生态屏障区生态文明建设模式

一、三江源区概况及生态文明建设面临的挑战

（一）三江源区概况

1. 基本概况

三江源区位于青海省南部，地处青藏高原腹地，是我国长江、黄河、澜沧江的发源地。其西、西南与新疆和西藏相接，东、东南与甘肃和四川毗邻。三江源区规划总面积达 39.5 万 km^2，占青海省总面积的 54.69%。

三江源区行政区域上包括 21 个县和 1 个乡，分别为黄南州 4 县，海南州 5 县，果洛州 6 县，玉树州 6 县，以及属格尔木市管辖的唐古拉山乡。各州（县）的区域面积见专题表 3-1。

专题表 3-1　三江源区各州（县）区域面积

各州（县）	区域面积（万 km^2）	各州（县）	区域面积（万 km^2）
同仁县	0.31	达日县	1.44
尖扎县	0.21	久治县	0.87
泽库县	0.67	玛多县	2.44
河南县	0.67	**果洛州小计**	7.39
黄南州小计	1.86	玉树县	1.54
同德县	0.50	杂多县	3.55
共和县	1.72	称多县	1.47
贵南县	0.66	治多县	8.06
贵德县	0.35	囊谦县	1.27
兴海县	1.21	曲麻莱县	4.75
海南州小计	4.44	**玉树州小计**	20.64
玛沁县	1.33	唐古拉山乡	5.17
班玛县	0.61	**合计**	39.50
甘德县	0.70		

2. 自然环境概况

（1）地形地貌

三江源区以山原和峡谷地貌为主，山系绵延，地势高耸，地形复杂，海拔介于 1954～

6821m，平均海拔约为4000m。主要山脉为东昆仑山及其支脉阿尼玛卿山、巴颜喀拉山和唐古拉山山脉。中西部和北部为山原，地形起伏不大，多为宽阔而平坦的滩地，因地势平缓、冰冻期较长、排水不畅，形成了大面积沼泽。东南部为高山峡谷地带，河流切割强烈，地形破碎，地势陡峭，坡度多在30°以上。

（2）气候条件

三江源区属于青藏高原气候系统，是典型的高原大陆性气候。该区域冷热交替，干湿分明，水热同期，年温差小，日温差大，日照时间长，辐射强烈，植物生长期短，无绝对无霜期。冷季受青藏冷高压控制，时间长达7个月，其间热量低、降水少、风沙大；暖季受西南季风影响产生热气压，表现为水汽丰富、降水较多、夜雨频繁。干旱、雪灾、暴雨、洪涝、冰雹、雷电、沙尘暴、低温冻害等气象灾害在该区域时有发生，并由此可能引发森林草原火灾、滑坡、崩塌、泥石流等次生灾害。

（3）河流水系

三江源区有大小河流180多条，河流面积占0.16万km^2。区域内长江全长1217km，流域面积11.35万km^2，多年平均径流量179.4亿m^3。其源区的现代冰川主要分布在唐古拉山北坡和祖尔肯乌拉山西段，冰川总面积1247km^2，年消融量约9.89亿m^3。境内黄河全长1959 km，多年平均径流量141.5亿m^3。黄河流域在巴颜喀拉山中段多曲支流托洛曲的源头托洛岗（海拔5041 m），有残存冰川约4km^2，冰川储量0.8亿m^3，区域内的卡里恩卡着玛、日吉、勒那冬则等14座海拔5000m以上终年积雪的雪山，多年固态水储量约有1.4亿m^3。澜沧江境内全长448km，占干流全长的10%，占其在中国境内的干流全长的21%。澜沧江源头北部多雪峰，平均海拔5700m，最高达5876m，终年积雪。

此外，三江源区湿地面积达7.33万km^2，占总面积的20.2%。大小湖泊近16 500余个，总面积0.51万km^2。其中，湖水面积在0.5km^2以上的天然湖泊有188个。三江源区是中国最大的天然沼泽分布区，其沼泽分布率大于2.5%，总面积达6.66万km^2。沼泽基本类型为藏北嵩草沼泽，大多数为泥炭沼泽，仅有小部分属于无泥炭沼泽。

3. 社会经济概况

（1）人口概况

三江源区2015年总人口为132万人，其中牧业人口105万人（专题表3-2），约占总人口的80%；总人口比2010年增加7万人，年均增长率为1.12%，远低于2000年至2010年的人口增长率（2.04%）；牧业人口比2010年增加4万人，年均增长率为0.7%，远低于2000～2010年牧业人增长率（1.97%）；同时还可以看出，同一时期三江源的牧业人口增长率低于总的人口增长率，说明通过生态移民政策，控制了牧业人口的增速。

专题表3-2　三江源区主要年份人口情况

年份	2000	2010	2015
总人口	104	125	132
牧业人口	85	101	105

人口分布从东部向西部逐渐减少，其中，同仁县、尖扎县、同德县、泽库县、囊谦县、玉树县人口密度较大。

表 3-3 三江源区 2015 年各州（县）人口分布情况

州/县/乡	总人口（万人）	牧业人口（万人）	人口密度（人/km^2）
玉树州	39.18	32.34	1.90
玉树县	10.95	7.79	7.11
杂多县	6.08	5.46	1.71
称多县	6.02	5.02	4.10
治多县	3.36	2.63	0.42
囊谦县	9.52	8.70	7.50
曲麻莱县	3.26	2.73	0.69
果洛州	19.72	16.34	2.67
玛沁县	4.7	3.19	3.53
班玛县	2.95	2.51	4.84
甘德县	3.73	3.30	5.33
达日县	4.2	3.81	2.92
久治县	2.65	2.42	3.05
玛多县	1.5	1.10	0.61
海南州	46.7	35.84	10.52
共和县	13.63	9.53	7.92
同德县	6.18	4.96	12.36
贵德县	10.88	8.70	31.09
兴海县	7.96	6.83	6.58
贵南县	8.03	5.82	12.17
黄南州	27.06	20.17	14.55
同仁县	9.83	6.39	31.71
尖扎县	6.09	4.32	29.00
泽库县	7.28	6.20	10.87
河南县	3.86	3.26	5.76
唐古拉山乡	0.90	0.90	0.17
合计	132	105	3.34

注：表中数据来源于青海省 2015 年统计年鉴。

（2）经济概况

三江源区经济发展水平很低，全区 21 个县中有 8 个为国家级贫困县。2015 年，三江源区国民生产总值（GDP）约为 296 亿元（不含唐古拉山乡），见专题表 3-4，占青海省 50.4%土地的三江源区创造的 GDP 所占的比例仅为 12.2%。三江源区产业结构不合理，总体上以第一产业为主，第二、第三产业为辅的产业结构。三江源区财政总收入 326 亿元，地方财政总收入仅 22 亿元，约 93%靠国家财政补贴。

专题表 3-4 2015 年三江源区各县各产业 GDP（单位：万元）

区域名称		国民生产总值	第一产业总值	第二产业总值	第三产业总值
玉树州	玉树县	123 879	50 435	56 853	16 591
	杂多县	105 804	47 842	32 853	25 109
	称多县	94 970	40 798	29 663	24 509
	治多县	65 198	42 475	14 542	8 181
	囊谦县	82 867	41 871	22 785	18 211
	曲麻莱县	63 381	33 763	16 652	12 966
果洛州	玛沁县	154 775	19 126	72 278	63 371
	班玛县	31 368	8 905	9 957	12 506
	甘德县	25 089	8 232	8 631	8 226
	达日县	27 795	7 673	9 617	10 505
	久治县	31 671	9 938	8 166	13 567
	玛多县	23 189	5 168	7 796	10 225
海南州	共和县	608 016	75 546	334 265	198 205
	同德县	128 517	66 018	36 312	26 187
	贵德县	293 563	28 583	194 610	70 370
	兴海县	225 890	68 310	104 880	52 700
	贵南县	145 985	73 684	31 299	41 002
黄南州	同仁县	252 705	41 670	44 368	166 667
	尖扎县	207 386	20 298	145 276	41 812
	泽库县	137 832	70 447	31 989	35 396
	河南县	129 610	63 775	32 536	33 299
合计	—	2 959 490	824 557	1 245 328	889 605

注：数据来源于中国县域统计年鉴 2016；未含唐古拉山乡数据（缺）。

4. 主要生态问题

三江源区在历史上曾经被誉为生命的“净土”，水草丰美、湖泊星罗棋布、野生动植物种类繁多，而近几十年的三江源生态环境却不容乐观。三江源区生态环境恶化的主要表现包括草场退化与沙化加剧，水土流失日趋严重，源头来水量逐年减少，生物多样性萎缩等。这些问题表面上看多是气候变化等自然现象，但其原因和诱发机制更多涉及人类活动的干扰。三江源区是我国生态系统最脆弱和最原始的地区之一，也是重要的生态屏障和水源涵养区。三江源区是我国乃至亚洲气候变化的启动区，其生态环境的变化对我国的生态安全具有重要影响。

（1）草地退化格局于 20 世纪 80 年代之前已经形成

20 世纪 80 年代之前，三江源区草地退化已经形成，90 年代草地退化状况没有改观，生态系统类型转换相对缓慢，近 10 年中表现为有所好转的趋势。生态系统类型变化结果显示，该区域 20 世纪 90 年代生态系统状况较差，2000 年之后趋于好转，与已有相关研究得出的 1970～1990 年生态状况变差、1990～2000 年继续略有变差，2001～2010 年趋于好转的结论一致（徐新良等，2008；杨建平，2005；邵全琴等，2010；李辉霞等，

2011)。2000 年之前，生态系统的局部退化主要受到干暖化的气候变化和草地载畜压力共同驱动，而 2000 年之后则受湿暖化的气候变化和生态建设工程的共同作用。2000 年以后，三江源区的人类活动对生态环境表现出正影响，生态保护与建设行动取得初步成效(李辉霞等,2011)。2004～2009 年,湖泊面积净增加了 245km^2,荒漠净减少 95.63km^2[青海三江源自然保护区生态建设工程生态成效监测评估报告（2005～2009）]。但生态项目实施的短期行为严重，生态保护与建设的效果缺乏长效性，人类活动主导的生态改善能否可持续取决于后续生态保护与工程项目的实施与生态管理措施。

（2）草地退化趋势得到初步遏制，但稳定恢复尚需持续建设、管理与维护

草地生态系统是三江源区的主体生态系统，对区域生态系统服务功能的保持具有决定性作用。三江源区的草地退化是一个影响范围大、持续时间长的连续变化过程（刘纪远等，2008)。2000 年之前，三江源区草地变化以退化趋势为主，退化比较集中的区域是曲麻莱、称多、玛多等县，兴海、班玛、久治和唐古拉山乡等地退化程度相对较轻(刘纪远等,2008;张镱锂等,2007)。2000～2010 年生长季 MODIS NDVI 的分析结果表明，区域整体呈显著增加趋势，生长季超过 2/3 的区域植被生长呈好转趋势，与相关研究结果一致（李辉霞等，2011)。实地调查发现，泽库县部分退化草地的治理成果显著，人工种植的垂穗披碱草、早熟禾、中华羊茅等植物生长状况良好，植株平均高度达到 35～45cm。但已有报道称极度退化“黑土滩”草地人工重建的草场恢复 4～6 年后，产草量明显下降并再次沦为为黑土滩（尚占环等，2006；石德军等，2006)，无法一次性实现恢复植被或原生植被的自然演替，因此，维持现有恢复成果须要进一步加大禁牧、维护等管理力度，加强跟踪监测，确保生态恢复的长久持续。

（3）草地退化面积仍然较大，后续生态保护、恢复治理工作仍任重而道远

尽管三江源区生态建设重点工程区草地退化面积得到有效遏制，生态状况明显好转，但由于 2000 年之前近半个世纪的退化过程造成三江源区退化草地面积依然较大，全面完成三江源区的草地退化治理是一个长期性、艰巨性的工作。20 世纪 70 年代到 2004 年，三江源区发生退化的草地面积占草地总面积的 40.1%，而近 5 年明显好转的面积仅占退化面积总量的 0.56%（邵全琴等，2010；吴志丰等，2014)，仍有大量的退化草地须要治理。限于气温、降水量、海拔等自然因素，三江源区生态系统的物质、能量和信息流动缓慢，生态系统极度脆弱和敏感，生态恢复过程较为缓慢，需要几十年甚至上百年的时间。

（4）生态系统仍面临气候变化、人类活动干扰的巨大挑战

全球气候变暖在有利于促进植被生理活动加强的同时，也造成了三江源区冰川退缩、雪线上升、永久冻土融化、地下水位下降，对三江源区的生态系统产生了潜在的威胁。全球变化加上三江源区多年的超载过牧、林草植被破坏，使得三江源区的极端气候增多，冰雹、霜冻、干旱、雪灾等自然灾害加剧（董锁成等，2002)，给草地、畜牧业发展造成很大损失。三江源区人口增长较快，从 2000 年到 2010 年这十年间人口增加了 21 万，这使得减人、减畜的目标难以尽快完成；另外，由于移民后续产业难以为继，发生了原有牧民从草场上退出来，外来牧民又搬迁进去的现象，削减了生态治理效果。部分区域滥挖乱采，如矿产、冬虫夏草等资源的掠夺性采挖，以及不合理的城镇建设活动

破坏了地表植被，人为加剧了生态退化。

（5）生态系统服务功能改善不显著，生态建设仍需长期努力

随着气候变化及生态保护与建设工程的实施，三江源区 2010 年的水源涵养、土壤保持、固碳和释氧等生态系统服务功能总体比 2000 年略有提高，但 2005 年却比 2000 年略低，说明生态系统服务功能仍然处于不稳定状态。三江源区生态系统服务功能的强弱与三江源区及其中下游地区人类社会的福祉息息相关，直观地表明人类的需求及在生态系统中的获益，对人类社会影响最为直接，生态系统服务功能的发挥直接影响人类社会的生存与发展。三江源区的生态系统作为最为脆弱、敏感的生态系统之一，生态恢复需要长期、持续的维护与管理，地表植被随气候、人类活动的影响变化显著，而生态系统服务功能则相对具有强健性，健康的生态系统应相对较为稳定。三江源区生态系统服务功能的波动表明生态系统的恢复尚未达到自然演替的状态，生态系统服务功能的改善、稳定与提高仍需要长期、持续的努力，生态系统的改善仍需要进一步的恢复与建设。

（6）部分区域自然生态空间缩小，人类占用未能有效控制

《全国主体功能区规划》（国发[2010]46 号）中，对国家重点生态功能区生态空间的规划要求为："开发强度得到有效控制，保有大片开敞生态空间，水面、湿地、林地、草地等绿色生态空间扩大，人类活动占用的空间控制在目前水平"。三江源区在国家重点生态功能区中被界定为三江源草原草甸湿地生态功能区。据此要求，分析了三江源区自然生态系统（森林、灌丛、草地、湿地和冰川或永久积雪）、半自然生态系统（农田）、人工生态系统（城镇）和退化生态系统（荒漠和裸地）之间变化的空间位置和变化强度，明确变化的主要热点和变化方向。结果显示，高覆盖草地的减少主要是转化为河流、湖泊、水库坑塘、城镇用地、农村居民点和其他建设用地，其增加的来源只有中低覆盖度草地；中低覆盖度草地减少主要是转化为其他建设用地和湖泊；城镇用地的增加主要来源于中覆盖草地和旱地，农村居民点面积的增加主要来源于草地和旱地。可以看出，城镇和农村居民点等建设用地对草地的侵占还没有得到根本控制。

（二）三江源气候变化特征

本研究采用三江源区 18 个气象台站的数据，其中，黄河源区有兴海、同德、泽库、玛多、大武、甘德、达日、河南、久治、班玛 10 站，长江源区有沱沱河、五道梁、玉树、曲麻莱、清水河、治多 6 站，澜沧江源有杂多、囊谦 2 站。地面气象观测资料时间为 1960～2015 年，其中，治多为 1968～2015 年，甘德为 1976～2015 年，班玛为 1966～2015 年，部分蒸发资料为 1960～2014 年。

1. 气温变化

随着全球平均气温升高，三江源区平均气温也呈现逐渐升高的趋势，并由于处于高海拔地区，对于全球气候的响应也更加突出，增温趋势十分明显。专题图 3-1 为 1961～2015 年三江源区年和四季平均气温变化趋势，可以看出，三江源区年平均气温升高倾向

率达 0.33℃/10a，略低于整个青藏高原升温速率 0.37℃/10a，远高于全国增温水平 0.16℃/10a，近 55 年平均气温增幅达 1.5℃以上。四季当中，冬季增温幅度达到了 0.5℃/10a，秋季次之，春季和夏季增温幅度较小。1993 年至 2008 年升温趋势明显，近几年则有略微下降的趋势。从四季变化看，夏季和秋季自 1994 年起一直呈现增温趋势，而春季和冬季则增温趋势不显著，波动较大。在近 55 年中，三江源区整体呈现增温趋势，且冬季和秋季对增温贡献较大。

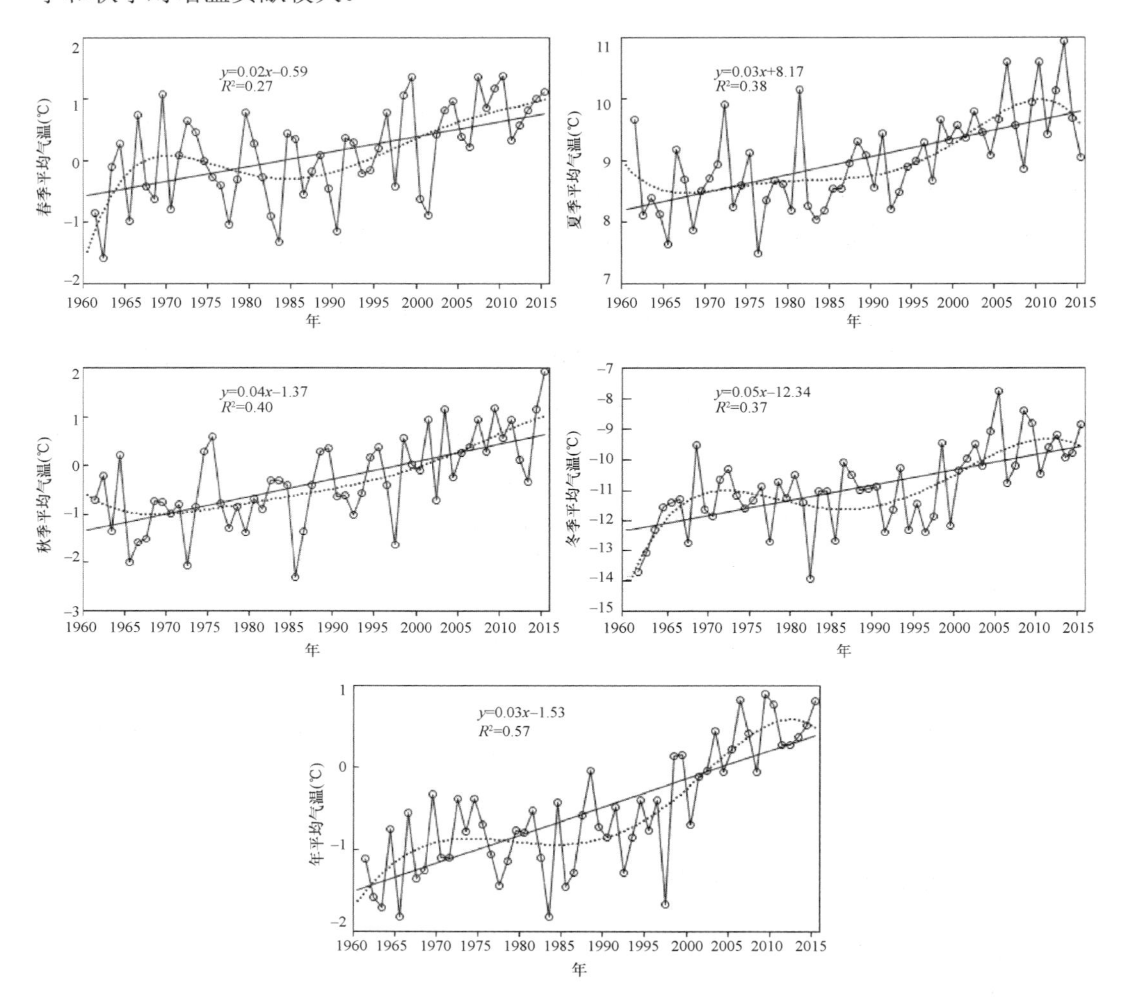

专题图 3-1　1961～2015 年三江源区年和四季平均气温变化趋势

2. 降水变化

1961～2015 年，三江源区年平均降水量为 459.3mm，空间分布特征基本表现为自东南向西北递减趋势，“河南—玛多—清水河—杂多”一线以南是青海省年降水量最多区域。1961～2015 年平均降水量呈增加趋势。从四季降水量变化分析，春季和夏季降水增加明显，每 10 年分别增加 4mm 和 5～7mm。近 10 年，春季平均降水量增加幅度较大，呈现逐步平稳增加态势（专题图 3-2）。

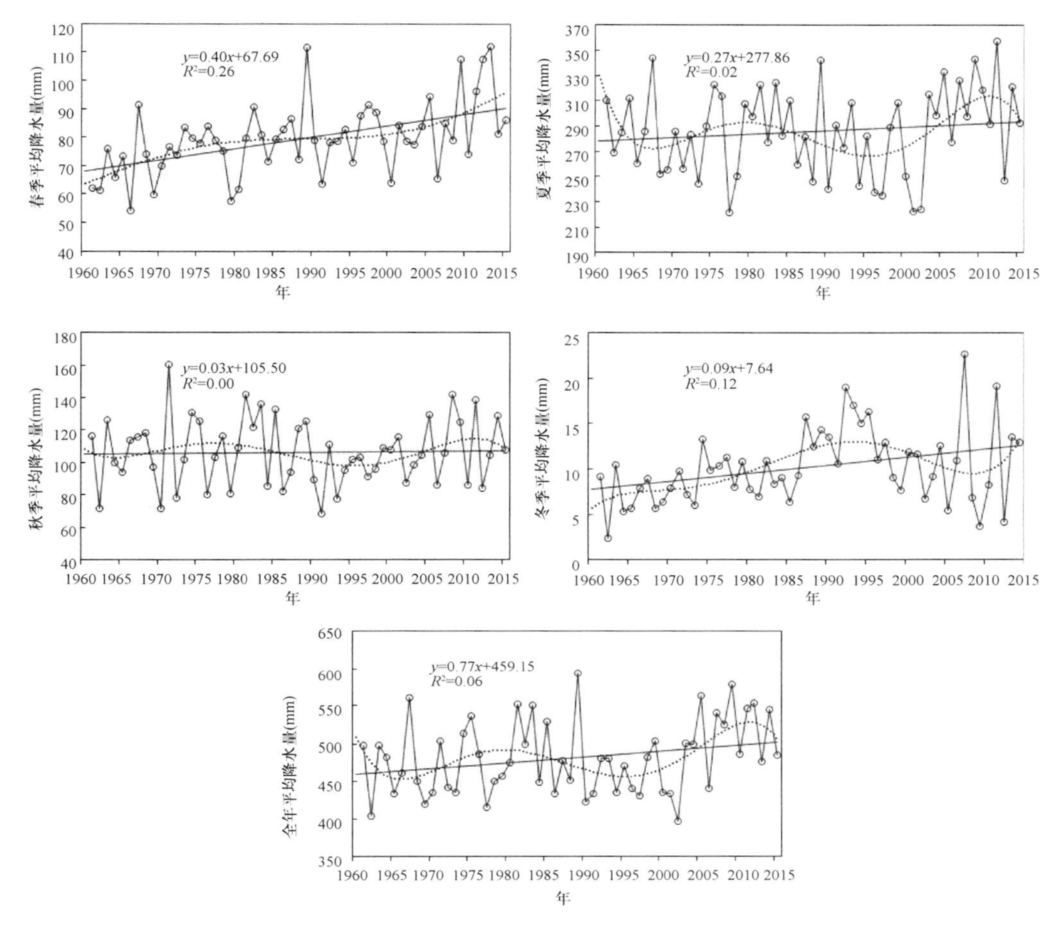

专题图 3-2 1961～2015 年三江源区年和四季平均降水量变化趋势

三江源春季降水在 80 年代和 90 年代较多，夏季降水在 60 年代、80 代和 21 世纪初较多，秋季降水除 90 年代外其他年代多为正距平，冬季降水自 70 年代之后，也多为正距平。

3. 蒸发量变化

近 50 年来，三江源区年蒸发量变化呈显著增加趋势，变化速率为 30.1mm/10a（专题图 3-3），尤以近 30 年为显著，即在 1984～2013 年的 30 年中，年均蒸发量线性变化速率为 71.6 mm/10a。

从季节变化分析，近 50 年春、夏、秋和冬季蒸发量均呈上升趋势，线性变化速率分别为 5.0mm，15.5mm，10.8mm 和 4.8mm/10a，夏秋季通过 0.001 显著性检验，冬季通过 0.05 显著性检验，春季未通过显著性检验，说明夏秋季蒸发量上升造成年蒸发量显著增加。在 1984～2013 年，各季蒸发量线性变化速率分别为 10.7mm，24.0mm，16.7mm 和 14.0mm/10a，特别是冬季蒸发量在 1994～2013 年的 20 年间变化速率高达 23.5mm/10a，夏秋冬三季均通过 0.001 显著性检验，春季通过 0.05 显著性检验；春季平均蒸发量为 439.2mm，春季最大蒸发量出现在 1979 年（514.9mm），最小蒸发量出现在 1983 年

（377.7mm）；夏季平均蒸发量为 493.0 mm，最大蒸发量出现在 2006 年（601.7mm），最小蒸发量出现在 1976 年（425.2mm）；秋季平均蒸发量为 284.9mm，最大蒸发量出现在 2007 年（357.2mm），最小蒸发量出现在 1967 年（231. 7mm）；冬季平均蒸发量为 183.7mm，最大蒸发量出现在 2006 年（233.6mm），最小蒸发量出现在 1983 年（133.1mm）。

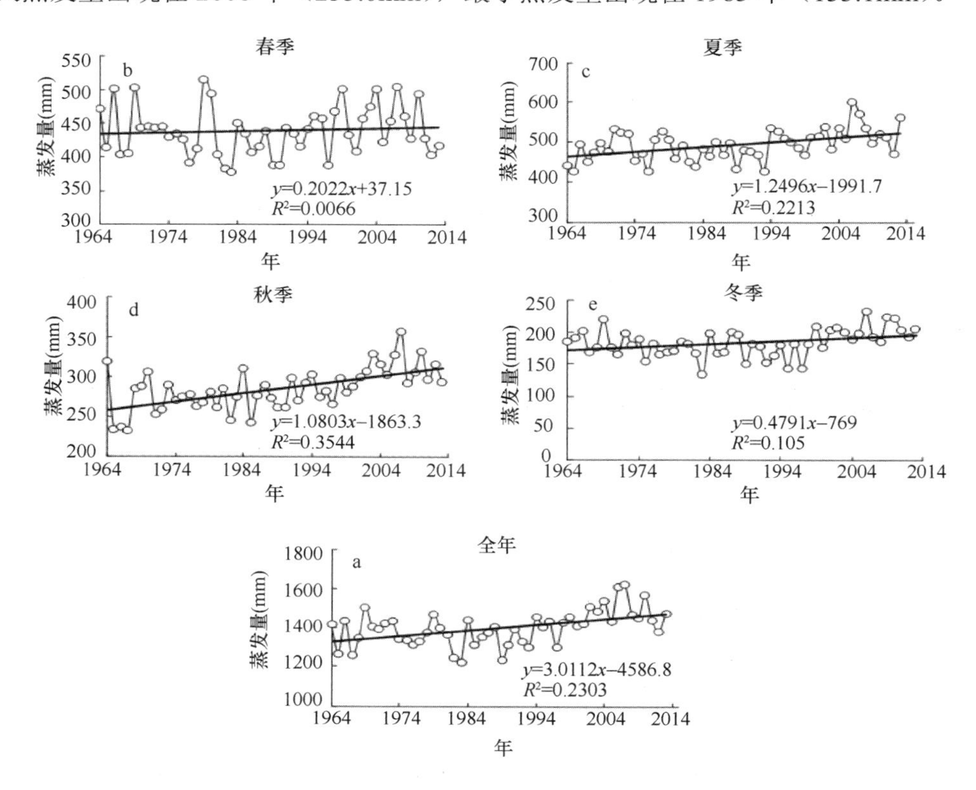

专题图 3-3　1964～2013 年三江源区年和四季平均蒸发量变化趋势

空间分布上，三江源区蒸发量呈现出西北部少，东南部及东北部多的特点，最小值在清水河站（1153.2mm），最大值出现在囊谦站（1705.9mm）。四季蒸发量的分布特征与年蒸发量的分布特征相似。三江源区年蒸发量倾向率分布自西向东逐渐增大，四季蒸发量的趋势分布特征与年蒸发量的趋势分布特征相似。

（三）三江源区生态文明建设面临的挑战

1. 生态系统修复任务依然艰巨

三江源地区黑土滩治理、有害生物防控、湿地保护、沙漠化土地防治等任务依然艰巨。据统计，三江源区的 1.5 亿亩退化、沙化草地中，失去生态功能的黑土滩面积就有 7000 多万亩。2005 年，三江源生态保护和建设工程实施以来，国家先后投入 5.23 亿元资金，对三江源地区的 522.58 万亩黑土滩分期治理，但截至目前，黑土滩治理面积不到全省总面积的五分之一，任务繁重。

“十三五”期间，仍须湿地封育1413.6万亩，沙化土地治理153万亩，封山育林120.45万亩，人工造林249万亩，退牧还草6150万亩，黑土滩治理544.95万亩，鼠虫害防治19 170万亩，毒草治理3650万亩。

2. 人-草-畜关系平衡问题仍然严重

2015年，三江源各州牲畜存栏数合计1045万头（只），其中大牲畜400万头、羊645万只，合2297个标准羊单位，较2010年增加了约100万个标准羊单位，比三江源理论载畜量1450万标准羊单位高出约850万个羊单位。禁牧减畜与草畜平衡工作仍须大力推进。

研究发现，在现状生活水平条件下，三江源区可承载的牧民人口数为49.56万，按青海省平均生活水平计算，则可承载牧民为人口44.95万，若按全国平均生活水平，则可承载牧民为人口36.81万。2015年，三江源总人口为132万人，其中牧业人口105万人。根据“以草定畜、以畜定人”的原则，按照全国平均生活水平计算，三江源地区仍须转移专业牧业人口约70万人。

3. 生态扶贫模式有待创新

（1）生态补偿

首先，目前的生态补偿方式是被动式、补贴式的生态补偿，在调动农牧民保护生态的积极性方面存在不足，部分牧民在拿到生态补偿资金后生态保护意识没有提高，仍然有返牧、超载等现象。应当在生态补偿方式上进行创新，完善生态保护成效与资金分配挂钩的激励约束机制，通过市场化的手段从牧民手中购买生态产品，通过对生态产品合理定价，促进牧民提高生态生产的积极性，促使农牧民主动减畜，实现草畜平衡，提高生态系统质量、恢复生态系统功能。其次，对于三江源区生态系统保护，农牧民是重要参与者，但实施保护的主体仍是各级政府，特别是基层生态环境保护工作人员为三江源区的生态环境保护做出了极大努力，他们的工作环境条件也比较艰苦，因此，除了对农牧民进行生态补偿外，还应对三江源区的各级政府相关生态环境保护职能部门给予补偿，提高基层环保公务人员的收入水平，提高基层环保公务人员的工作积极性，提高基层基础监测和执法设备水平，满足生态环境保护需求。

（2）生态产业

要使生态移民“搬得出，稳得住，能致富，不反弹”，后续产业的发展是重要保证，要转变发展理念，发展理念要从“输血”到“造血”转变，从前期生态补偿稳步提高农牧民生活水平，向发展产业致富转变，发展三江源区特色生态产业，促进农牧民转移就业和增收。但由于技术、资金、人才等因素影响，目前三江源的后续产业发展缓慢，建立适宜三江源地区长期发展的生态产业体系是三江源区各级政府面临的重大挑战。建立起长效性的后继产业是三江源区生态移民成败的关键。

二、三江源区生态系统状况与变化分析

生物生产性土地作为提供生态系统服务与生态产品的载体，分析其生态系统数量、

格局与质量以及变化的驱动因素，对于掌握三江源区生态系统状况具有重要意义，也是评估生态资源资产存量的基础。

（一）三江源区生态系统分布特征

三江源区生态系统主要由森林、灌丛、草地、湿地、水面、农田、城镇、未利用地、冰川或积雪 9 种类型构成。由专题表 3-5 所示的三江源区 2000 年、2005 年、2010 年和 2015 年三期各生态系统面积及比例可知，草地是三江源区最主要的生态系统，占总面积的 66.86%（2015 年）；其次是未利用地，约占总面积的 23.27%（2015 年），主要分布在西部唐古拉山乡、治多县、曲麻莱县、杂多县和贵南县；灌丛生态系统约占总面积的 3.26%（2015 年），居第三位，主要分布在同仁县、河南县、同德县、玛沁县、甘德县、班玛县、久治县；水体生态系统约占总面积的 2.58%左右，是三江源区第四大生态系统，主要分布在玉树州（杂多县、称多县、治多县、曲麻莱县）、海南州（共和县）和果洛州（玛多县、达日县、玛沁县）；沼泽生态系统面积约占三江源总面积的 1.59%（2015 年），森林、农田和城镇所占面积很少，其中，森林主要分布在三江源区东部各县和南部的囊谦县，农田以条带状分布，而且在东北部区县分布较广，城镇则在各区县呈点状分布。

专题表 3-5　生态系统类型构成

生态系统类型	2000		2005		2010		2015	
	面积（km^2）	比例（%）	面积（km^2）	比例（%）	面积（km^2）	比例（%）	面积（km^2）	比例（%）
森林	4 025.88	1.04	4 021.92	1.03	4 019.81	1.03	4 018.97	1.03
灌丛	12 685.03	3.26	12 682.84	3.26	12 682.97	3.26	12 681.87	3.26
草地	260 709.94	67.07	260 052.78	66.90	260 052.42	66.90	259 898.90	66.86
水面	9 490.45	2.44	9 564.33	2.46	9 650.84	2.48	10 013.01	2.58
沼泽	6 239.02	1.60	6 218.74	1.60	6 210.41	1.60	6 194.92	1.59
冰川或积雪	2 929.93	0.75	2 929.93	0.75	2 929.93	0.75	2 851.25	0.73
旱地	2 370.43	0.61	2 348.37	0.60	2 382.57	0.61	2 370.31	0.61
未利用地	90 116.75	23.18	90 746.96	23.34	90 632.19	23.31	90 441.72	23.27
建设用地	164.42	0.04	165.98	0.04	170.70	0.04	260.89	0.07

从专题表 3-6 可以看出，同 2000 年和 2010 年相比，2015 年森林、灌丛、草地、沼泽、冰川或积雪、旱地的面积均有所减少，除冰川减少了 2.69%外，其他类型的变化量和变化率均比较小均不超过 1%；水面面积和建设用地面积均有所增加，和 2000 年相比增加了 5.5%，和 2010 年相比增加了 3.75%，建设用地面积增加幅度较大，和 2000 年相比增加了 58.58%，和 2010 年相比增加了 52.84%；未利用地和 2000 年相比略有增加，和 2010 年相比略有降低，但变化幅度不大。

专题表 3-6 土地利用变化

土地利用类型	2000 年（km²）	2010 年（km²）	2015 年（km²）	15 年变化率（%）	近 5 年变化率（%）
森林	4 026	4 020	4 019	−0.17	−0.02
灌丛	12 685	12 683	12 682	−0.02	−0.01
草地	260 710	260 052	259 899	−0.31	−0.06
水面	9 490	9 651	10 013	5.51	3.75
沼泽	6 239	6 210	6 195	−0.71	−0.25
冰川或积雪	2 930	2 930	2 851	−2.69	−2.69
旱地	2 370	2 383	2 370	−0.01	−0.51
未利用地	90 117	90 632	90 442	0.36	−0.21
建设用地	164	171	261	58.68	52.84

由专题表 3-7 可知，森林面积减少主要是疏林地面积的减少造成的；草地面积的减少主要是中低覆盖度草地减少造成的，和 2000 年相比，2015 年高覆盖度草地面积略有增加；和 2000 年相比，未利用地的增加主要是由于沙地和裸岩面积增加，而戈壁、盐碱地和裸土地的面积是减少的；建设用地的增加主要是由于城镇用地和其他建设用地（交通工矿等）面积的增加，其中其他建设用地和 2000 年相比增加了 718.09%，和 2010 年相比增加了 543.76%，城镇用地与 2000 年、2010 年相比分别增加了 53.53%、33.08%，农村居民点面积增加幅度较小。

专题表 3-7 二级土地利用变化

土地利用类型	2000 年（km²）	2010 年（km²）	2015 年（km²）	15～00 变化率（%）	15～10 变化率（%）
有林地	1 572	1 571	1 571	−0.06	−0.01
疏林地	2 453	2 448	2 447	−0.25	−0.03
其他林地	1	1	1	0.00	0.00
灌木林地	12 685	12 683	12 682	−0.02	−0.01
高覆盖草地	21 498	21 643	21 629	0.61	−0.06
中覆盖草地	97 634	97 289	97 238	−0.41	−0.05
低覆盖草地	141 578	141 121	141 032	−0.39	−0.06
沼泽地	6 239	6 210	6195	−0.71	−0.25
河流	650	653	696	7.00	6.49
湖泊	8 484	8 620	8 915	5.07	3.42
水库坑塘	356	378	403	13.17	6.55
永久冰川积雪	2 930	2 930	2 851	−2.69	−2.69
旱地	2 370	2 383	2 370	−0.01	−0.51
滩地	7 612	7 612	7 676	0.84	0.85
沙地	8 584	9 283	9 215	7.36	−0.74
戈壁	25 038	24 979	24 828	−0.84	−0.61
盐碱地	2 640	2 572	2 471	−6.39	−3.93

续表

土地利用类型	2000 年（km^2）	2010 年（km^2）	2015 年（km^2）	15～00 变化率（%）	15～10 变化率（%）
裸土地	2 570	2 538	2 537	−1.28	−0.06
裸岩	21 138	21 113	21 181	0.20	0.32
其他	22 536	22 535	22 534	−0.01	−0.01
城镇用地	26	30	39	53.53	33.08
农村居民点	129	129	141	9.10	9.39
其他建设用地	10	13	81	718.09	543.76

（二）三江源区生态系统转化情况

从专题表 3-8 可以看出，2010～2015 年三江源区生态系统类型转换不明显，转化面积最大的是戈壁到湖泊转移了 150.4km^2，不到戈壁总面积 0.6%。2010～2015 年，没有其他土地利用类型转化为旱地、有林地，旱地和有林地只有转化为其他类型；旱地的减少并非是由于退耕还草，而是转化为河流、水库坑塘、滩地、城镇用地、农村居民点和其他建设用地，主要是转化为城镇用地、农村居民点和滩地；高覆盖草地的减少主要是转化为河流、湖泊、水库坑塘、城镇用地、农村居民点、其他建设用地，其增加的来源只有中、低覆盖度草地；中、低覆盖度草地减少主要是转化为其他建设用地、湖泊、沼泽等；河流面积的增加主要来源于滩地，湖泊面积的增加主要来源于戈壁、盐碱地、滩地、低覆盖草地、沙地、沼泽地；城镇用地的增加主要来源于中覆盖草地和旱地，农村居民点面积的增加主要来源于草地和旱地，其他建设用地的增加主要来源于中低覆盖草地和沙地；冰川和积雪的减少主要是转化为裸岩。

（三）三江源区生态系统格局

2000～2015 年，三江源区各生态系统类型的斑块数呈先增加后减少的趋势（专题表 3-9），平均斑块面积呈现先减小后增大的趋势，边界密度略有下降，聚集度指数略有上升，表明该区域生态系统景观有集中发展的趋势。

通过分析各生态系统类型的景观格局指数可知，2000～2015 年，三江源区草地的平均斑块面积和斑块数基本不变，聚集度指数略有增长，边界密度略有下降，表明草地聚合度在增加，草地景观有集中发展的趋势，见专题表 3-10。湿地、荒漠和裸土的斑块数在各时期均最多，湿地的斑块数在 2000～2010 年有所增加，在 2010～2015 年减少了 32844 个，平均斑块面积在 15 年内持续变大，聚集度指数也略有增加，而边界密度与板块数的变化趋势相反，表明湿地虽然受到外界条件影响有所减少，但是景观更趋于完整。荒漠的斑块数增加和斑块平均面积有所减少，边界密度和聚集度指数未变化，表明荒漠在增加，有其他类型生态系统转变为荒漠景观。

专题表 3-8 生态系统类型转移矩阵（2010～2015）

（单位：km²）

土地利用类型	旱地	有林地	灌木林地	疏林地	其他林地	高覆盖草地	中覆盖草地	低覆盖草地	河流	湖泊	水库坑塘	冰川和积雪	滩地	城镇用地	农村居民点	其他建设用地	沙地	戈壁	盐碱地	沼泽地	裸土地	裸岩	其他
旱地									1.66		0.44		2.70	3.34	3.04	1.08							
有林地											0.18												
灌木林地										0.26	0.73		0.12										
疏林地													0.18	0.43	0.06								
其他林地																							
高覆盖草地									2.81	2.16	3.64			1.02	2.75	1.93							
中覆盖草地						0.45			2.99	9.08	1.61		1.16	3.51	3.92	22.75			0.25	8.14			
低覆盖草地						0.74	0.01		2.29	48.62	3.52		2.72	0.85	2.42	32.20	0.01					0.06	
河流										0.01	0.95		0.25										
湖泊							0.55	1.24	0.01		0.62		116.24				8.96	0.86	0.16	1.08		0.87	0.03
水库坑塘													1.36										
冰川和积雪																		1.08				77.86	
滩地									32.31	55.72	1.36					0.01							
城镇用地																							
农村居民点									0.13		0.03		0.30										
其他建设用地																							
沙地								0.12		34.82	10.64		19.78		0.17	8.80				2.95			
戈壁								0.59	0.46	150.4			0.09		0.10	0.91			0.06			0.59	0.26
盐碱地										92.78			8.65										
沼泽地								0.12	0.12	24.77	2.02		0.01	0.53		0.09							
裸土地											0.34		0.54			0.53							
裸岩							2.25	2.03	0.84	6.03	0.01		0.04	0.12	0.08								
其他										1.05		0.27										0.28	

专题表 3-9　生态系统景观格局特征及其变化

年份	斑块数	平均斑块面积（hm^2）	边界密度（m/hm^2）	聚集度指数（%）
2000	493 005	78.74	26.40	88.10
2005	493 309	78.69	26.38	88.11
2010	493 337	78.69	26.38	88.11
2015	481 666	80.59	25.72	88.41

专题表 3-10　生态系统类型格局特征及其变化

年份	类型	斑块数	平均斑块面积（hm^2）	边界密度（m/hm^2）	聚集度指数（%）
2000	森林	7 177	16.58	0.41	70.07
	灌丛	75 179	23.80	5.39	73.68
	草地	73 927	358.52	24.64	91.87
	湿地	152 083	23.43	9.17	77.53
	农田	2 276	93.58	0.31	87.54
	城镇	10 239	4.31	0.29	43.36
	荒漠和裸土	168 527	37.22	12.29	82.85
	冰川和积雪	3 597	87.03	0.32	90.95
2005	森林	7 177	16.58	0.41	70.07
	灌丛	75 179	23.80	5.39	73.68
	草地	73 809	359.35	24.63	91.88
	湿地	152 602	23.61	9.20	77.70
	农田	2 231	83.96	0.28	86.87
	城镇	10 537	4.38	0.30	44.03
	荒漠和裸土	167 949	37.22	12.24	82.86
	冰川和积雪	3 825	78.44	0.32	90.68
2010	森林	7 178	16.56	0.41	70.05
	灌丛	75 194	23.80	5.39	73.68
	草地	73 736	359.66	24.63	91.88
	湿地	153 340	23.69	9.24	77.78
	农田	2 208	83.26	0.28	86.82
	城镇	10 528	4.48	0.30	44.82
	荒漠和裸土	167 399	37.15	12.20	82.83
	冰川和积雪	3 754	81.98	0.32	90.90
2015	森林	7 753	16.89	0.45	69.86
	灌丛	82 073	20.83	5.56	71.59
	草地	76 389	348.40	24.26	92.03
	湿地	120 496	29.11	7.91	80.32
	农田	2 826	68.59	0.30	86.49
	城镇	13 596	5.10	0.42	47.37
	荒漠和裸土	176 124	35.92	12.31	82.95
	冰川和积雪	2 409	110.61	0.23	92.38

（四）三江源区植被覆盖度变化分析

三江源区具有草地、森林、灌丛等多种植被类型，其中以高寒草甸和高寒草原为主，草地面积占三江源区总面积的68%左右。因此，单独将草地的植被覆盖度提取出来单独分析时空变化。

2000～2015年，三江源区草地生态系统生长季的平均覆盖度介于44.66%～59.18%，处于中等水平；草地覆盖度的变异系数（C.V.）介于55.95%～31.32%，如专题表3-11所示。15年间，草地生态系统覆盖度总体表现为上升趋势，在不同的年份有存在着明显的波动。相较于其他年份，2012年数值较大为59.18%（专题图3-4）。

专题表3-11 2000～2015年草地生态系统生长季平均覆盖度 （单位：%）

年份	2000	2001	2002	2003
平均值	45.73	46.37	46.82	44.66
C.V.	49.83	55.07	52.97	57.03
年份	2004	2005	2006	2007
平均值	45.20	50.57	45.88	45.94
C.V.	55.95	48.37	55.71	54.73
年份	2008	2009	2010	2011
平均值	44.77	49.32	52.46	56.97
C.V.	54.52	51.53	45.92	31.98
年份	2012	2013	2014	2015
平均值	59.18	57.24	57.73	56.52
C.V.	31.69	32.51	31.89	31.32

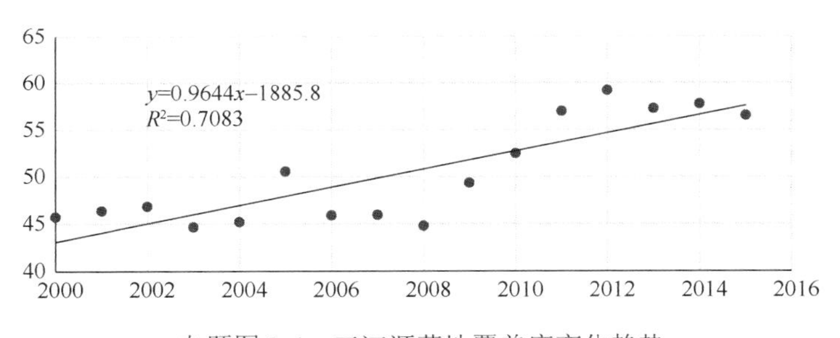

专题图3-4 三江源草地覆盖度变化趋势

根据专题图3-4和专题图3-5可以得出，2000～2015年三江源区草地覆盖度表现为总体上升的趋势，而草地覆盖度变异系数呈现总体下降的趋势，表明2000～2015的15年间草地覆盖度有变好的趋势。

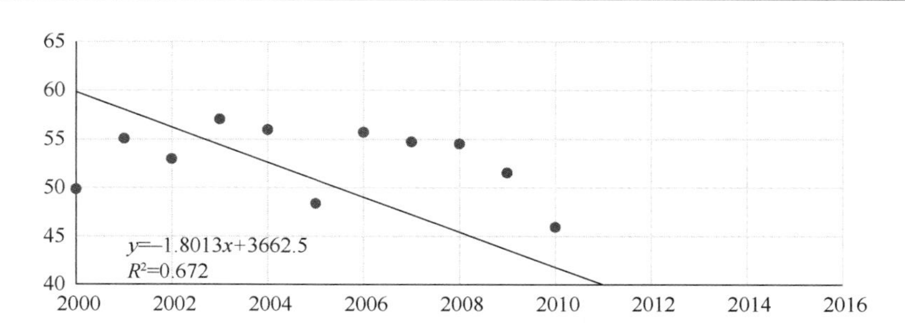

专题图 3-5　三江源草地覆盖度变异系数变化趋势

三、三江源区生态系统服务与生态产品价值核算

（一）径流调节服务价值核算

1. 径流调节服务概念

径流调节是指生态系统对降水的截留、吸收和贮存，将地表水转化为地表截留或地下水的作用，主要功能表现在增加可利用水资源、调节径流等多个方面（Wilcox *et al.*，2006；秦嘉励等，2009）。三江源地区是长江、黄河、澜沧江的发源地，是重要的水源涵养生态功能区，被誉为“中华水塔”，三江源地区的径流形成和下泄对下游地区用水有着重大的影响（蒋冲等，2017）。

三江源径流调节服务功能的核算采用三江源实际生态系统的总径流量相比于无植被覆盖裸地情景的总径流量之差作为径流调节量。

2. 径流调节服务核算方法

（1）核算方法

本研究采用 SWAT 模型（Arnold，2002）分析三江源不同生态系统类型的径流调节功能及其径流调节时空演变特征。基于 SWAT 模型对三江源月径流过程进行模拟，并结合长系列水文数据进行模型率定及检验，确定三江源模型参数，基于此进行三江源年尺度径流模拟。本研究基于多年平均气象条件，重点考虑土地利用和植被变化对流域径流输出的影响作用，分析三江源径流调节能力变化情况。

SWAT 模型基于水量平衡原理，以 DEM 提取流域的地形参数为基础，将研究区离散化，通过调整流域集水面积阈值，划分出若干个子流域。通过叠加土地利用、土壤数据，生成流域内最小的水文响应单元（HRU），HRU 含有唯一的土地利用、管理和土壤属性，被假定为在子流域中有统一的水文行为。每个 HRU 内的水平衡基于降水、地表径流、蒸散发、壤中流、渗透、地下水回流和河道运移损失来计算。SWAT 模型先预测出 HRU 的径流量，然后通过演算得到流域的总径流量。其中，地表径流估算一般采用 SCS 径流曲线法。渗透模块采用存储演算方法，并结合裂隙流模型来预测通过每一个土壤层的流量，一旦水渗透到根区底层以下则成为地下水或产生回流。在土壤剖面中壤中流的计算与渗透同时进行。每一层土壤中的壤中流采用动力蓄水水库来模拟。河道中流量演算采用变动存储系数法或马斯金根演算法。模型中提供了三种估算潜在蒸散发量的计算方法——Hargreaves 法、Priestley-Taylor 法和 Penman-Monteith 法。本研究采用 Penman-Monteith 法计算潜在蒸散发量。

（2）模型应用与检验

利用长江流域、黄河流域、澜沧江流域典型水文站月平均流量对模型进行率定。模拟时间：1998～2012 年，共计 15 年，其中 1998～1999 年为模型预热年份，2000～2012 年为模型率定检验年份。时间尺度：月。

专题表 3-12　模型校验对照站位

流域	站名	经度（东经）	纬度（北纬）
长江流域	沱沱河	92.450	34.217
	直门达	97.217	33.033
黄河流域	唐乃亥	100.150	35.500
	吉迈站	99.650	33.770
	康克站	102.280	33.250
	同仁	102.017	35.517
澜沧江流域	香达	96.483	32.250
	下拉秀	96.550	32.617

专题表 3-13　模拟结果统计

指标	沱沱河	直门达	唐乃亥	吉迈站	同仁	香达	下拉秀
相对误差	0.03	0.18	0.06	0.08	–0.03	–0.06	–0.20
相关系数	0.84	0.94	0.93	0.91	0.74	0.83	0.83
效率系数	0.68	0.7	0.82	0.77	0.35	0.66	0.60

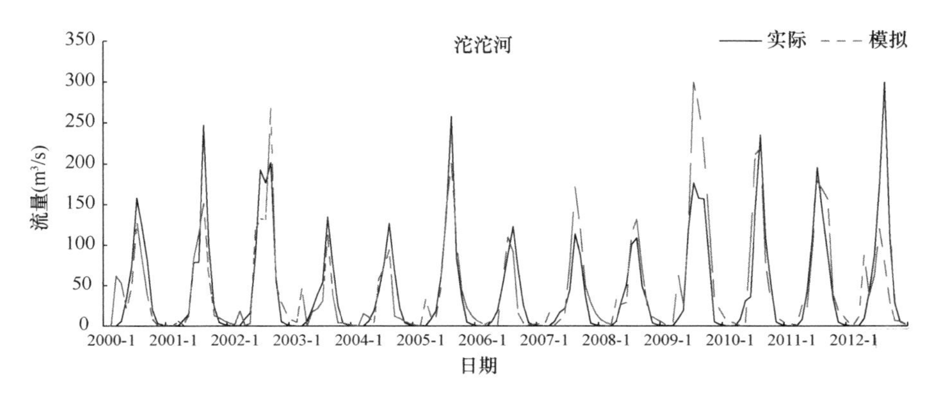

专题图 3-6　长江流域沱沱河站月均流量对比

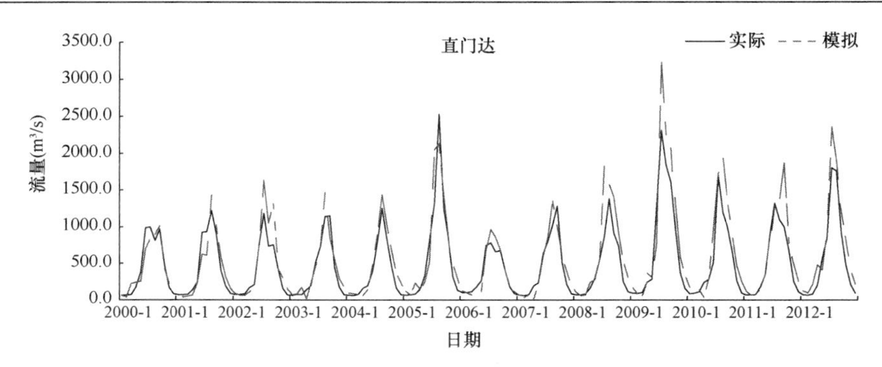

图 3-7　长江流域直门达站月均流量对比

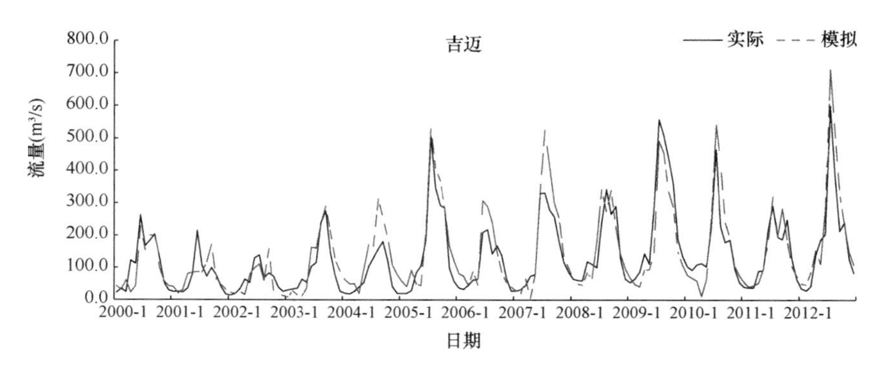

图 3-8　黄河流域吉迈站月均流量对比

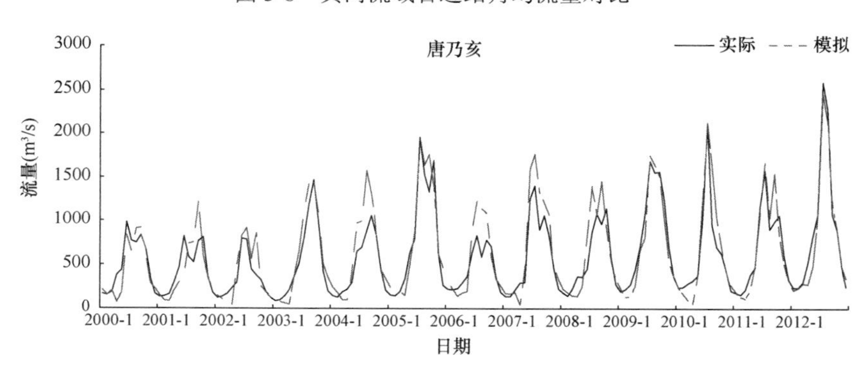

图 3-9　黄河流域唐乃亥站月均流量对比

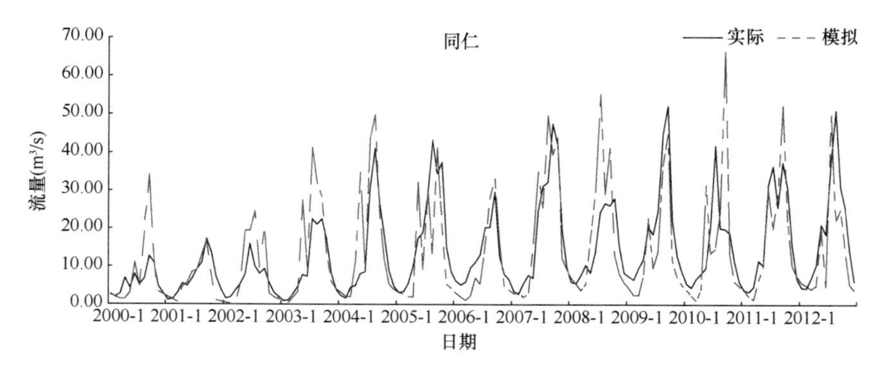

图 3-10　黄河流域同仁站月均流量对比

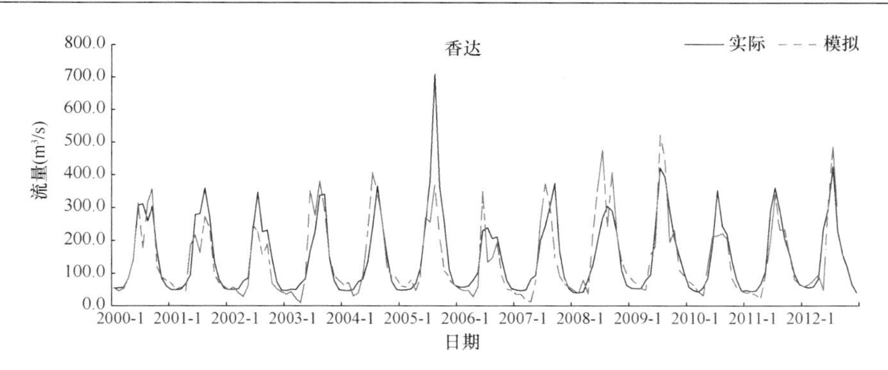

图 3-11 澜沧江流域香达站月均流量对比

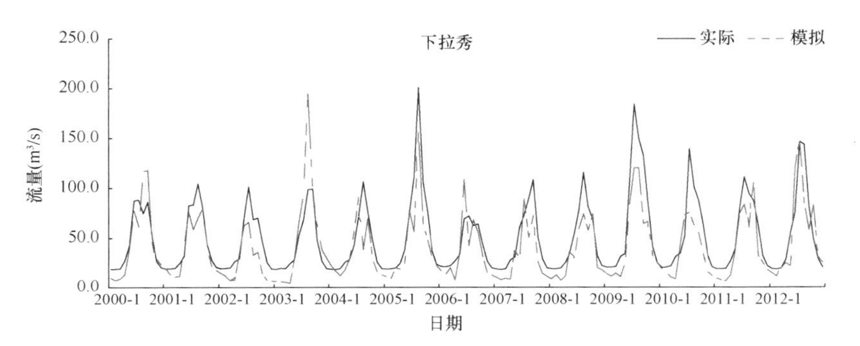

图 3-12 澜沧江流域下拉秀站月均流量对比

各个站点水量相对误差均在 20%以内，满足精度要求；各站点相关性系数均在 0.70 以上，除同仁站外，相关性系数均在 0.80 以上，满足精度要求；对于效率系数，除同仁站以外，其他站点均在 0.60 以上，满足精度要求。

从验证站的流量过程的对比图可以看出，流量变化过程基本一致，模型基本能够揭示流域流量的变化规律。总体来看，模型较好地揭示了流域的流量输出过程，尤其是 3 大流域的下游站点，无论是水量误差、趋势变化均达到了合格的标准。由于上游流域多为山区，气象条件变化剧烈，另外实测站点较少，给模型校验带来了一定的难度。从模拟结果来看，虽然上游的一些流域站点校验结果还有一定的偏差，但由于上游流域的流量绝对值较小，从全流域整体水量模拟来看，对水资源分布和输出计算影响不是十分重要。

（3）价值核算方法

三江源区径流调节价值利用水库成本替代法进行计算，参考国家林业局发布的《森林生态系统服务功能评估规范》（LY/T 1721—2008）推荐的定价标准进行价值量评估。

专题表 3-14 径流调节服务价值量核算标准

生态服务	表征指标	参考数值	取值依据
径流调节	径流调节量	6.11 元/m³	《森林生态系统服务功能规范》和《中国水利年鉴》

3. 径流调节核算结果

SWAT 模型的参数具有分布式的特点，每个子流域的径流调节潜力存在一定的差别。

为了研究三江源地区各区县的径流调节潜力，须根据区县与子流域的地理位置关系进行参数移植，利用行政区所在子流域的水文参数与行政区面积估算各行政区的径流调节潜力。

在三年平均气象条件下，三江源区 2000 年、2005 年、2010 年和 2015 年降水量分别 1521.68 亿 m^3，1605.24 亿 m^3，1799.49 亿 m^3，1593.79 亿 m^3。对应的径流调节量分别为 150.30 亿 m^3、143.53 亿 m^3、152.42 亿 m^3、166.73 亿 m^3。三年平均气象条件下，三江源区 2000 年、2005 年、2010 年和 2015 年径流调节价值分别为 918.32 亿元，876.99 亿元，931.30 亿元，1018.72 亿元。

专题表 3-15　2000～2015 年三江源区各地区径流调节功能量（亿 m^3）

地区	2000 年	2005 年	2010 年	2015 年
同仁县	1.42	2.02	2.02	1.92
尖扎县	0.36	0.58	0.51	0.45
泽库县	3.26	4.12	4.29	4.62
河南县	3.54	3.81	4.40	4.84
黄南州小计	8.58	10.53	11.22	11.83
共和县	4.16	4.92	5.67	5.74
同德县	2.09	2.62	2.45	2.89
贵德县	0.75	1.24	1.01	0.92
兴海县	4.00	5.30	5.18	5.43
贵南县	2.23	3.24	2.87	3.16
海南州小计	13.23	17.32	17.18	18.14
玛沁县	7.02	6.81	6.55	7.88
班玛县	3.14	2.65	2.89	3.10
甘德县	4.80	4.55	4.19	5.09
达日县	10.74	9.28	9.13	10.79
久治县	4.25	3.31	4.19	4.17
玛多县	10.80	10.74	11.93	13.45
果洛州小计	40.75	37.34	38.88	44.48
玉树县	5.70	5.36	6.81	5.73
杂多县	13.25	15.19	11.80	14.32
称多县	5.32	5.13	4.59	6.31
治多县	23.71	19.74	23.14	27.08
囊谦县	4.10	4.94	3.80	4.33
曲麻莱县	10.75	10.15	10.45	13.68
玉树州小计	62.83	60.51	60.59	71.45
唐古拉山乡小计	24.92	17.84	24.56	20.84
三江源	150.30	143.54	152.43	166.73

表 3-16　2000～2015 年三江源区各地区径流调节价值量（亿元）

州/县/乡	2000 年	2005 年	2010 年	2015 年
同仁县	7.11	13.96	12.63	9.33
尖扎县	0.98	3.54	2.61	1.97
泽库县	15.10	26.44	25.60	21.51
河南县	20.45	26.21	27.64	23.24
黄南州小计	43.64	70.16	68.48	56.05
共和县	22.85	37.61	39.01	30.87
同德县	8.31	17.60	13.37	11.74
贵德县	1.51	7.25	4.91	3.95
兴海县	16.51	43.76	30.70	17.47
贵南县	5.45	19.26	14.93	12.48
海南州小计	54.63	125.48	102.92	76.51
玛沁县	39.83	47.29	37.09	38.47
班玛县	21.91	13.23	20.34	12.60
甘德县	29.13	29.19	24.98	27.45
达日县	66.88	54.85	53.79	63.68
久治县	21.89	20.47	20.43	14.24
玛多县	63.42	68.35	62.66	67.99
果洛州小计	243.06	233.38	219.29	224.43
玉树县	44.29	39.58	31.37	22.05
杂多县	86.10	90.72	76.55	61.61
称多县	36.05	32.53	35.58	23.31
治多县	155.25	119.30	103.13	97.98
囊谦县	28.36	33.00	21.45	14.63
曲麻莱县	65.99	56.07	56.65	50.55
玉树州小计	416.04	371.20	324.73	270.13
唐古拉山乡小计	173.90	133.61	120.29	73.77
三江源	931.23	933.81	835.72	700.91

（二）土壤保持服务价值核算

1. 土壤保持服务核算方法

（1）功能界定

本书把土壤保持功能界定为三江源生态系统减少土壤流失和保持土壤肥力的功能两个方面：①土壤流失量的建设，采用多年（2000～2015）平均降雨侵蚀力条件下潜在土壤侵蚀量与实际土壤侵蚀量的差值；②土壤肥力的保持量，即减少的土壤侵蚀量中所含的有机碳、全氮、全磷和全钾的数量。

（2）数据来源

土壤保持功能估算使用的数据包括降水、土壤、地形、植被覆盖及土地利用数据。

其中，降水数据是 2000 年至 2015 年三江源及周边 34 个气象站的逐日降水量资料，来源于中国气象数据网。土壤数据是 1∶100 万土壤图中的土壤质地数据，来源于南京土壤所。地形数据为 30m 分辨率 DEM，来源于地理空间数据云。2000，2005，2010 和 2015 年四期土地利用（覆盖）数据，来源于中国科学院资源环境科学数据中心，2000，2005，2010 和 2015 年基于 MODIS 的 250m NDVI 产品，来源于 NASA 官网。

模型参数：水力侵蚀量计算采用《土壤侵蚀分类分级标准》（SL 190—2007）推荐的公式计算，模型具体形式为：

$$A = 100R \times K \times LS \times B \times E \times T \tag{3-1}$$

式中，A 为单位面积上时间和空间平均的土壤流失量，单位为 t/（km^2·a）；R 为降雨侵蚀力因子，单位为 MJ·mm/(hm^2·h·a)；K 为土壤可蚀性因子，单位为 t·hm^2·h/(hm^2·MJ·mm)；S 为坡度（无量纲）；L 为坡长（无量纲）；B 为水土保持生物措施因子（无量纲）；E 为水土保持工程措施因子（无量纲）；T 为水土保持耕作措施因子（无量纲）。

潜在土壤侵蚀量计算方法如下：

$$A = 100R \times K \times LS \times B_p \times E \times T \tag{3-2}$$

式中，B_p 是潜在最大植被因子，即在假定土地利用类型不变，生态系统极端退化条件下的植被因子。

1）降雨侵蚀力因子（R）

三江源的降雨侵蚀力 R 估算使用 2000～2015 年三江源及周边 34 个气象站逐日降水量资料，计算多年平均半月降雨侵蚀力和逐年降雨侵蚀力（Yu *et al.*，1996）。

2000～2015 年，三江源区降水量变化可以分为 3 个阶段，2000～2005 年处于上升阶段，波动在 437～551mm；2006～2011 年变化在较低的水平，波动在 442～505mm；2011 年以后，2012 年和 2014 年降雨量较高，2013 年和 2015 年则较低。降雨量与降雨侵蚀力表现出大致相同的变化趋势。

2000～2015 年，34 站平均降雨侵蚀力在 295.10～464.90MJ·mm/（hm^2·h·a），2005 年和 2010 年降雨侵蚀力持续增加，2000 年和 2015 年则较低。同时，降雨侵蚀力小于 300MJ·mm/（hm^2·h·a）的面积在 2010 年之前明显减小，在 2015 年则有所回升。

2）土壤可蚀性因子（K）

土壤可蚀性因子表征土壤被冲被蚀的难易程度，反映土壤对侵蚀外营力剥蚀和搬运的敏感性，是影响土壤侵蚀的内在因素。计算结果表明，三江源区土壤可蚀性变化为 0.0081～0.0449t·hm^2·h/（hm^2·MJ·mm），自西向东呈递增趋势，高值集中在东部和西南部。

3）坡度因子（S）

坡度因子是指某一坡度土壤流失量与坡度为 5.13°且其他条件一致的坡面产生土壤流失量的比率。本书基于 80 米分辨率 DEM 计算坡度因子，结果表明三江源区坡度大多在 15°以下，坡度的高值集中在东部和西南的河流区域。

坡度因子与坡度呈现相同的趋势，高值集中在西南部的玉树县、称多县和囊谦县，以及东部的兴海县、同德县、玛沁县、甘德县、久治县、班玛县、贵德县、尖扎县和同仁县。

4）坡长因子（L）

坡长因子是指某一坡面土壤流失量与坡长为 22.13m 且其他条件一致的坡面产生土壤流失量的比率。

5）生物措施因子（B）

生物措施因子是指一定条件下耕作农地上的土壤流失量与同等条件下连续休耕的对照裸地上的土壤流失量之比，无量纲，在 0～1 取值。

本书根据植被覆盖度和土地利用信息计算因子 B。首先，把土地利用类型分为两大类，即林草地和其他土地类型（湖泊水库和坑塘、河流、运河、旱地、居住地、工业用地、交通用地、采矿场、裸岩、裸土、沙漠沙地、盐碱地、冰川和积雪）。

林、灌、草地的生物措施因子 B，是根据美国农业部 1978 年发布的通用水土流失方程式（参见《美国农业部 537 手册》）列出的天然草地、矮灌木林和荒地，以及天然林地植被因子拟合了 B 与植被覆盖度的回归公式，如下叙述。

林地，

$$B = 0.0333^{-0.051v} \tag{3-3}$$

灌木林，

$$B = 0.3193^{-0.035v} \tag{3-4}$$

草地，

$$B = 0.5476^{-0.041v} \tag{3-5}$$

式中，v 是生长季（5～10 月份）平均覆盖度。

其他土地类型（湖泊水库/坑塘、河流、运河、旱地、居住地、工业用地、交通用地、采矿场、裸岩、裸土、沙漠沙地、盐碱地、冰川和积雪）的生物措施因子 B 是根据抽样调查结果推算，结果见专题表 3-17，具体计算方法：①统计抽样调查单元中各类土地利用类型的 B 均值；②将其他土地类型的 B 均值联结到土地利用类型图的属性表中。稀疏草地、稀疏灌木林和稀疏林地的 B 因子采用《美国农业部 537 手册》给出的数据。

专题表 3-17 林地、灌木地和草地以外的土地利用或植被覆盖类型的因子 *B* 取值

土地利用	冰川和积雪	采矿场	工业用地	交通用地	居住地	旱地
B	0	1	1	0.01	0.01	1
土地利用	沙漠和沙地	裸岩	河流	湖泊	盐碱地	水库和坑塘
B	1	0	0	0	1	0
土地利用	灌丛沼泽	森林沼泽	稀疏草地	稀疏灌木林	稀疏林	裸土
B	0	0	0.45	0.36	0.42	1

最后，将土地利用类型图进行数据格式转换，分别以 B 值作为字段，转化成生物措施因子栅格图。计算结果表明，2000，2005，2010 和 2015 年的生物措施因子变化较小。

6）工程措施因子 E 和耕作措施因子 T

全国土壤侵蚀普查成果中已经计算了各抽样单元中各地块的工程措施因子 E 和耕作措施因子 T。本书根据三江源 1∶10 万土地利用现状图和抽样调查结果推算工程措施因子 E 和耕作措施因子 T。具体方法：①统计三江源区域内抽样调查单元中各类土地利

用类型的因子 E 和 T 的均值；②将因子 E 和 T 值联结到土地利用类型图的属性表中；将土地利用类型图进行数据格式转换，分别以因子 E 和 T 值作为字段，转化成 50m×50m 的栅格图。

由于三江源区 2000～2015 年土地利用变化不大，工程措施因子 E 和耕作措施因子 T 的值基本保持不变。

2. 三江源区土壤保持量核算结果

三江源区 2000，2005，2010 和 2015 年平均降雨侵蚀力分别为 222，257，300 和 269MJ·mm/（hm^2·h·a），土壤侵蚀强度分别为 1980，2351，2497 和 2359t/km^2，土壤侵蚀量分别为 7.7，9.1，9.7，9.2 亿 t。2000～2015 年，三江源区土壤主要呈现微度和轻度侵蚀强度，侵蚀强度较高区域集中在东部各县及西南部的班玛县、玉树县、囊谦县和称多县，以唐古拉山乡最低。

假定以生态系统极端退化条件下的土壤侵蚀作为潜在土壤侵蚀，计算潜在土壤侵蚀强度时只考虑了降雨侵蚀力、土壤可蚀性及坡度和坡长因子，其中降雨侵蚀力因子采用的是 2000～2015 年的平均值，而其他因子的变化忽略不计。因此，潜在土壤侵蚀强度基本不变。计算得到：2000 年、2005 年、2010 年、2015 年三江源区的潜在侵蚀模数为 4075t/km^2、4842t/km^2、5115t/km^2、4851t/km^2，潜在侵蚀量分别为 15.85 亿 t、18.83 亿 t、19.89 亿 t、18.87 亿 t。

三江源区潜在土壤侵蚀强度与实际土壤侵蚀强度呈现相同的趋势，主要为微度（<200t/km^2）和轻度侵蚀强度（200～2500t/km^2），侵蚀强度较高区域集中在东部各县及西南部的玉树县、囊谦县和称多县。

2000 年、2005 年、2010 年和 2015 年，土壤保持量分别为 8.14 亿 t、9.69 亿 t、10.18 亿 t 和 9.69 亿 t，总的看，2015 年土壤保持量比 2000 年有较大增长，比 2010 年略有降低见表（专题表 3-18）。

专题表 3-18　2000～2015 年三江源区各地区土壤保持量（万 t）

地区	2000 年	2005 年	2010 年	2015 年
同仁	2 309.89	2 851.91	3 197.09	2 458.48
尖扎	1 249.61	1 474.90	1 203.32	1 168.78
泽库	2 059.46	2 584.48	3 310.68	2 445.90
河南县	2 870.47	3 601.00	5 241.78	3 648.02
黄南州小计	8 489.43	10 512.29	12 952.87	9 721.18
共和	1 394.65	1 616.33	1 647.22	2 164.74
同德	1 992.97	2 643.18	3 135.68	3 029.39
贵德	1 966.88	2 324.66	1 503.58	2 025.92
兴海	3 145.67	4 249.54	4 651.86	5 377.91
贵南	1 736.33	2 181.84	2 462.75	2 185.11
海南州小计	10 236.50	13 015.55	13 401.09	14 783.07
玛沁	5 956.02	7 984.41	8 299.45	8 891.52
班玛	6 857.44	7 761.13	6 978.02	8 269.07

续表

地区	2000 年	2005 年	2010 年	2015 年
甘德	3 506.09	4 505.45	4 444.04	4 694.59
达日	5 498.00	6 783.74	6 324.12	7 196.19
久治	7 062.28	8 373.53	8 686.86	8 646.51
玛多	904.11	1 301.72	1 722.23	1 601.11
果洛州小计	29 783.94	36 709.98	36 454.72	39 298.99
玉树	6 871.36	8 036.65	7 991.90	6 804.82
杂多	7 793.04	8 163.95	7 544.24	7 421.48
称多	2 281.33	2 952.88	4 073.65	2 923.99
治多	4 827.31	5 487.35	6 458.21	5 487.86
囊谦	7 343.27	7 887.44	7 319.89	5 967.10
曲麻莱	1 864.50	2 530.67	3 547.21	2 626.57
玉树州小计	30 980.81	35 058.94	36 935.10	31 231.82
唐古拉山乡	2 215.52	1 905.12	2 686.91	2 065.29
三江源	81 706.20	97 201.88	102 430.69	97 100.35

3. 三江源区土壤保持价值估算

（1）估算方法

三江源区土壤保持功能价值包括土壤养分保持价值和减少泥沙淤积价值。生态系统因保持土壤而减少泥沙淤积的体积按照 24%的比例估算，减少泥沙淤积价值用替代工程法表示为挖取单位体积土方费用。减少养分流失价值换算为各种肥料价值估算，肥料价格采用 2000 年中国肥料市场价格，依据农业部土肥处统计资料（2000 年）和农业部《中国农业信息网》的相关数据；挖取单位体积土方费用为 12.6 元/m^3，依据 2002 年黄河水利出版社出版的《水利建筑工程预算定额》（上册）。

专题表 3-19 土壤保持要素市场价格表

年份	2000	2005	2010	2015
固土（元/m^3）	13	13	16	18
氮（元/t）	1612	1724	1992	2286
磷（元/t）	461	493	569	653
钾（元/t）	1686	1803	2083	2391
有机肥（元/t）	882	943	1165	1250

（2）三江源区价值量估算结果

2000 年、2005 年、2010 年和 2015 年，单位面积土壤保持价值分别为 12.73 万元/km^2、15.01 万元/km^2、15.76 万元/km^2 和 14.82 万元/km^2，土壤保持总价值分别为 494.91 亿元、583.83 亿元、613.07 亿元和 576.26 亿元。2015 年土壤保持价值与 2005 年基本持平，低于 2010 年，高于 2000 年。

专题表 3-20　2000～2015 年三江源区各地区土壤保持量（万 t）

地区	2000 年	2005 年	2010 年	2015 年
同仁	16.22	21.38	28.47	24.46
尖扎	9.20	11.63	11.59	12.25
泽库	9.25	12.32	18.79	15.12
河南县	10.02	13.40	23.05	17.95
黄南州小计	44.69	58.73	81.90	69.78
共和	8.86	10.93	12.79	18.88
同德	10.34	14.70	20.49	22.16
贵德	14.13	17.86	13.78	20.49
兴海	13.33	19.22	24.90	31.62
贵南	6.40	8.57	10.51	11.56
海南州小计	53.06	71.28	82.47	104.71
玛沁	22.05	31.41	41.03	45.59
班玛	28.29	33.87	36.98	48.23
甘德	4.82	6.57	7.79	8.98
达日	8.02	10.48	11.48	14.71
久治	44.99	55.90	69.05	77.31
玛多	2.64	4.08	6.50	6.72
果洛州小计	110.81	142.31	172.83	201.54
玉树	25.26	31.60	37.48	35.80
杂多	25.80	28.41	32.37	34.89
称多	6.90	9.49	15.06	12.33
治多	23.08	27.78	38.62	36.59
囊谦	37.52	43.23	47.97	43.48
曲麻莱	10.73	15.68	26.11	21.57
玉树州小计	129.29	156.19	197.61	184.66
唐古拉山乡	11.71	10.73	17.90	15.59
三江源	349.56	439.24	552.71	576.28

（三）生态系统固碳服务价值核算

1. 研究方法

陆地生态系统通过光合作用固定大气中的 CO_2，同时通过呼吸作用向大气中释放 CO_2，两者的差值为净生态系统生产力（net ecosystem productivity，NEP）。陆地生态系统固碳服务功能可以应用 NEP 来表征，其数值的变化可以反映陆地生态系统的碳收支状况。本书综合利用 VPM 模型（Xiao *et al.*，2004）和 ReRSM 模型（Gao *et al.*，2015）对三江源区生态系统固碳服务功能进行评估。

（1）数据来源和处理

本书所用数据包括通量观测数据、MODIS 遥感数据、光合有效辐射数据和生态系统类型图。其中，通量观测数据主要来源于中国通量网和全球通量网，用于模型参数率定；MODIS 遥感数据来自于 NASA 官网，包括产品 MOD09A1 和 MOD11A2，本书利用其提供的质量控制文件对各数据层分别进行无效数据剔除和插补；光合有效辐射数据来源于中国-东盟 5km 分辨率光合有效辐射数据集（张海龙等，2013）；生态系统类型图来源于环境保护部（现“生态环境部”）卫星环境应用中心。由于 2000 年的 MOD09A1 和 MOD11A2 产品数据缺失较多，因此，本书在进行 2000 年三江源区生态系统固碳服务功能核算时采用的是 2001 年的遥感数据。

（2）价值量评估方法

本书采用《森林生态系统服务功能评估规范》（LY/T 1721—2008）推荐的碳税法对生态系统固碳服务功能进行价值量评估，其数值为 1200 元/t C。

2. 生态系统固碳服务实物量核算结果

2015 年，三江源区生态系统固碳量为 0.43 亿 t，单位面积固碳量为 110.81gC/m^2·a。其中，总初级生产力为 1.15 亿 t，均值为 294.72gC/ m^2·a，生态系统呼吸为 0.71 亿 t，均值为 183.91gC/m^2·a。2001 年，三江源区生态系统固碳量为 0.41 亿 t，均值为 104.90gC/ m^2·a，总初级生产力为 1.09 亿 t，均值为 280.12gC/m^2·a，生态系统呼吸为 0.68 亿 t，均值为 175.22gC/m^2·a。与 2001 年相比，2015 年三江源区生态系统固碳量略有增加，约增加了 0.02 亿 t，均值约增加了 5.91gC/m^2·a。其中，总初级生产力增加了 0.06 亿 t，均值增加了 14.6gC/m^2·a，生态系统呼吸增加了 0.03 亿 t，均值增加了 8.69gC/m^2·a，总初级生产力的增加幅度大于生态系统呼吸，见专题表 3-21。

专题表 3-21　2001～2015 年三江源区生态固碳参量

年份	GPP		RE		NEP	
	（gC/m^2·a）	亿 t	（gC/m^2·a）	亿 t	（gC/m^2·a）	亿 t
2001	280.12	1.09	175.22	0.68	104.90	0.41
2005	281.70	1.09	174.56	0.68	107.14	0.42
2010	339.87	1.32	202.67	0.79	137.20	0.53
2015	294.72	1.15	183.91	0.71	110.81	0.43

专题表 3-22　2000～2015 年三江源各地区生态固碳量　（单位：亿 t）

地区	2000 年	2005 年	2010 年	2015 年
同仁	0.010	0.010	0.012	0.010
尖扎	0.004	0.004	0.005	0.004
泽库	0.019	0.018	0.025	0.020
河南县	0.024	0.023	0.031	0.024
黄南州小计	0.057	0.055	0.073	0.059
共和	0.021	0.021	0.028	0.024
同德	0.013	0.012	0.016	0.015
贵德	0.006	0.006	0.007	0.006
兴海	0.020	0.020	0.026	0.023
贵南	0.013	0.012	0.018	0.014
海南州小计	0.074	0.071	0.096	0.082

续表

地区	2000年	2005年	2010年	2015年
玛沁	0.024	0.024	0.032	0.026
班玛	0.014	0.014	0.018	0.015
甘德	0.015	0.016	0.021	0.016
达日	0.018	0.021	0.025	0.020
久治	0.019	0.020	0.025	0.021
玛多	0.015	0.016	0.025	0.017
果洛州小计	0.104	0.111	0.145	0.115
玉树	0.025	0.029	0.037	0.027
杂多	0.036	0.034	0.047	0.033
称多	0.017	0.019	0.022	0.016
治多	0.036	0.036	0.041	0.035
囊谦	0.023	0.024	0.031	0.024
曲麻莱	0.024	0.024	0.027	0.024
玉树州小计	0.160	0.166	0.204	0.158
唐古拉山乡	0.012	0.013	0.015	0.015
三江源	0.407	0.416	0.533	0.430

三江源区生态系统固碳的空间分布格局总体上呈现从西向东逐渐增高的趋势。最高值区主要位于东北区域，最低值区主要位于西北区域。三江源区大部分区域为碳汇区，单位面积固碳量主要集中在0～300gC/m^2·a之间。与2001年相比，2015年生态系统碳源区及固碳量介于100～200gC/m^2·a的区域有所减少，大于300gC/m^2·a的区域有所增多。

3. 生态系统固碳服务价值量核算结果

2000年、2005年、2010年、2015年，三江源区生态系统固碳价值分别为488.69亿元、499.06亿元、639.11亿元、516.14亿元。其中，2000年生态固碳价值量最低，2010年生态固碳价值量最高。和2000年相比，2015年生态固碳价值量略有增加，和2010年相比，2015年生态固碳价值量有较大幅度的降低，见专题表3-23。

专题表3-23　2000～2015年三江源区各地区生态固碳价值量　（单位：亿元）

地区	2000年	2005年	2010年	2015年
同仁	12.22	12.03	14.55	12.01
尖扎	4.51	4.81	5.56	4.97
泽库	23.25	21.02	29.74	24.38
河南县	28.70	28.16	37.61	29.27
黄南州小计	68.68	66.02	87.46	70.63
共和	25.38	25.08	33.50	28.46
同德	15.49	14.82	19.61	18.37
贵德	7.13	7.05	8.74	6.80
兴海	24.59	23.86	31.46	28.03
贵南	15.95	14.49	21.30	17.28
海南州小计	88.54	85.30	114.61	98.94

续表

地区	2000年	2005年	2010年	2015年
玛沁	28.21	28.37	37.96	30.73
班玛	16.76	17.08	21.16	18.35
甘德	18.08	19.37	25.35	19.24
达日	21.53	24.73	30.22	24.29
久治	22.46	24.04	29.63	24.99
玛多	17.47	19.12	30.06	20.94
果洛州小计	124.51	132.71	174.38	138.54
玉树	29.66	35.30	44.11	32.06
杂多	42.86	40.31	56.21	39.02
称多	19.93	22.32	25.81	19.73
治多	43.41	43.59	49.17	41.95
囊谦	27.57	28.45	37.43	28.92
曲麻莱	28.56	29.28	32.27	28.45
玉树州小计	191.99	199.25	245.00	190.13
唐古拉山乡	14.95	15.77	17.66	17.88
三江源	488.69	499.06	639.11	516.14

（四）物种保育服务价值核算

1. 三江源区野生动物资源现状

三江源国家级自然保护区野生动植物资源丰富，按我国动物地理区划，三江源自然保护区属“青海藏南亚区”，动物分布型属“高地型”，区系分为寒温带动物区系和高原高寒动物区系，以青藏类为主，并有少量中亚型及广布种分布。动物组成是以高地森林草原动物群、高地草原及草甸动物群和高地寒漠动物类群为主的生态地理动物群，种群比例上兽类、鸟类数量巨大，而两栖类和爬行类物种组成简单，种群数量相对较小。

三江源国家级自然保护区内有兽类8目20科85种，其中古北界62种，占72.9%，东洋界16种，占18.8%，广布种4种，占4.7%，不确定种3种，占3.5%；鸟类16目41科238种（包括亚种264种），其中古北界179种，占75.2%，东洋界14种，占5.9%，广布种45种，占18.9%；保护区内有国家重点保护野生动物69种，其中国家Ⅰ级重点保护野生动物有藏羚、牦牛、雪豹等16种，国家Ⅱ级重点保护野生动物有岩羊、藏原羚等53种。另外，还有省级保护野生动物艾虎、沙狐、斑头雁、赤麻鸭等32种。

从生态地理角度划分，三江源自然保护区野生动物分为以下三个生态地理动物群。

（1）高地森林草原动物群

高地森林草原动物群主要见于玉树和果洛南部，该地区河谷深切入高原内部，且多南北走向，受南来气流影响较大。阴坡以云杉、冷杉、油松和落叶松形成的针叶林为主，一般多分布于谷地和坡面上，阳坡多为圆柏。该地区针阔混交林以杨、桦为主；高山灌丛主要有杜鹃、金露梅、山生柳等。不同的森林植被类型相互交错并随海拔、坡向而变化。该动物类群的代表动物有马麝、白唇鹿、马鹿、狼、猕猴、小熊猫、野猪、水獭。鸟类有马鸡、血雉、石鸡、岩鸽和啄木鸟（多种）等。

（2）高地草原及草甸动物群

高地草原及草甸动物群主要见于玉树、果洛西北部高原，草原和草甸草原随海拔、地区、坡向而有明显变化。植物种类主要有小蒿草、异针茅草、藏蒿草、报春花、鹅绒委陵菜、风毛菊、细柄茅等。兽类主要有赤狐、藏狐、棕熊、石貂、艾虎、雪豹、藏野驴、白唇鹿、野牦牛、藏原羚、岩羊、喜马拉雅旱獭等。鸟类中石鸡、雪鸡、猛禽类、褐背拟地鸦、百灵、雪雀等鸟类相当丰富。在沼泽地和湖区有灰鹤、黑颈鹤、斑头雁、赤麻鸭、棕头鸥、鱼鸥、燕鸥、秋沙鸭等。

（3）高地寒漠动物类群

高地寒漠动物类群主要指保护区西部、可可西里山和唐古拉山地区。这些地区自然条件单纯，主要植被是由多种针茅、蒿属植物、硬叶苔草和小半灌木垫状驼绒藜等组成。动物种类以有蹄类中的藏野驴、藏原羚、藏羚、野牦牛等最普遍，其次是狼、赤狐、高原兔、喜马拉雅旱獭及鸟类中的雁鸭类、鹰类、雕类比较常见，雪鸡、西藏毛腿沙鸡数量较多，草原鸟类如百灵、文鸟、雪雀等相当繁盛。

2. 评估方法

本评估方法在《森林生态系统服务功能评估规范》（LY/T 1721—2008）的基础上改进的，并参考《森林资源资产价值评估技术规范》（DB11/T 659—2009）中的相关方法，借助能值理论与方法（蓝盛芳，2002），确立地球单个物种的能值转换率和能值货币比率，在上述基础上，创新性地提出增加生境质量指数和种群内禀增长率（自然更新率）确定物种保育更新的价值量。

以IUCN（世界自然保护联盟）红色名录（2015）、中国《国家重点保护野生植物名录》为依据，确定各物种等级与重要性指数。三江源动物物种数量来源于陕西省动物所完成的《青海三江源自然保护区重点区域野生野生动物资源现状及种群变化调查报告》（2012年）。由于只有一年的动物资源调查数据，其余年份的动物物种保育价值通过评估年与基准年（2012）生境质量指数调整。

整体公式如下

$$U = r_m \times \delta\left(N + 0.1\sum_{i=1}^{m} A_i \times N1_i \ + 0.1\sum_{j=1}^{n} B_j N2_j \ + 0.1\sum_{k=1}^{z} C_k N3_k\right) \times \tau \times \theta \qquad (3\text{-}6)$$

式中，U表示物种保育更新的能值量；r_m为物种更新率，植物取值为0.01，动物取值为0.1；δ为生境质量调整系数，即评估年生境质量指数与2012年生境质量指数的比值；陆地生境质量利用InVEST模型进行计算；N为研究区物种数量；A_i为不同IUCN濒危等级指数，$N1_i$为不同IUCN濒危等级的物种数量；B_j为不同国家保护等级指数，$N2_j$为不同国家保护等级的物种数量；τ为单个物种的能值转换率；i为不同IUCN濒危等级，j为不同国家保护等级；m为IUCN濒危等级个数，n为国家保护等级个数。不同等级指数及界定标准如表3-24所示。

专题表 3-24　不同等级指数及界定标准

等级指数	IUCN 濒危等级	国家重点保护等级
4	极危	I 级
3	濒危	II 级
2	易危	
1	近危	
0	无危、未评估及数据缺失	

此外，关于濒危程度反映物种在自然状态下生存受到威胁程度的大小（叶有华等，2017），主要采用“名录濒危值”来表示区域珍稀濒危物种的濒危总体情况。赋值标准如下。

（1）IUCN 濒危物种级别赋值标准

IUCN 濒危物种级别赋值标准中，CR（极危）=4 分；EN（濒危）=3 分；VU（易危）=2 分；NT（近危）=1 分。

（2）国家重点保护野生动物赋值标准

国家重点保护野生物种赋值标准中。I 级=4 分；II 级=3 分。

专题表 3-25　基本参数值查找表

编号	名称	数值	单位	参考来源
x_1	地球生物圈基准能值	9.44×10^{24}	Sej①	Odum（1996）计算为 9.44E+24
x_2	地质形成的年代 a	2.00×10^{9}	a	直接引用 Odum（1996）的计算成果
x_3	总共形成的物种数	1.50×10^{9}	种	
x_4	地球上单个物种的能值转换率基准值	1.26×10^{25}	Sej/种	$x_4=x_1\times x_3/x_2$
x_5	能值货币比	5.87×10^{12}	Sej/$	（Jiang，2008）
x_6	地球表面积	510 067 866	km^2	来源于 Odum（1996）
x_7	三江源区国土面积	395 000	km^2	统计数据
x_{10}	三江源区国土面积占地球表面积	7.13×10^{-4}	%	$x_{10}=x_7/x_6$
x_{12}	陆地单个物种的固定价值	4.82×10^{6}	$/种	$x_{12}=x_4\times x_{10}/x_5$
x_{13}	2008 年 1 美元兑换人民币平均值	6.83		来源于国家统计局
x_{14}	2015 年价格调整系数	1.17		来源于价格统计年鉴计算

3. 评估结果

三江源地区有国家 I 级重点保护野生动物物种 16 个，国家II级重点保护野生动物物种 53 个，IUCN 目录中极危等级的 11 个、濒危等级的 23 个、近危等级的 31 个、易危等级的 28 个，见专题表 3-26。

① Sej，英文为“solar emjoules”，即“太阳能焦耳”，余同。

专题表 3-26　动物物种不同等级数据汇总

各类等级名称	保护级别	个数
国家保护等级	Ⅰ级	16
国家保护等级	Ⅱ级	53
IUCN 等级	极危	11
IUCN 等级	濒危	23
IUCN 等级	近危	31
IUCN 等级	易危	28
总计	—	162

根据前文所介绍的方法，计算得到三江源地区的动物物种保育价值为 2400 亿元。通过评估年与前后一年的平均植被覆盖度作为调整系数，分析得到 2000 年、2005 年、2015 年的动物物种保育价值分别为 2201 亿元、2142 亿元、2593 亿元，随着植被恢复得越来越好，三江源物种种群数量不断增加，物种保育价值也随之提高。

专题表 3-27　动物物种保育价值

年份	2000	2005	2010	2015
调整系数%	48.53	47.22	52.92	57.16
物种保育更新能值量（Sej）	3.51×10^{15}	3.51×10^{15}	3.52×10^{15}	3.71×10^{15}
物种保育更新价值量（2015 年价格，亿元）	2201	2142	2400	2593

（五）清洁水源服务价值核算

清洁水源服务功能即某一区域范围内的水体在某一时间段能够提供干净水源的量。本书将达到或优于《地表水环境质量标准》（GB 3838—2002）中Ⅲ类水质标准的地表水体为基准核算三江源清洁水源价值。

1. 清洁水源服务核算方法

本书应用 SWAT 模型模拟得到三江源区域逐年平均流量过程，以模拟的径流量作为水资源量。

单位水资源价格的确定，以北京市发展和改革委员会公布的水资源费价格作为资源水价，为 1.57 元/m^3。

单位水环境质量价格的确定，本书只选取 COD 作为水体污染物的表征指标。

《地表水环境质量标准》（GB 3838—2002）中 COD 的浓度标准限值如下：Ⅰ类标准为 15mg/L，Ⅱ类标准为 15mg/L，Ⅲ类标准为 20mg/L，Ⅳ类标准为 30mg/L，Ⅴ类标准为 40mg/L。本书以Ⅲ类水体中 COD 的浓度作为基准浓度。

本书根据采用已有的数据，如下所述。污水处理厂运行年限一般大于 30 年，按 30 年计，每吨水能力投资为 1500 元，每吨水的运行成本大约为 0.8 元，则平均每吨水的运行和投资费用为 50.8 元/t，单位 COD 的去除价格为 0.73 元/t。

以Ⅲ类水体为基准，将各类水体处理为Ⅲ类水体所需要的单位水环境的价格，结合单位水资源价格，得出各类水体的水价。

表 3-28　水环境产品价格表水价

水质类别	COD 浓度标准（mg/L）	资源水价（元/m^3）	环境水价（元/m^3）	水价（元/m^3）
Ⅰ类	15	1.57	0.73	2.3
Ⅱ类	15	1.57	0.73	2.3
Ⅲ类	20	1.57	0	1.57
Ⅳ类	30	1.57	−1.45	0.12
Ⅴ类	40	1.57	−2.90	−1.33
劣Ⅴ类	50	1.57	−4.35	−2.78

2. 清洁水源服务核算结果

三江源区 2000 年、2005 年、2010 年和 2015 年水资源量分别为 408.52 亿 m^3、436.31 亿 m^3、549.27 亿 m^3、415.07 亿 m^3（专题表 3-29）。2000 年、2005 年、2010 年和 2015 三江源清洁水源价值分别为 939.68 亿元、1003.48 亿元、1263.34 亿元和 954.69 亿元，见专题表 3-30。

专题表 3-29　三年平均气象条件行政区水资源量

地区	2000 年	2005 年	2010 年	2015 年
同仁县	1.87	2.80	2.99	2.57
尖扎县	0.35	0.54	0.54	0.47
泽库县	5.33	7.75	8.66	6.84
河南县	7.88	11.48	13.37	7.95
黄南州小计	15.43	22.57	25.56	17.83
共和县	2.96	3.52	4.14	4.55
同德县	4.02	5.40	6.15	5.81
贵德县	0.55	0.83	0.80	0.73
兴海县	7.26	9.56	11.59	9.94
贵南县	2.67	3.57	3.75	4.86
海南州小计	17.46	22.88	26.43	25.89
玛沁县	18.12	22.71	25.00	20.52
班玛县	19.47	18.52	19.75	19.57
甘德县	10.43	12.70	13.76	11.27
达日县	23.38	25.69	26.05	22.29
久治县	23.18	30.38	26.91	26.73
玛多县	13.30	15.45	19.77	12.81
果洛州小计	107.88	125.45	131.24	113.19
玉树县	28.63	26.05	29.79	26.83
杂多县	65.53	55.54	66.22	58.61
称多县	22.91	26.31	33.76	23.63
治多县	70.81	74.87	113.26	69.57
囊谦县	26.27	23.19	25.26	23.08
曲麻莱县	36.83	44.20	59.20	33.17
玉树州小计	250.98	250.16	327.49	234.89
唐古拉山乡小计	16.77	15.25	38.55	23.27
三江源	408.52	436.31	549.27	415.07

专题表 3-30　三年平均气象条件各地区清洁水源价值（亿元）

地区	2000 年	2005 年	2010 年	2015 年
同仁县	4.30	6.43	6.88	5.92
尖扎县	0.81	1.24	1.23	1.08
泽库县	12.26	17.83	19.91	15.72
河南县	18.13	26.40	30.74	18.28
黄南州小计	35.50	51.90	58.76	41.00
共和县	6.80	8.09	9.53	10.48
同德县	9.25	12.41	14.15	13.36
贵德县	1.26	1.91	1.85	1.68
兴海县	16.70	21.98	26.66	22.87
贵南县	6.13	8.21	8.63	11.18
海南州小计	40.14	52.60	60.82	59.57
玛沁县	41.67	52.24	57.50	47.20
班玛县	44.79	42.59	45.42	45.01
甘德县	23.99	29.21	31.65	25.92
达日县	53.78	59.08	59.92	51.27
久治县	53.32	69.87	61.90	61.47
玛多县	30.60	35.54	45.47	29.46
果洛州小计	248.15	288.53	301.86	260.33
玉树县	65.86	59.91	68.51	61.72
杂多县	150.73	127.74	152.31	134.80
称多县	52.70	60.52	77.65	54.36
治多县	162.87	172.20	260.49	160.01
囊谦县	60.43	53.35	58.11	53.08
曲麻莱县	84.72	101.66	136.17	76.30
玉树州小计	577.31	575.38	753.24	540.27
唐古拉山乡小计	38.58	35.07	88.66	53.52
三江源	939.68	1003.48	1263.34	954.69

（六）清洁空气价值核算

1. 清洁空气价值核算概念及思路

大气中影响人体健康的主要空气污染因子包括可吸入颗粒物、SO_2、NO_X、臭氧、CO 等。目前，我国城市空气污染的主要污染物是可吸入颗粒物（PM）、SO_2、NO_2。考虑学术界对这一问题的观点、剂量（暴露）反应关系的研究以及我国连续监测数据的可获得性，本书只选取 $PM_{2.5}$ 作为大气污染因子的表征指标。控制 $PM_{2.5}$ 浓度改善的健康效益等于 $PM_{2.5}$ 浓度降低后各健康终端变化带来的健康效应的价值总和。计算公式如下。

$$CV = V_k \times \Delta E_k \tag{3-7}$$

式中，CV 表示 $PM_{2.5}$ 浓度改变产生的健康效应价值总和；V_k 表示第 k 种健康效应终端对应的价值；ΔE_k 表示 $PM_{2.5}$ 浓度改变导致的第 k 种健康效应终端的变化量；k 表示 1，2，3，4。其中，$k1$ 为全因死亡率；$k2$ 为呼吸道疾病；$k3$ 为循环系统疾病；$k4$ 为慢性气管、支气管、肿瘤疾病。

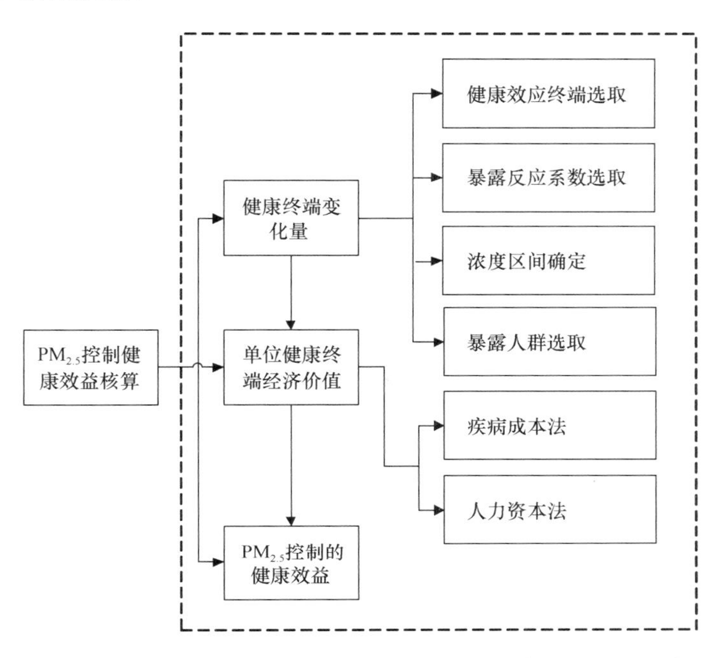

专题图 3-13 $PM_{2.5}$ 控制的环境健康效益评估思路图

2. 评估方法

（1）健康终端的选取

本书以评 $PM_{2.5}$ 引起的健康效应的经济损失为主要目的。结合已有研究，选取长期死亡率、呼吸系统疾病、循环系统疾病、气管支气管慢性疾病等 4 类因子作为健康效应终端。

专题表 3-31 国内现有研究选择的健康终端

	健康终端
阚海东（2004）	长期死亡率、慢性支气管炎、急性死亡率、呼吸系统疾病住院、心血管疾病住院、内科门诊、儿科门诊、哮喘发作、活动受限
陈仁杰等（2010）	早逝、慢性支气管炎、内科门诊、心血管疾病住院、呼吸系统疾病住院
刘晓云等（2010）	呼吸系统疾病住院、心血管疾病住院、急性支气管炎、哮喘、内科门诊、儿科门诊
殷永文等（2011）	呼吸系统疾病住院、心血管疾病住院、呼吸系统疾病住院人数、活动受限日
黄德生和张世秋（2013）	全因死亡率、慢性疾病死亡率、急性疾病死亡率、、呼吸系统疾病住院率、心血管疾病住院、内科门诊、儿科门诊、慢性支气管炎、急性支气管炎、哮喘
谢元博等（2014）	总死亡率、呼吸系统死亡率、呼吸系统住院率、心血管疾病住院、内科门诊、儿科门诊、急性支气管炎、哮喘

（2）暴露反应关系计算及系数选取

在某一大气污染物浓度下人群健康效应值为

$$E_i = \exp\left[\beta \times \left(C - C_0\right)\right] \times E_0 \tag{3-8}$$

式中，β 为暴露反应关系系数；C 为污染物的实际浓度；C_0 为污染物的基准浓度；E_0 为污染物基准浓度下的人群健康效应。

大气颗粒物控制带来的健康效应改善为 E_i 和 E_0 的差值，可用下式表示

$$\Delta E = E_i - E_0 = P \times M_0 \times \left\{ \exp\left[\beta \times \left(C - C_0 \right) \right] - 1 \right\} \tag{3-9}$$

式中，P 为暴露人口数；M_0 为健康效应终端基准情形死亡率或患病率。

综合国内外多项研究（谢鹏等，2009；阚海东和陈秉衡，2002；黄德生和张世秋，2013），可给出我国 $PM_{2.5}$ 污染的暴露反应系数，如专题表 3-32 所示。

专题表 3-32　各健康终端的暴露反应系数和基准发生率表

健康终端	暴露反应系数（β）（95%置信区间）	基准发生率
全因死亡率	0.000 4（0.000 19，0.000 62）	7.11‰
呼吸系统疾病	0.001 09（0，0.002 21）	0.010 22
循环系统疾病	0.000 68（0.000 43，0.000 93）	0.005 46
慢性气管、支气管、肿瘤	0.010 09（0.003 66，0.015 59）	0.006 94

注：β 表示当 $PM_{2.5}$ 每提高 1μg/m^3 时疾病发生率变化的比例。

（3）浓度区间的设定

在浓度区间设定的过程中，首先应获取所要评估的实际浓度值 C，再确定评估的基准浓度值（C_0）作为参考系，将二者相比较得到评估的浓度区间。

我国 $PM_{2.5}$ 监测起步较晚，2013 年开始发布 $PM_{2.5}$ 的监测信息，且仅部分城市有完整的全年监测值。2014 年，三江源区所在 4 个州开始 $PM_{2.5}$ 监测。在计算过程中，采用 2015 年三江源区 4 个州的 $PM_{2.5}$ 年度数据作为待评估地区的实际浓度值。唐古拉山乡采用玉树州数据作为参考。

基准浓度值选取两个污染控制情景，评估控制 $PM_{2.5}$ 浓度达到相应的空气质量标准时各健康终端疾病的减少量所带来的经济效益。

情景 1　假设将《环境空气质量标准》（GB 3095—2012）规定的年均值二级浓度限值 35μg/m^3 降低到三江源区的 $PM_{2.5}$ 实际浓度时的健康效益。

情景 2　假设将中国 74 个城市（2012 年第一批实施新空气质量标准的城市）年均浓度下降到三江源区的 $PM_{2.5}$ 实际浓度时的健康效益。该标准来源于环境保护部所发布的《2015 年中国环境状况公报》，即第一批实施环境空气质量新标准的 74 个城市平均浓度为 62μg/m^3。

因此，本书选取的基准浓度取值和浓度区间设定如专题表 3-33 所示。

专题表 3-33　$PM_{2.5}$ 浓度变化区间设定

情景	实际浓度值（μg/m^3）	情景 1 C-C_0（μg/m^3）	情景 2 C-C_0（μg/m^3）
果洛州	41.67	6.67	−20.33
海南州	42.55	7.55	−19.45
黄南州	52.08	17.08	−9.92
玉树州	19.00	−16.00	−43.00
唐古拉山乡	19.00	−16.00	−43.00

注：C 为年 $PM_{2.5}$ 实际浓度值。C_0 为各情景下的控制目标值。

（4）暴露人口的识别

实际分析过程中，考虑到各项数据的可得性，将研究区常住人口作为大气污染的暴露人群。实际分析过程中，考虑到三江源区人口稀少，本书以全国平均人口密度为标准，以三江源区面积计算暴露人口数量。

（5）清洁空气价值量的计算

清洁空气价值量的计算，采用疾病成本法和修正的人力资本法。它是基于收入的损失成本和直接的医疗成本进行估算的，对于因污染造成的过早死亡损失采用修正的人力资本法，患病成本采用疾病成本法。

大气环境产品的价值为各疾病终端的疾病成本与人力资本之和，计算公式如下

$$CV = THCL + EC \tag{3-10}$$

式中，$THCL$ 为各疾病终端的人力资本，EC 为各疾病终端的疾病成本。

在经济学中，人力资本是指体现在劳动者身上的资本，主要包括劳动者的文化知识和技术水平及健康状况。环境经济学在运用人力资本法时，主要注重污染导致环境生命支持能力降低，对生命健康造成的损害，表现为生病或过早死亡所造成的损失。

在估算因大气污染引起早死亡的经济损失时，往往采用从人均 GDP 减去人均消费后把它作为一个统计生命年对社会的贡献的方法，即作为一个统计生命年对 GDP 贡献的价值，人们把此法称为修正的人力资本法。这种方法与人力资本法的区别在于此方法从整个社会而不是从个体角度来考察人力生产要素对社会经济增长的贡献。

大气污染造成的修正的人均人力资本损失按下式计算

$$HCL = \sum_{i=1}^{t} GDP_i = GDP_0 \times \sum_{i=1}^{t} \frac{(1+a)^i}{(1+r)^i} \tag{3-11}$$

式中，HCL 表示修正的人力资本损失，其单位为“元”；t 为大气污染引起早死平均损失寿命年数，其单位为“年”；采用《中国环境经济核算技术指南》（於方等，2009）中所用的总平均损失寿命年为 18 年，其中，中国呼吸道疾病、循环系统疾病、气管和支气管系统疾病平均损失寿命年分别为 18 年、18 年、23 年。GDP_i 表示未来第 i 年人均 GDP 贴现值；GDP_0 表示基准年人均 GDP；2015 年中国人均 GDP 为 49 992 元。a 表示人均 GDP 增长率；2015 年中国人均 GDP 年增长率为 9.0%。r 表示社会贴现率，为 8%。

大气污染造成的全死因过早死亡经济损失（$THCL$）按照下式计算

$$THCL = \Delta E_{k1} \times HCL \tag{3-12}$$

式中，$THCL$ 表示大气污染造成的因过早死亡产生的经济损失，单位为“元”；ΔE_{k1} 为现状大气污染水平下造成的全死因过早死亡人数，单位为万人；HCL 表示修正的人均人力资本损失，单位为“元/人”。

（6）疾病成本

疾病成本法是指大气污染对人体健康的危害通过治疗疾病时花费的费用来计算的方法。疾病成本主要指患者患病期间支付的与患病有关的直接费用和间接费用，包括门诊、急诊、住院的直接诊疗费和药费，未就诊患者的自我诊疗费和药费，患者休工引起的收入损失（按日人均 GDP 折算），以及交通和陪护费用等间接费用。这种方法估算的

损失没有包括病人因病痛带来的痛苦，所以对健康损失是一种低估。各项费用的计算公式如下。

就诊费用=就诊人次×（人均就诊直接费用＋人均就诊间接费用）

住院费用=住院人次×（人均住院直接费用＋人均住院间接费用）

未就诊费用=未就诊人次×人均自我治疗费用

大气污染造成的疾病成本损失计算公式如下

$$EC = EC_1 + EC_2 \tag{3-13}$$

式中，EC_1 为大气污染造成的相关疾病住院和休工的经济损失；EC_2 为大气污染造成的慢性支气管炎发病失能的经济损失。

1）呼吸道和循环系统疾病成本（EC_1）

大气污染造成的疾病成本为相关疾病住院成本和休工成本之和，计算公式如下

$$EC_1 = \Delta E_{k2} \times \sum \Delta E_k \times (C_{k2} + WD \times C_{wd}) + \Delta E_{k3} \times \sum \Delta E_k \times (C_{k3} + WD \times C_{wd}) \tag{3-14}$$

式中，EC_1 为大气污染造成的相关疾病住院和休工的经济损失，单位为“元”；ΔE_k 为住院人数；C_k 为疾病住院成本，单位为“元/人”；WD 为疾病休工天数，单位为“天”；卫生部第三次国家卫生服务调查主要结果得知，呼吸系统疾病、循环系统疾病人均休工 3 天；CWD 为疾病休工成本，单位为“元/天”，中国 2015 年疾病休工成本为 105 元/天。

2）大气污染造成的慢性支气管炎发病失能经济损失（EC_2）

在评价慢性支气管炎的经济损失时，通常以患病失能法来取代一般疾病采用的疾病成本法，相关研究表明，患慢性支气管炎的失能权重为 40%，即以平均人力资本的 40% 作为患病失能损失，经济损失的计算模型见下式

$$EC_2 = \mu \times \Delta EC_{k4} \times HCL_2 \tag{3-15}$$

式中，EC_2 为大气污染造成的慢性支气管炎发病失能经济损失；t 为大气污染引起的慢性支气管炎早死的平均损失寿命年数，根据分年龄组的 COPD 死亡率，得到慢性支气管炎平均损失寿命年数为 23 年（卫生服务调查中只有分年龄组的 COPD 死亡率，这里以 COPD 死亡率代替慢性支气管炎的死亡率）；μ 为慢性支气管炎失能损失系数，值为 0.4；HCL_2 为平均损失寿命年数为 23 年的人均人力资本；全因死亡率、各疾病终端的发生率及医疗成本来自于 2011 年和 2016 年发表的《中国统计年鉴》《中国卫生统计年鉴》和其他已有的相关研究。

3. 核算结果

（1）三江源区 $PM_{2.5}$ 现状

2015 年，三江源区 $PM_{2.5}$ 浓度都能达到我国空气质量 2 级标准，其中玉树州 $PM_{2.5}$ 浓度年平均为 19μg/cm^3，达到了国家空气质量 2 级标准，黄南州年平均浓度为 52.08μg/cm^3，果洛州和海南州浓度相近，约为 42μg/cm^3。

专题表 3-34　大气环境质量价值核算结果及其各参数确定表

健康终端	项目	情景 1	情景 2	数据来源
健康终端变化量	健康终端	全因死亡率；呼吸系统疾病；气管、支气管、恶性肿瘤；循环系统疾病		阚海东等，2004；谢鹏等，2010；刘晓云等，2010；殷永文等，2011；黄德生和张世秋，2013；谢元博等，2014
	平均人口密度	全国为 141 人/km^2		《中国统计年鉴》（2016 年）
	土地面积	39.53 万 km^2		《青海省统计年鉴》（2016 年）
	年均浓度基准	《环境空气质量标准》二级标准；WHO 过渡时期目标：35μg/m^3	2010 年和 2016 年中国 74 个城市年均浓度：7262μg/m^3 和 62μg/m^3	《环境空气质量标准》（GB 3095－2012）；WHO 过渡时期目标-1（IT-1）；《中国环境状况公报》（2013 年）
	年均实际浓度	2010 和 2015 年分别为 19.7μg/m^3 和 39μg/m^3		实际监测值
	各健康终端基准发病率	呼吸系统疾病为 0.010 22；循环系统疾病为 0.005 46；慢性气管、支气管、肿瘤为 0.006 94		《中国卫生统计年鉴》（2016 年）；各城市的卫生统计年鉴；黄德生和张世秋，2013
	全因死亡率	7.15‰、7.11‰		《中国统计年鉴》（2011 年和 2016 年）
	各健康终端暴露反映关系系数	全因死亡率为 0.000 4（0.000 19，0.000 62）；呼吸系统疾病为 0.001 09（0，0.002 21）；循环系统疾病 0.000 68（0.000 43，0.000 93）；慢性气管、支气管、肿瘤 0.010 09（0.003 66，0.015 59）		谢鹏等，2009；黄德生和张世秋，2013
单位健康终端经济价值	各健康终端平均损失寿命年	全死因早死的平均损失寿命年数 18 年；慢性支气管炎平均损失寿命年数 23 年		卫生部第三次国家卫生服务调查；於方等，2009；《中国环境经济核算技术指南》
	人均 GDP	全国 499 92 元		《中国统计年鉴》（2016 年）
	人均 GDP 增长率	全国 9.0%		《中国统计年鉴》（2016 年）
	社会贴现率	8%		於方等，2009；《中国环境经济核算技术指南》
	各疾病终端住院成本	呼吸系统疾病 4 109.6 元；循环系统疾病 7 626.3 元		《中国卫生统计年鉴》
	各健康终端休工天数	3 天		卫生部第三次国家卫生服务调查
	慢性支气管炎失能损失系数	0.4		卫生部第三次国家卫生服务调查；於方等，2009；《中国环境经济核算技术指南》

表 3-35　三江源区 2015 年 $PM_{2.5}$ 浓度

地区	海南州	黄南州	果洛州	玉树州
1	46	54	44	40
2	44	58	41	22
3	57	65	51	19
4	47	56	48	16
5	40	53	43	16
6	47	41	39	13
7	35	36	30	13
8	43	46	39	13
9	37	53	16	12
10	39	55	45	15
11	40	57	54	21
12	39	51	50	28
年平均	42.55	52.08	41.67	19

（2）健康终端人口变化

通过暴露反应关系进行计算，不同疾病终端评估结果表明，若将 $PM_{2.5}$ 浓度有效控制达到设定的目标情况，可以大大降低呼吸道疾病、循环系统疾病、气管和支气管疾病住院人数和全因死亡率人数。

情景 1 以《环境空气质量标准》（GB 3095—2012）规定的 $PM_{2.5}$ 年均值二级浓度值 35μg/m^3 为基准，由于果洛州、海南州、黄南州的年均 $PM_{2.5}$ 大于 35μg/m^3，因此患病和全因死亡人口均是增加的。玉树州和唐古拉山乡由于空气质量较好，其健康终端人口与基准浓度相比是减少的。

专题表 3-36 健康终端变化（情景一）

区域	全因死亡率	呼吸疾病	循环疾病	慢性支气管病
果洛州	202	793	264	5 139
海南州	137	540	180	3 510
黄南州	131	514	171	3 497
玉树州	–1 348	–5 252	–1 756	–30 751
唐古拉山乡	–338	–1 315	–440	–7 703

注：表中数字均为死亡人口数，单位为“个人”，专题表 3-37 同。

情景 2 以环境保护部发布的《2015 年中国环境状况公报》公布的我国 74 个城市年均 $PM_{2.5}$ 浓度 62μg/m^3 为基准，三江源地区的年均 $PM_{2.5}$ 浓度均低于 62μg/m^3。因此，三江源地区各州全因死亡和患病等健康终端人口与基准情景相比都是减少的。

（3）人均健康成本分析

人力资本是指体现在劳动者身上的资本，主要包括劳动者的文化知识、技术水平及健康状况。环境经济学在运用人力资本法时，主要注重污染导致的环境生命支持能力降低，对生命健康造成损害，表现为生病或过早死亡造成的损失。

专题表 3-37 健康终端变化（情景二）

区域	全因死亡率	呼吸疾病	循环疾病	慢性支气管病
果洛州	–613	–2 384	–798	–13 699
海南州	–352	–1 371	–459	–7 908
黄南州	–75	–294	–98	–1 770
玉树州	–3 604	–13 908	–4 676	–72 607
唐古拉山乡	–903	–3 484	–1 171	–18 187

疾病成本法是指大气污染对人体健康的危害通过治疗疾病时花费的费用来计算的方法。疾病成本主要指患者患病期间支付的与患病有关的直接费用和间接费用，包括门诊、急诊、住院的直接诊疗费和药费，未就诊患者的自我诊疗费和药费，患者休工引起的收入损失（按日人均 GDP 折算），以及交通费用和陪护费用等间接费用。

通过前文介绍的公式，计算得到人均健康成本见下表，过早死亡成本约 98 万元，失能成本约 51 万元，医疗住院成本约 1.2 万元（专题表 3-38）。

专题表 3-38 人均健康成本 （单位：元）

过早死亡成本	每人医疗住院成本		失能成本
	呼吸疾病	循环疾病	
983 321	4 247	7 763	514 674

（4）三江源区清洁空气价值

通过计算健康终端变化和人均健康成本，得到两种情景下的三江源地区的清洁空气价值。在情景一下，果洛州、海南州、黄南州三地的清洁空气价值为负值，玉树州和唐古拉山乡清洁空气价值为正值，三江源地区的清新空气总价值为 147.68 亿元（专题表 3-39）。在情景二下，三江源地区各地清洁空气价值均为正值，三江源地区的清新空气总价值为 643.62 亿元（专题表 3-40）。

专题表 3-39 各州大气环境健康成本（情景一） （单位：亿元）

区域	全因死亡率	呼吸疾病	循环疾病	慢性支气管病
果洛州	–1.99	–0.03	–0.02	–26.45
海南州	–1.35	–0.02	–0.01	–18.07
黄南州	–1.28	–0.02	–0.01	–18.00
玉树州	13.26	0.22	0.14	158.27
唐古拉山乡	3.32	0.06	0.03	39.64
三江源合计	11.96	0.20	0.12	135.40

专题表 3-40 各州大气环境健康成本（情景二） （单位：亿元）

区域	全因死亡率	呼吸疾病	循环疾病	慢性支气管病
果洛州	6.03	0.10	0.06	70.50
海南州	3.46	0.06	0.04	40.70
黄南州	0.74	0.01	0.01	9.11
玉树州	35.44	0.59	0.36	373.69
唐古拉山乡	8.88	0.15	0.09	93.60
三江源合计	54.54	0.91	0.56	587.61

（七）三江源区生态系统服务价值动态变化分析

通过核算三江源区四期 6 类生态服务功能，得到三江源区四期各项生态服务功能价值，见专题表 3-41，可以看出随着三江源自然保护区的建立、生态保护投入的加强，从 2000 年到 2015 年三江源区的生态系统服务价值从 5742.14 亿元增加到 6302.36 亿元，增加了约 560.22 亿元。2015 年，三江源区生态系统服务价值远远超过三江源地区的 GDP（2015 年黄南州、海南州、果洛州、玉树州合计 309 亿元，其中牧业产值 72 亿元）。

2000 年、2005 年、2010 年、2015 年三江源区单位面积生态服务价值分别为 147 万元/km^2、146 万元/km^2、164 万元/km^2、161 万元/km^2（专题表 3-42），三江源区生态服务功能高值区主要分布在中南部和东南部地区。

专题表 3-41　三江源区生态服务价值汇总　（单位：亿元）

年份	2000	2005	2010	2015
水文调节	918.32	876.99	931.3	1018.72
土壤保持	349.56	439.24	552.71	576.28
生态固碳	488.68	499.08	639.1	516.15
物种保育	2201	2142	2400	2593
清洁水源	939.67	1003.48	1263.35	954.66
清洁空气	844.36	738.40	611.28	643.55
合计	5742.14	5699.19	6397.74	6302.36

专题表 3-42　单位面积生态服务价值统计表　（单位：万元/km^2）

年份	2000	2005	2010	2015
最大值	2532	3112	4756	4387
最小值	27	26	40	42
平均值	147	146	164	161

通过对 2015 年和 2000 年单位面积生态服务价值图层相减，得到单位面积生态服务价值的空间变化情况。变化率在±5%以内认为是基本无变化，大于 5%为明显变好，小于–5%为明显变差。与 2000 年相比，2015 年有 55.5%的区域单位面积价值有所增加，主要分布在海南州、黄南州、曲麻莱县北部和西部、玛多县等地；42.4%的区域生态系统服务价值变化不明显，仅有 2.1%的区域生态系统服务价值有明显降低，主要分布在曲麻莱县东北部、玉树州东南部、治多县中南部等区域。

四、三江源区生态系统服务增值分析

（一）研究目标

人类活动产生的土地利用和气候变化是生态系统质量及其产生的生态系统服务变化的两个最主要的影响因素（Chan *et al.*，2006；Daily *et al.*，2008；Nelson *et al.*，2009；Leh *et al.*，2013）。最近的研究表明，城市农业用地的扩大加速了土地覆被的变化（Foley *et al.*，2005），且会对水文调节、物种保育等生态系统服务产生直接影响（Dale and Polasky，2007）。

本书以三江源区为研究对象，通过设置不同情景对生态系统服务价值进行核算，在此基础上，定量评估在生态环境恢复背景下三江源区生态质量变化情况及气候变化和人为活动对生态系统服务价值变化的影响量，以便掌握三江源区生态系统质量变化与生态建设项目的效果，为制定相应的政策提供科学依据。

（二）研究方法

在计算各项生态系统服务功能时，气象要素（如气温和降水等）会对计算结果产生很大影响（Nelson *et al.*，2009）。因此，为突出人们在生态保护贡献、降低气象因素（特别是气温和降水）的影响，本书在计算各项生态系统服务时选取的气象参数为评估年与其前后各一年的共三年的平均气象条件。各生态系统服务选取的气象参数如专题表 3-43 所示。

专题表 3-43　各生态系统服务平均气象条件表

服务	具体气象条件设置
径流调节	评估年滑动三年的气象数据计算所得的径流调节量的年平均值
生态固碳	评估年滑动三年的每 8 天气温的年平均值
土壤保持	评估年滑动三年的降水（降水精度为半个月）侵蚀力因子的年平均值
物种保育	—

在各主导生态系统服务核算完成的基础上，通过设置不同的情景（Fan and Shibata，2015；Fan *et al.*，2016），模拟不同时期的土地利用和气候变化下的各主导生态系统服务的价值量，分析不同时间段人为因素及气候因素对生态系统生产价值的影响量。西部大开发标志性工程——青海三江源自然保护区生态保护和建设工程启动大会在西宁隆重举行（刘纪远等，2008；邵全琴和樊江文，2012；邵全琴等，2013），标志着三江源区生态保护工作在 2005 年有了极大提升，故本书情景设置以 2005 年为分界点，分别分析 2000～2015 年及 2005～2015 年两个时间段的三江源区各主导生态系统服务的变化情况，定量分析三江源区生态保护工程实施的成效。具体情景设置如专题表 3-44 所示：情景 1～情景 2 是以 2000 年土地利用条件为固定输入参数，分别针对不同气候条件下各主导生态系统服务进行核算；情景 3～情景 4 是以 2005 年土地利用条件为固定输入参数，分别针对不同气候条件下各主导生态系统服务进行核算；情景 5 则针对 2015 年当年土地利用及气象条件对主导生态系统服务进行核算。通过对不同情景核算结果的对比，可将人为因素及气候变化因素对生态系统服务价值增量的影响进行区分，具体计算方法如下。

专题表 3-44　三江源区各阶段主导生态系统服务价值情景设置

情景	土地利用	气象数据
情景 1	2000	1999～2001
情景 2	2000	2014～2016
情景 3	2005	2004～2006
情景 4	2005	2014～2016
情景 5	2015	2014～2016

以情景 1 为基准期，分析相对 2000 年时，各年份人为因素及气候变化因素对生态系统服务的影响。将情景 5 与情景 1 对比，获取人为因素及气候变化二者共同对各生态系统服务产生的影响；将情景 2 与情景 1 对比，获取气候变化对各生态系统服务产生的影响；将情景 2 与情景 5 对比，获取人为因素对各服务的影响。

以情景 3 为基准期，分析相对 2005 年时，各年份人为因素及气候变化因素对生态系统服务的影响。将情景 5 与情景 3 对比，获取人为因素及气候变化二者共同对各生态系统服务产生的影响；将情景 4 与情景 3 对比，获取气候变化对各生态系统服务产生的影响；将情景 3 与情景 5 对比，获取人为因素对各服务的影响。

最终，定量分析不同时期人为因素和气候变化对整个三江源区生态系统服务增值量的影响。

（三）生态系统服务变化驱动力分析

从前面分析结果看，2000 年至 2015 年，三江源区生态系统服务价值逐步增加。已有研究表明，人为因素及气候变化是生态系统质量及其产生的生态系统服务变化的两个最主要的影响因素（Nelson *et al.*，2009）。本书从人为因素对三江源区生态系统服务价值量变化情况进行分析，主要包括人口变化、载畜量变化及生态保护投资三方面内容。

1. 人口变化

截至 2015 年年底，三江源区总人口共计 132.6 万。三江源区人口数在 2000～2015 年呈明显的上升趋势（专题图 3-14），分析 2000～2015 年三江源区人口变化情况可以发现，2015 年总人口相较 2000 年增加了 34.62%，相较 2005 年增加了 24.51%，相交 2010 年则增加了 6.04%（青海省统计局和国家统计局青海调查总队，2015）。

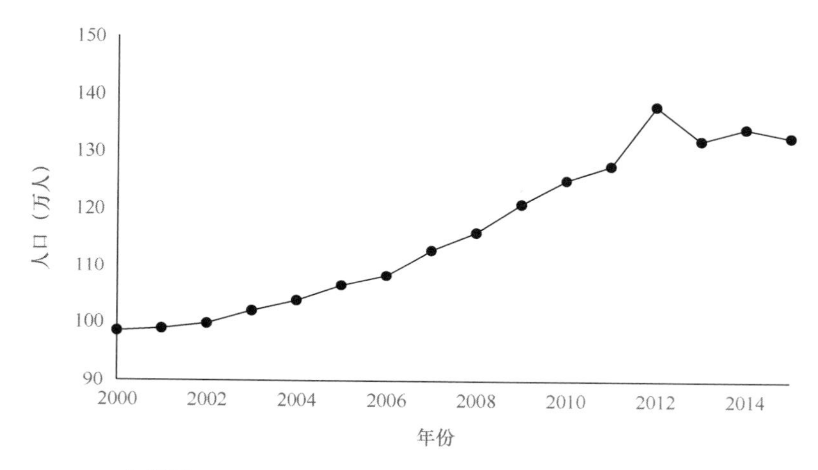

专题图 3-14　2000～2015 年三江源区人口数量变化情况

2. 载畜量变化

2000～2015 年，三江源区实际载畜量变化趋势如专题图 3-15 所示。三江源区载畜量在 2000～2015 年呈先上升后下降的趋势，据青海省农牧厅数据，2011 年 9 月开始对 2.45 亿亩中度以上退化天然草原实施禁牧，对 2.29 亿亩可利用草原实施草畜平衡。截至 2013 年，已完成禁牧减畜任务 456 万羊单位，其中三江源核心区共转移牧民 7.07 万人，核减牲畜 334.6 万羊单位（青海省统计局和国家统计局青海调查总队，2015）。

专题表 3-45　三江源区及各州载畜量变化情况表　（单位：万羊单位）

地区	2000 年	2005 年	2010 年	2015 年
黄南州	424.935	443.70	453.18	427.19
海南州	489.155	723.60	726.66	740.26
果洛州	647.33	618.00	572.16	476.43
玉树州	606.195	639.10	784.14	869.12
三江源区	2 167.615	2 424.40	2 536.14	2 513.00

尽管如此，与 2000 年相比，2015 年三江源区实际载畜量仍然增加了 213.85 万羊单位。具体来看，截至 2015 年，三江源区黄南州及果洛州的实际载畜量有所下降，其中黄南州实际载畜量减少了 19.30 万羊单位，果洛州实际载畜量减少 179.78 万羊单位；而玉树州、海南州载畜量则呈上升趋势，玉树州实际载畜量增加了 159.50 万羊单位，而海南州的载畜量在 2003 年存在大幅度的提升，其实际载畜量增加了 253.44 万羊单位，如专题图 3-15 所示，三江源区载畜量增加主要是由于海南及玉树两州的载畜量增加造成的。

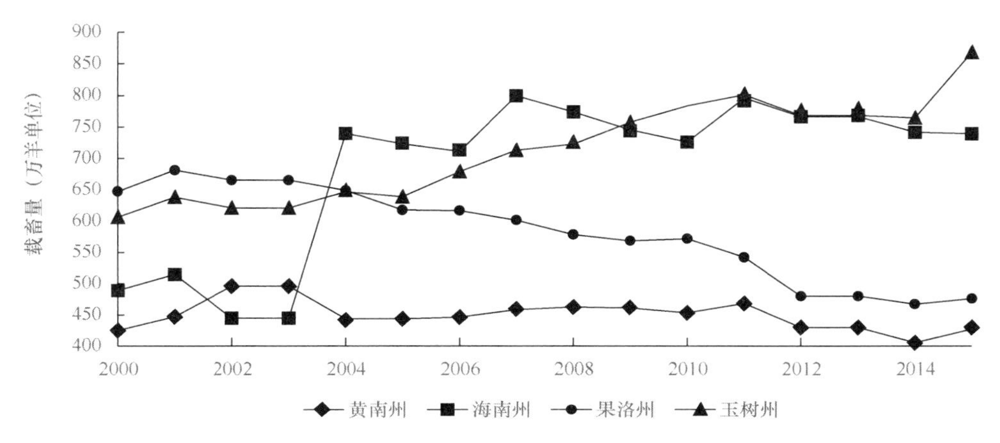

专题图 3-15 2000～2015 年三江源各州载畜量变化

3. 生态保护投资

自 2003 年国务院批准建设三江源国家自然保护区以来，中央、青海省政府及地方政府在三江源的生态建设方面投入了大量资金用于三江源地区的生态环境治理修复、生态移民安置等工作（刘纪远等，2008；邵全琴和樊文江，2012；邵全琴等，2013）。本书通过对青海省 2000 年至 2015 年的一般公共预算支出决算数据，对三江源的生态环境支出进行分析。

三江源生态环境总投资整体呈增长趋势，从约 1.2 亿元增长到约 30.97 亿元，人均投资从 122.34 元/人增加到了 2328.46 元/人，地均投资从 305.06 元/km^2 增加到了 7840.13 元/km^2，增长趋势明显。具体计算结果如专题表 3-46 所示。

专题表 3-46 2000～2015 三江源区生态环境投资变化（单位：万元）

地区或核算项目	2000 年	2005 年	2010 年	2015 年
海南州	1 862	10 260	8 944	47 246
黄南州	1 479	4 301	14 938	31 101
玉树州	1 207	5 320	46 607	42 488
果洛州	687	3 281	14 806	42 488
青海省财政支出	6 815	36 333	72 678	146 362
三江源生态环境支出合计	12 050	59 495	157 973	309 685
人均（元/人）	122.34	556.03	1 263.78	2 328.46
地均（元/km^2）	305.06	1 506.20	3 999.32	7 840.13

（四）主导生态系统服务变化量分析

1. 实物量变化分析

（1）径流调节

根据情境设置，对三江源区人为因素和气候变化的径流响应进行定量研究，结果如专题表 3-47 所示。

专题表 3-47　三江源区人为因素和气候变化对径流调节影响量的模拟结果（2000～2015 年）

情景	模拟径流调节量/亿 m^3	共同作用/亿 m^3	人为因素影响量/亿 m^3	气候变化影响量/亿 m^3
情景 1	150.39	16.34	–1.82	18.16
情景 3	143.53	23.20	–1.39	24.59
情景 5	166.73			

由专题表 3-47 可以看出，2000～2015 年，三江源区径流调节量增加了 16.34 亿 m^3，而 2005～2015 年，径流调节量增加了 23.20 亿 m^3。

2000～2015 年，由气候变化引起的径流调节量达到 18.16 亿 m^3，而由人为因素引起的径流调节量减少了 1.82 亿 m^3；2005～2015 年，由气候变化引起的径流调节量达到 24.59 亿 m^3，而由人为因素引起的径流调节量减少了 1.39 亿 m^3。

结果表明，在三江源自然保护区生态保护和建设工程启动后，区域内径流调节量增幅明显增加。三江源区径流调节服务主要影响因素为气候因素，而人为因素对径流调节量产生负影响，且人为影响量所占比例较小。在未来流域管理中，可以考虑采取不同的流域管理措施，如调整土地利用结构和面积等，来应对气候变化对流域径流调节量的影响。

（2）生态固碳

根据情境设置，对三江源区人为因素和气候变化的径流响应进行定量研究。结果如专题表 3-48 所示。

由专题表 3-48 可以看出，2000～2015 年，三江源区生态固碳量增加了 2.29 百万 tC，而 2005～2015 年，生态固碳量增加了 1.42 百万 tC。

专题表 3-48　三江源区人为因素和气候变化对生态固碳影响量的模拟结果（2000～2015 年）

情景	模拟生态固碳量/百万 tC	共同作用/百万 tC	人为因素影响量/百万 tC	气候变化影响量/百万 tC
情景 1	40.72	2.29	1.61	0.68
情景 3	41.59	1.42	－0.20	1.62
情景 5	43.01			

具体来看：

2000～2015 年，三江源区由气候变化引起的生态固碳量增加了 0.68 百万 tC，由人为因素引起的生态固碳量增加了 1.61 百万 tC。

2005～2015 年，由气候变化引起的生态固碳量增加量为 1.62 百万 tC，而由人为因素引起的生态固碳量则减少了 0.20 百万 tC。

结果表明，三江源区生态固碳服务主要影响因素为人为因素，而气候变化对生态固碳量产生的影响量所占比例较小，且在2005年后增幅明显增加。

（3）土壤保持

根据情境设置，对三江源区人为因素和气候变化的土壤保持量的影响进行定量研究。结果如专题表3-49所示。

专题表3-49 三江源区人为因素和气候变化对土壤保持影响量的模拟结果（2000～2015年）

情景	模拟土壤保持量/亿t	共同作用/亿t	人为因素影响量/亿t	气候变化影响量/亿t
情景1	8.17	1.54	0.01	1.53
情景3	9.72	−0.01	0	−0.01
情景5	9.71			

由表3-49可以看出，在2000～2015年，三江源区土壤保持量增加了1.54亿t，其次为2015年，2005～2015年，土壤保持量减少了0.01亿t。

具体来看：

2000～2015年，三江源区由气候变化引起的土壤保持量增加了1.53亿t，由人为因素引起的土壤保持量增加了0.01亿t。

2005～2015年，三江源区土壤保持量则主要由气候变化引起，土壤保持量减少了0.01亿t，由人为因素引起的土壤保持量的变化量非常小。

结果表明，2015年土壤保持量比2000年有较大增长，比2010年略有降低，其中，三江源区土壤保持服务的主要影响因素为气候变化因素，而人为因素对土壤保持量所产生的影响量所占比例较小。

（4）物种保育

根据情境设置，对三江源区物种保育变化量进行定量研究，结果如专题表3-50。可以看出，2000～2005年，三江源区物种保育能值量基本不变，2005～2015年增加了2.00×10^{14}Sej。

结果表明，在2005年，三江源自然保护区生态保护和建设工程启动后，区域内物种保育服务明显增加。

专题表3-50 三江源区物种保育影响量的模拟结果

情景	模拟物种保育能值量/Sej	共同作用/Sej	人为因素影响量/Sej	气候变化影响量/Sej
情景1	3.51×10^{15}			
情景3	3.51×10^{15}	—	—	—
情景5	3.71×10^{15}	—	—	—

2. 生态系统服务价值量变化

（1）主导生态系统服务价值总量变化

根据实物量计算结果及各服务定价，计算得到三江源区各项主导生态服务功能价值，结果见专题表3-51。

表 3-51 三江源区主导生态系统服务价值量 （单位：亿元）

项目	2000 年	2005 年	2015 年
径流调节	918.87	876.99	1018.72
土壤保持	494.91	583.83	576.26
生态固碳	488.68	499.08	516.15
物种保育	2201	2142	2593
合计	4103.46	4101.9	4704.13

从专题表 3-51 中可以看出，在三江源自然保护区建立之前，三江源区主导生态系统服务价值不仅没有上升，还存在略微下降的趋势，从 4102.91 亿元减少到 4101.90 亿元，减少了 1.06 亿元，价值量变化较小。随着三江源自然保护区的建立、生态保护投入的加强，从 2000 年到 2015 年三江源区的生态系统服务价值从 4102.91 亿元增加到 4704.13 亿元，增加了 601.22 亿元。2015 年，三江源区生态系统服务价值远远超过三江源地区的 GDP（2015 年，黄南州、海南州、果洛州、玉树州合计 309 亿元，其中牧业产值 72 亿元）（青海省统计局和国家统计局青海调查总队，2015）。

（2）人为及自然因素对价值量的影响

根据对三江源区各主导生态系统服务的实物量情景分析，结合对各服务的价格，计算三江源区主导生态系统服务价值量变化情况。具体计算结果如专题表 3-52 所示。

专题表 3-52 三江源区人为因素和气候变化对主导生态系统服务影响的模拟结果 （单位：亿元）

名称	2005～2015 年			2000～2015 年		
	共同	人为	自然	共同	人为	自然
生态固碳	17.04	−2.40	19.44	27.47	19.31	8.16
径流调节	141.73	−8.51	150.24	99.85	−11.15	110.99
土壤保持	−7.57	67.59	−75.16	81.35	96.85	−15.50
物种保育	451.00	251.64	199.36	392.55	198.07	194.49
合计	602.20	308.32	293.88	601.22	303.08	298.14

由专题表 3-52 可以看出，2000～2015 年，主导生态系统服务价值增加了 601.22 亿元，是同期三江源区 GDP 增长值（21.38 亿元）的 28.12 倍。其中由人为因素引起的达 303.08 亿元，占总增加量的 50.41%，而由气候因素引起的则为 298.14 亿元，占总增加量的 49.59%。2005～2015 年，三江源区主导生态系统服务价值增加了 602.20 亿元，其中由人为因素引起的为 308.32 亿元，占总增加值的 51.20%，而由气候因素引起的则达到 293.88 亿元，占总增加值的 48.80%。

由计算结果可知，三江源区主导生态系统服务增加值主要是在 2005～2015 年产生的，主导生态系统服务价值增加值是由人为和自然因素共同作用引起的，且其中人为因素占相对主导的地位。2005 年是三江源自然保护区生态保护和建设工程启动的年份，2005～2015 年，三江源区生态环境保护总投入为 169.35 亿元，增加值是总投入的 3.56 倍，证明三江源区自然保护区生态保护和建设工程对生态系统产生的效益十分明显。

五、三江源生态补偿模式创新

（一）三江源区生态补偿现状

三江源区已实施的生态补偿完全属于政府主导型的生态补偿，而且是以中央政府作为主体的纵向生态补偿。从 2005 年起，中央财政决定每年对青海省三江源区地方财政给予 1 亿元的增支减收补助，保障了三江源区机关、学校、医院等单位职工工资正常发放和机构稳定运转。从 2008 年开始，依据“财政部关于下达 2008 年三江源等生态保护区转移支付资金的通知”，财政部以一般性转移支付形式，给三江源区、南水北调等地区，通过提高部分县区补助系数等方式给予生态补偿。这部分转移支付直接下拨给青海省财政厅，然后青海省财政厅根据财政部三江源区等生态保护区转移支付所辖县名单和支付清单下达给有关州（地）市。

三江源区生态补偿工作以 2008 年实施的生态补偿财政转移支付为重点，是主要基于“财政部关于下达 2008 年三江源等生态保护区转移支付资金的通知”（财预[2008]495 号）、“国家重点生态功能区转移支付办法”（财预［2011］428 号）、“2012 年中央对地方国家重点生态功能区转移支付办法”（财预[2012]296 号）等文件政策实施的生态保护资金补偿及基于财政转移支付的间接生态补偿。按三江源区生态补偿的概念与目标，现有的三江源区生态补偿主要分为生态工程补偿、农牧民生产生活补偿及公共服务能力补偿。

1. 生态保护工程补偿

三江源区的生态保护工程主要是为了保护和恢复三江源区受损的生态系统，包括对草地、林地、湿地等三江源区主要生态系统的恢复补偿。从 2000 年启动的天然林保护工程到 2012 年仍在实施的《三江源自然保护区生态保护和建设总体规划》中的生态工程，基本都采取了项目管理的模式（马洪波，2009），即先由地方有关部门编制项目规划并报请中央对口部门或国务院审核批准，中央财政综合平衡后下达资金计划到地方政府，项目实施中由中央对口部门进行监督管理。

2. 农牧民生产生活补偿

三江源区藏族人口占 90%以上，牧业人口占 2/3 以上，人口密度小于 2 人/km^2。根据最新的青海国家级贫困县名单（2012 年 3 月 20 日公布），全区 16 个县中有 8 个贫困县，贫困人口占人口总量的 70%以上。农牧民为三江源区生态保护牺牲了各种发展机会，国家给予了一定的生态补偿。对农牧民的生产生活的补偿资金主要依据 2005 年实施的《三江源自然保护区生态保护和建设总体规划》，主要来源于中央财政资金支持。主要补偿项目主要是退牧还草集中安置、生态移民、建设养畜配套。

3. 公共服务补偿项目

自 2005 年开始，青海省确定了三江源区的发展思路，即要以保护生态为主，因此，各种产业发展受到各种限制，三江源区财政收入很少，政府机构的正常运行及公共服务能力建设主要靠中央财政转移支付支撑。近几年，三江源区以专项形式的公共服务补偿形式开展了小城镇建设、人畜饮水、生态监测、科研课题及应用推广、科技培训、生态移民后续产业、能源建设等项目，这些项目也主要依赖于 2005 年实施的《三江源自然保护区生态保护和建设总体规划》。

（二）三江源区生态补偿存在的主要问题与不足

近十多年来，青海省和国家有关部委已经在三江源区逐步开展了形式多样的生态补偿措施，为改善三江源区生态环境状况发挥了巨大作用。但是，从三江源区生态问题产生的根源和解决问题所需要的时间来看，三江源区生态补偿还存在以下几个方面的不足。

1. 缺乏国家层面顶层设计

（1）三江源区生态补偿缺乏国家立法保障

在三江源区生态保护和建设问题上未制定统一的、专门的法律法规，现行立法没有考虑该地区特殊的生态环境问题，目前所开展的三江源区生态环境保护及补偿的重大政策、关键举措和紧迫问题，没有对应的明确规定的现行法律。

（2）三江源区生态补偿缺乏稳定的常态化资金来源渠道

三江源区作为全国重要的生态功能区，目前没有建立持续、稳定的补偿资金渠道。虽然国家和地方各级政府已经投入了大量资金用于三江源区生态保护，但均没有针对生态补偿列出明确的科目和预算，而多采用生态保护规划、工程建设项目、居民补助补贴的形式。

（3）生态补偿多头实施、分散管理，相关配套及运行费用难以归项

由于缺乏明确的生态补偿资金渠道，国家各个部门均从各自领域以不同的方式支持三江源区生态保护恢复，往往须要定期申报，并只能用于某项或某类具体的生态保护措施。这一方面不利于地方政府总体考虑三江源区生态保护需求的统筹安排生态补偿经费使用，另一方面，三江源区其他基础设施和公共服务等相关配套及运行费用难以归项。

2. 补偿标准与资金的投入偏低

近年来，国家通过各种生态补偿方式对三江源区生态保护投入了大量资金，但是这些生态补偿大多是依据国家相关规范或标准确定经费数额，没有考虑到三江源区地处高寒地区，所参考的标准与三江源区的实际情况相比明显偏低，这样造成生态补偿的资金投入较少，与三江源区的空间范围和生态问题的艰巨性相比，远远不足以系统地解决三江源区的生态保护与恢复问题。

3. 后续产业发展艰难

三江源区经济社会发展相对较为落后、欠发达，产业主要以草地畜牧业为主。由于社会发育程度低、经济总量小、产业结构单一，三江源区农牧民就业渠道极为狭窄。另外，生态移民文化素质相对较低、劳动技能较差，基本未掌握其他生产劳动技能，且由于语言障碍，导致其就业务工渠道非常窄，造成三江源区多数移民成为社会闲散无业人

员。要使生态移民“搬得出、稳得住、能致富、不反弹”，后续产业的发展是重要保证，也是基层政府面临的最大难题。

（三）三江源区生态补偿长效机制重点任务

三江源的生态环境保护主要是解决两个问题：一是治理已退化、已破坏的生态系统，修复已破坏；二是减人、减畜，降低区域生态环境压力，拒绝继续破坏。所以三江源生态补偿也要围绕这两个方面进行设计，同时，要完善生态补偿资金筹集、使用、监管、考核等相关制度。鉴于三江源区特殊的生态地位，不能简单依靠国家阶段性和暂时性的补偿政策，须要建立系统、稳定和规范的三江源区生态补偿的长效机制。

1. 加大生态环境治理保护补偿

三江源区生态补偿是国家层面或区域尺度上的生态补偿。三江源区的主体功能是保护中华民族的生态屏障、保护三江源源头区的水源涵养功能，只有通过生态补偿机制才能维护其生态功能，因此，生态环境保护建设是生态补偿的重要内容。三江源区已经开展了退牧还草、黑土滩治理、沙化防治、鼠虫害治理、湿地保护、生物多样性保护、水土保持等多项生态治理工程，相对于三江源区生态环境的退化情况而言，生态治理与维护工作任务依然艰巨，应继续加强三江源区生态治理与维护工作，重点针对退牧减畜、退化草地治理、生物多样性保护、湿地保护、水土保持等项目，加大资金补偿、技术补偿等多种补偿方式投入。

（1）退化草地治理

依据草地退化程度、退化类型、气候条件等因素，对于退化草地治理采用差异的补偿政策，建立重点工程区域，加大资金补偿和技术补偿力度，保证退化草地治理补偿的稳定性和持续性，对所需补偿进行全额补助。

（2）生物多样性保护

三江源区是最重要的生物多样性资源宝库和最重要的遗传基因库之一，有“高寒生物自然种质资源库”之称。生物多样性保护的重点应针对野外巡护、湖泊湿地禁渔、陆生动物救护繁育和种质资源库建设等工程开展补偿，使生物多样性得到切实有效保护。

（3）退牧减畜工程

依据以草定畜、以畜定人的原则，对所需补偿资金实行国家全额补助，实现三江源区实际载畜量降低到理论载畜量水平或低于理论载畜量水平。工程实施须分区域制定不同的补偿政策，设定重点工程区域。根据草地产草量差异、退化程度、自然保护区、超载情况等因素，制定不同的分区域补偿政策，结合移民工程等综合开展退牧减畜工程。

（4）生态恢复技术

三江源区自然条件恶劣，生态系统极为脆弱，生态恢复难度极大，针对具体的生态恢复工程如鼠害治理、草场恢复、防沙治沙、人工增雨等要依靠科学技术。在生态补偿上要加大针对三江源区这种特殊自然条件下生态恢复技术资金支持的力度，加大政府与科研院所间的合作，在相关科研立项方面予以政策倾斜，保证三江源区生态恢复技术的研究与应用。

（5）生态监测技术

三江源区面积广阔，自然条件恶劣，监测基础相对薄弱，增加了该区生态系统监测难度。目前在三江源生态监测站点与指标体系建立、草地和湿地等生态监测与评估、生态监测数据库建设，以及生态监测影像、图件、数据资料库建设等方面取得了阶段性的成果，应继续加强对该监测工作的资金支持力度，增强监测能力，提高监测水平。为三江源区生态保护与建设工程成效评估、区域环境状况评估预警、重要生态功能区县域环境质量考核和生态补偿提供依据等提供重要的监测技术保障。

（6）生态畜牧业技术

三江源区经济以畜牧业为主，为了保护生态环境，必须逐步转变粗放型畜牧业为集约化经营模式，以整合资源和促进合作社有效运转为重点，坚持生态畜牧业建设与生态补偿奖励机制、移民工程、生态工程等相结合，加大对生态畜牧业研究、科研成果转化、技术推广等相关工作的资金支持，重点针对畜种改良、牲畜育肥、饲草种植、经营模式等方面开展研究，为生态畜牧业建设提供技术保障。

2. 三江源区人口控制与能力提升

（1）控制人口数量

三江源区最大可承载牧业人口规模约为 34 万，现状牧业人口约为 65 万，须转移或转产牧业人口 31 万。要控制三江源区牧业人口规模、遏制人口不断增长，目前单纯采用移民方式转移牧业人口存在后续产业发展艰难、移民生活水平下降、返牧现象普遍等问题。因此，应大力发展教育、劳务输出、后续产业培育等各种方式，引导牧业人口的科学转移，优化人口结构。

（2）提高义务教育补助

1）普及“1+9+3”义务教育

对三江源区的学前 1 年幼儿教育、9 年小学和初中教育、3 年中职教育全部实行免费义务教育。逐渐提高小学儿童入学率及初高中升学率。用 10～15 年时间全面普及免费的义务教育。

2）增加师资培训补助

为加强师资队伍建设，提高教学水平，规划安排中小学“双语”教学师资力量培训项目，通过在对口援助的青海省（市）和青海省西宁市、海东地区等地的高校进修，并结合在中小学交流学习的方式，对三江源区低学历的中小学教师进行轮流培训，逐步扩大培训规模。

3）完善教育基础设施建设补助

对三江源区现有学校的危房进行修缮。按照国家校舍建设相关标准和教学设备配置标准，对移民社区所在城镇的现有的各级各类学校进行改扩建。根据新增学生数量增设课桌椅及学生用床，为新扩建的班级配置教室基本教学设施和远程教育设施，为每个初高中、职业学校增加教学实验器材，为每个学校配备音体美器材和“三室”建设。

（3）加强农牧民技能培训

生态移民迁移之后的后续生产生活问题直接关系到减人、减畜目标的实现，但三江源区牧民迁入城镇后缺乏基本的生存技能。因此，加强对农牧民的双语、基本生活和劳动技能培训，发展劳务经济、组织劳务输出，是解决三江源区搬迁牧民就业问题的关键。

对三江源区 19～55 岁的成年农牧民以不定期培训的方式进行基本的双语和生活培训，逐年降低其文盲率并逐步使其适应现代生活方式。积极开展农牧民劳动技能培训，以集中培训、自学和现场培训相结合，用 8～10 年的时间使农牧民每户有 1 名“科技明白人”，每人掌握 1～2 项实用技术，劳动力转移就业率逐渐提高。首先对草场管护人员进行生态管护方面的培训。另外，对农牧民开展生态保护与治理技术、餐饮服务、机电维修、机动车修理、石雕技术、民族歌舞、民族服饰、导游与旅游管理、藏毯编织、民族手工艺品加工、民族食品加工、特色养殖和种植、农牧业经纪人、驾驶员技能等科技知识和劳动技能培训（李芬等，2014）。

3. 三江源区优势产业培育

依托三江源区的自然资源优势，培育优势产业，将目前单一的草原畜牧业逐渐发展为多元化产业，调整产业结构，促进特色产业发展和传统产业改造升级优化，为农牧民的就业创造更多岗位。

4. 继续培育三江源区生态畜牧业

三江源区是天然绿色食品和有机食品生产的理想基地，具有发展生态畜牧业的优势条件。因此，建议在各州（县）各建立示范村，引导牧民开展以股份合作经营为主的草地集约型、以分流劳动力为主的草地流转型、以种草养畜为主的以草补牧型生态畜牧业。继续培育以市场为导向、以农畜产品生产基地为依托、农畜产品加工企业为龙头，市场牵龙头、龙头带基地、基地连农户的符合高寒牧区实际的现代生态畜牧业产业化模式。国家须对三江源区生态畜牧业发展体系中的配套基础设施建设、市场和技术支撑体系建设给予补助。

（1）积极发展高原生态旅游业

三江源区旅游资源丰富，发展潜力巨大。因此，政府须通过财政补贴、贷款贴息、税费减免等手段加大对三江源区生态旅游产业的补偿投资，将生态旅游业发展成三江源区的重要替代产业。对三江源头、可可西里、扎陵湖-鄂陵湖、年保玉则湖群等重点景区景点的旅游基础设施建设、管理体制完善和旅游招商引资进行补偿。另外，积极扶持乡镇牧家乐、农牧民民族歌舞团、藏民风情文化村的建设，同时加强农牧民导游、景点服务、民族歌舞，加大农牧民参与旅游发展的扶持力度，促进农牧民转产就业和增收。建议设立三江源区旅游发展专项资金，统筹解决三江源区旅游规划、旅游产品宣传、旅游景区经营管理和相关人员培训工作。

（2）大力扶持民族手工业

藏毯以羊毛为原料，具有浓郁的民族特色，藏毯业是劳动密集型产业，工艺简单，适合妇女劳动力。另外，民族服饰和首饰制作、雕刻业等民族手工业历史悠久、技艺要求精湛，具有一定的市场影响力和发展前景。因此，政府应从资金、技术、人才培训方面给予大力支持，扶持以藏毯、民族服饰、民族首饰、毛纺织品、雕刻为重点的民族手工业的快速发展。在三江源区各州分别建立藏毯、民族服饰、首饰、雕刻等民族手工业产业基地，使民族手工业实现规模化、品牌化、精细化，为三江源区农牧民创造就业机会和增加收入。

（3）积极扶持自主创业

对初次自主创业人员给予一次性的开业补助。跨州、跨省创业的，给予一次性交通费补助。同时，在创业培训、项目推荐、开业指导、小额贷款等方面采取优惠政策予以扶持。建立三江源生态移民创业扶持专项资金，并逐步扩大生态移民创业基金规模，引导和鼓励农牧民自主创业和转产创业。

（4）提升后续产业技术

三江源区产业发展落后，由于生态保护，需要移民和转产，未来三江源区产业定位、规划等工作的开展极为重要，解决宏观层面的问题要依靠科学技术，进行科学的论证与决策；同时，后续产业具体技术问题更需要技术保障和人才支持。应加强政府与规划科研院所的合作，解决宏观产业规划布局技术难题；加强政府与企业、各大高校、科研院所的合作，解决具体产业生产技术难题，保障三江源区后续产业顺利发展。

（四）三江源区农牧民生产生活条件改善

三江源区是少数民族聚集区，由于自然、历史和社会发育等方面原因，多数群众处于贫困状态。为了保护三江源区生态环境，当地牧民须要放弃原有的生产生活方式，为了地区和国家的生态安全做出了贡献。提高农牧民生活水平是生态补偿的重要内容。

1. 生态移民安置

实施生态移民是三江源区进行生态保护和建设的重要措施。按照尊重群众意愿的原则，对草地退化严重区域、自然保护区核心区和超载严重的区域施行生态移民，安置在城镇附近、移民社区或其邻近区域，至2020年，已经实现牧业人口转产就业35万人，牧业人口转产就业安置工作结束，还要完善安置区的基础设施建设，保障基础设施建设资金投入。

2. 提高生态补偿标准

为保证移民工程实施的成效，要增加对已搬迁户、生态移民户、退牧减畜户的住房建设补助、基本生活燃料费补贴和生产费用的补助标准。

为了保护生态环境，根据承包草地情况，农牧民将面临移民、减畜、提高畜牧业生产水平等多重选择，保护环境提高了农牧民生产成本，国家在饲料补助、饲舍建设、人工饲草地建设、牧民生产资料综合补贴等原有补偿内容上要保持延续性，同时加大对农牧民生产性投入力度，扩大受益人群，增强农牧民自身创收能力。

3. 基础设施建设

为确保基本的公共服务能力与社会经济发展的要求相适应，要保证在原有基础设施条件提高的基础上，增加新的基础设施建设。优先建设城镇基础设施，保证为居民提供公共服务的基础条件，营造良好的生活环境，引导牧民自愿搬迁。优先在供排水、供电、道路交通、通讯、环保（垃圾、废污水处理）和供热等基础设施的建设，重点建设区域在城镇和移民社区优先开展，逐步扩大受益人群。利用现代化信息技术手段，实现三江源区科技服务信息化。

4. 公共事业建设

不断加强公共卫生、计划生育和妇幼保健服务体系建设，满足当地农牧民群众均等化享受预防保健和基本医疗服务的需求。

进一步加强三江源区的村村通、乡镇综合文化站、文化信息资源共享、文化进村入户、送书下乡、农牧家书屋、文化基础设施装备等文化惠民工程建设，不断完善和健全三江源区的公共文化服务体系建设，不断丰富和满足各族群众的精神文化需求。重视以高原特色民族文化和民族体育事业为基础，完善基层文体设施，广泛开展全民健身运动，努力提高当地群众文化、体育素质。

（五）三江源区生态保护法规建设

建立国家重点生态功能区生态补偿法规，青海省要尽快出台三江源区生态补偿相关配套办法细则，补充完善三江源区生态补偿法规。将三江源区生态补偿上升到法律地位，以法律为依据维护三江源区生态服务功能，保障三江源区内人民群众的基本权益。

通过全国人大或国务院出台三江源区生态保护法律法规，界定三江源区生态补偿内容，确保三江源区居民的主要收入从提供生态服务产品中获得，将三江源区生态保护上升到立法层次，以法规形式将重点生态功能区补偿范围、对象、方式、标准和资金的筹资渠道等确立下来，建立权威、高效、规范的生态补偿管理、运作机制，促使生态补偿工作走上法制化、规范化、制度化、科学化的轨道。重点针对禁牧、牧民搬迁、环境治理、湿地保护、人口教育、产业发展、资源开发、保障措施、执法主体等做出明确规定。

（六）三江源区生态补偿资金筹集

加强对各类资金的整合捆绑使用，尽快建立专门的三江源区生态补偿资金投入渠道，保证稳定的、长期的、按年度的三江源区生态补偿资金投入，授权青海省政府总负责专项资金的统筹规划使用。把三江源区生态补偿纳入国家财政预算，形成统一、集中的三江源区生态补偿专项基金，国家各部委不再单独以生态保护项目的方式对三江源区开展生态补偿。三江源区生态补偿资金根据生态保护工作的需要，由三江源区生态保护责任部门统筹规划和分配使用，统一由专项基金按年度预算下拨补偿资金，逐步实现三江源区补偿资金以专项资金投入替代项目资金补偿，提高生态补偿资金的使用效率。

（七）三江源区生态补偿绩效监管

建立专门机构，对生态补偿进行绩效监管，保障生态补偿工作的顺利实施，确保生态保护和恢复成效，提高地方政府执行效率，保证资金的合理使用。

1. 建立新型绩效考评机制

在三江源区，在兼顾经济发展的同时，突出本地区维系全国生态环境系统稳定的重要作用，制定生态、民生、公共服务等方面的综合考核指标，建立以生态保护和恢复为核心的考评体系，形成新型绩效考评机制，使政府树立起绿色执政的理念。考核结果要与政府责任及领导考核联系起来，作为政绩考核、干部提拔任用和奖惩的依据。

2. 形成生态资源资产监测核算业务能力

依托三江源区的自然资源优势，将生态资源资产作为生态补偿绩效的衡量指标和依据（Li *et al.*，2015），研究三江源区生态资源资产核算技术体系，以行政区划为单位，开展三江源区生态资源资产核算和普查，形成天地一体的三江源区生态资源资产的监测核算业务能力。

3. 开展牧民生态保护成效检查验收

以牧户为单位，围绕退牧减畜、计划生育、义务教育普及、草地保护恢复、文化技能提高等方面，逐年开展检查验收，将牧民实施生态保护的成效与生态补偿挂钩。

4. 加强生态建设监管

成立生态监管机构，由省、县两级构成，负责退牧减畜、草地恢复和生态保护各个方面的监督执法检查，组织开展三江源区生态保护执法检查活动，负责生态保护行政处罚工作。建设生态管护监测站，聘用管护监测人员，不仅监管超载过牧的违法、违规行为，其他破坏生态的行为，例如挖土取砂、临时作业等也在监管职责范围内。

5. 监督生态补偿资金使用

依托三江源生态建设专职机构，成立配套的资金监督管理领导组。监管组要做好项目实施过程中的招投标管理、合同审核、工程审价和审计等方面的工作，不定期地开展检查和监督，对三江源生态补偿的资金使用和执行情况进行跟踪。严格监督检查和责任追究，坚持“问责”与“问效”并重，对项目实施及资金落实情况加强监管、强化审计监督；联合纪检、监察等部门及公检法等机关严肃查处项目管理和资金使用中的违纪、违规行为，充分发挥三江源生态补偿资金的最大作用。

6. 强化三江源生态环境动态监测

为了实现对三江源生态保护与建设工程成效评估、区域环境状况评估预警、重要生态功能区县域环境质量考核和为生态补偿提供重要依据，须结合地面监测与空间监测，制定生态环境动态监测综合指标体系和退化单项预警值和综合预警值，确定监测重点区域及重点内容等工作。进一步整合现有监测资源、加强多部门协作、合理布局监测网点、统一监测评价技术标准，编制年度监测报告，开展监测与管理信息系统建设。

六、三江源区生态产业培育与扶贫模式创新

将生态补偿与生态产业、生态扶贫相结合，逐步提高生态保护成效和居民生活水平。由前期生态补偿进行“输血”，到生态产业得到较大提升实现自身“造血”，从而实现三江源区“绿水青山就是金山银山”。

第一阶段，利用生态补偿资金给予生态移民户、减牧减畜户最低生活保障，给予燃料补贴、社保补贴、生产资料补贴等，保障草畜平衡、减亩减畜的牧民生活水平不降低。

第二阶段，利用生态补偿资金建立转移就业农牧民的语言培训和职业技能培训，提高再就业能力。以集中培训、自学和现场培训相结合，用 8～10 年的时间使农牧民每户有 1 名“科技明白人”，每人掌握 1～2 项实用技术，劳动力转移就业率逐渐提高。首先，对草场管护人员进行生态管护方面的培训。另外，对农牧民开展各项科技知识和劳动技能培训（李芬等，2014）。

第三阶段，对三江源地区生态产业发展给予补偿，扶持三江源区地方特色生态产业，为转移就业的农牧民提供更多就业岗位。

三江源区是天然绿色食品和有机食品生产的理想基地，具有发展生态畜牧业的优势条件。因此，建议在各州（县）各建立示范村，引导牧民开展以股份合作经营为主的草地集约型、以分流劳动力为主的草地流转型、以种草养畜为主的以草补牧型生态畜牧业。继续培育以市场为导向、以农畜产品生产基地为依托、农畜产品加工企业为龙头，市场牵龙头、龙头带基地、基地连农户的符合高寒牧区实际的现代生态畜牧业产业化模式。国家须对三江源区生态畜牧业发展体系中的配套基础设施建设、市场和技术支撑体系建设给予补助。

三江源区旅游资源丰富，发展潜力巨大。因此，政府须通过财政补贴、贷款贴息、税费减免等手段加大对三江源区生态旅游产业的补偿投资，将生态旅游业发展成三江源区的重要替代产业和替代生计。近期内将生态旅游业培育成三江源区新兴产业、第三产业中的龙头产业。中远期将生态旅游业培育成三江源区的支柱产业。

对长江源头、黄河源头、澜沧江源头、可可西里、扎陵湖-鄂陵湖、年保玉则湖群、玉树勒巴沟景区、曲麻莱昆仑文化旅游中心、阿尼玛卿峰群等重点景区和景点的旅游基础设施建设、管理体制完善和旅游招商引资进行补偿。另外，积极扶持乡镇牧家乐、农牧民民族歌舞团、藏民风情文化村的建设；同时，加强农牧民导游、景点服务、民族歌舞、旅游民族食品加工、民族手工艺品制作等技能培训，加大农牧民参与旅游发展的扶持力度，促进农牧民转产就业和增收。建议设立三江源区旅游发展专项资金，统筹解决三江源区旅游规划、旅游产品宣传、旅游景区经营管理和相关人员培训工作。

大力扶持民族手工业。藏毯以羊毛为原料，具有浓郁的民族特色，藏毯业是劳动密集型产业，工艺简单，适合妇女劳动力。另外，民族服饰和首饰、雕刻等民族手工业历史悠久，蕴含着精湛技艺，具有一定的市场影响力和发展前景。因此，政府应从资金、技术、人才培训方面给予大力支持，扶持以藏毯、民族服饰、民族首饰、毛纺织品、雕刻为重点的民族手工业的快速发展。在三江源区各州分别建立藏毯、民族服饰、首饰、雕刻等民族手工业产业基地，使民族手工业实现规模化、品牌化、精细化，为三江源区农牧民创造就业机会和增加收入。

参考文献

本山美彦. 1991. 贫困和环境破坏的恶性循环. 林茂森, 译. 世界经济评论, 4: 41-45

曹旭娟, 干珠扎布, 梁艳, 等. 2016. 基于NDVI的藏北地区草地退化时空分布特征分析. 草业学报, (3): 1-8

陈仁杰, 陈秉衡, 阚海东. 2010. 我国 113 个城市大气颗粒物污染的健康经济学评价. 中国环境科学, 30(3): 410-415

程昊. 2016. 乡村景观格局与游憩价值研究——以甘肃省静宁县葫芦河流域为例. 北京: 中国科学院大学博士研究生学位论文

邓祥征. 2013. 中国西部城镇化可持续发展路径的探讨. 中国人口·资源与环境, 23(10): 24-30

董锁成, 李雪, 石广义, 等. 2010. 宁蒙陕甘生态经济带建设构想. 地理研究, 29: 204-213

董锁成, 刘桂环, 李岱, 等. 2005. 黄土高原生态脆弱区循环经济发展模式研究——以甘肃省陇西县为例. 资源科学, 27(4): 82-88

董锁成, 吴玉萍, 王海英. 2003. 黄土高原生态脆弱贫困区生态经济发展模式研究——以甘肃省定西地区为例. 地理研究, 22(5): 590-600

董锁成, 张小军, 王传胜. 2005. 中国西部生态——经济区的主要特征与症结. 资源科学, 27(6): 103-111

董锁成, 周长进, 王海英. 2002. "三江源"地区主要生态环境问题与对策. 自然资源学报, 17(6): 713-720

甘肃草原生态研究所草地资源室, 西藏自治区那曲地区畜牧局. 1991. 西藏那曲地区草地畜牧业资源. 兰州: 甘肃科学技术出版社

甘肃省住房和城乡建设厅. 2016. 甘肃省河西走廊新型城镇化战略研究. 北京: 科学出版社

高清竹, 李玉娥, 林而达, 等. 2005. 藏北地区草地退化的时空分布特征. 地理学报, 60(6): 965-973

高清竹, 万运帆, 李玉娥, 等. 2007. 藏北高寒草地 NPP 变化趋势及其对人类活动的响应. 生态学报, 27(17): 4612-4619

国家林业局. 2008. 森林生态系统服务功能评估规范(LY/T 1721—2008). 北京: 中国标准出版社

国家统计局. 2013. 中国统计年鉴 2013. 北京: 中国统计出版社

国家卫生和计划生育委员会. 2013. 中国卫生统计年鉴 2013. 北京: 中国协和医科大学出版社

国务院. 1994. 国家八七扶贫攻坚计划[EB/OL]. http: //www. people. com. cn/item/flfgk/gwyfg/1994/112103199402. html. [1994-4-15]

环境保护部, 国家质量监督检验检疫总局. 2012. 环境空气质量标准 (GB 3095—2012). 北京: 中国环境科学出版社

黄承伟. 2011. 六论片区扶贫体系研究片区扶贫规划编制的理论基础. 中国扶贫, (14): 42-43

黄德生, 张世秋. 2013. 京津冀地区控制 $PM_{2.5}$污染的健康效益评估. 中国环境科学, 33(1): 166-174

黄永斌, 董锁成, 方婷. 2015. 生态脆弱贫困区县域循环经济发展评价研究——以定西市为例. 农业现代化研究, 36(6): 927-933

蒋冲, 高艳妮, 李芬, 等. 2017. 1956—2010 年三江源区水土流失状况演变. 环境科学研究, 30(1): 20-29

阚海东, 陈秉衡, 汪宏. 2004. 上海市城区大气颗粒物污染对居民健康危害的经济学评价. 中国卫生经济, 23(2): 8-11

阚海东, 陈秉衡. 2002. 我国大气颗粒物暴露与人群健康效应的关系. 环境与健康杂志, 19(6): 422-424

蓝盛芳, 钦佩, 陆宏芳. 2002. 生态经济系统能值分析. 北京: 化学工业出版社

李芬, 丁娜佳, 朱金华, 等. 2005. 生态脆弱经济贫困区农业农村发展战略. 山西农业科学, 33(3): 12-15

李芬, 张林波, 陈利军. 2014. 三江源区生态移民生计转型与路径探索——以黄南藏族自治州泽库县为

例. 农村经济, (11): 53-57
李芬, 张林波, 李岱青, 等. 2014. 三江源区教育生态补偿的实践与路径探索. 中国人口资源与环境, 24(11): 135-139
李富佳, 董锁成, 李荣生. 2012. 基于 EA-SD 模型的生态农业系统模拟与优化调控——以平凉市崆峒区为例. 地理研究, 31(5): 840-852
李辉霞, 刘国华, 傅伯杰. 2011. 基于 NDVI 的三江源区植被生长对气候变化和人类活动的响应研究. 生态学报, 31(19): 5495-5504
李文华, 欧阳志云, 赵景柱. 2002. 生态系统服务功能研究. 北京: 气象出版社: 1-22
刘纪远, 徐新良, 邵全琴. 2008. 近 30 年来青海三江源地区草地退化的时空特征. 地理学报, 63(4): 364-376
刘军会, 高吉喜, 马苏, 等. 2015a. 中国生态环境敏感区评价. 自然资源学报, (10): 1607-1616
刘军会, 邹长新, 高吉喜, 等. 2015b. 中国生态环境脆弱区范围界定. 生物多样性, 23(6): 725-732
刘同德. 2005. 关于打破西部地区贫困恶性循环的思考. 青海师范大学学报(哲学社会科学版), (4): 17-20
刘维新. 2011. 论《全国主体功能区规划》的战略意义. 城市, (8): 3-5
刘晓云, 谢鹏, 刘兆荣, 等. 2010. 珠江三角洲可吸入颗粒物污染急性健康效应的经济损失评价. 北京大学学报(自然科学版), 46(5): 829-834
刘燕华, 李秀彬. 2001. 脆弱生态环境与可持续发展. 北京: 商务印书馆
刘颖琦, 李学伟, 周学军. 2007. 基于和谐发展机理的西部生态脆弱贫困区优势产业测评. 中国软科学, (12): 98-105
罗成书. 2017. 科学谋划生态功能区产业准入机制. 浙江经济, (3): 48-49
马洪波. 2009. 建立和完善三江源生态补偿机制. 国家财政学院学报, (1): 42-44
彭建, 王仰麟, 张源, 等. 2004. 滇西生态脆弱区土地利用变化及其生态效应——以云南省永胜县为例. 地理学报, 59(4): 629-639
祁新华, 叶士琳, 程煜, 等. 2013. 生态脆弱区贫困与生态环境的博弈分析. 生态学报, 33(19): 6411-6417
秦嘉励, 杨万勤, 张健. 2009. 岷江上游典型生态系统水源涵养量及价值评估. 应用与环境生物学报, 15(4): 453-458.
青海省统计局, 国家统计局青海调查总队. 2001. 青海统计年鉴(2001). 北京: 中国统计出版社
青海省统计局, 国家统计局青海调查总队. 2006. 青海统计年鉴(2006). 北京: 中国统计出版社
青海省统计局, 国家统计局青海调查总队. 2011. 青海统计年鉴(2011). 北京: 中国统计出版社
青海省统计局, 国家统计局青海调查总队. 2012. 青海统计年鉴(2012). 北京: 中国统计出版社
青海省统计局, 国家统计局青海调查总队. 2015. 青海统计年鉴(2015). 北京: 中国统计出版社
青海省统计局, 国家统计局青海调查总队. 2016. 青海统计年鉴(2016). 北京: 中国统计出版社
青海省统计局. 2012. 青海省第六次人口普查办公室编. 青海省 2010 年人口普查资料. 北京: 中国统计出版社
尚占环, 龙瑞军, 马玉寿. 2006. 江河源区"黑土滩"退化草地特征、危害及治理思路探讨. 中国草地学报, 28(1): 69-75
邵全琴, 樊江文. 2012. 三江源区生态系统综合监测与评估. 北京: 科学出版社
邵全琴, 刘纪远, 黄麟, 等. 2013. 2005—2009 年三江源自然保护区生态保护和建设工程生态成效综合评估. 地理研究, 32(9): 1645-1656
邵全琴, 赵志平, 刘纪远, 等. 2010. 近 30 年来三江源区土地覆被与宏观生态变化特征. 地理研究, 29(8): 1439-1451
石德军, 李希来, 杨力军, 等. 2006. 不同退化程度"黑土滩"草地群落特征的变化及其恢复对策. 草业科学, 23(7): 1-3
石敏俊, 王涛. 2005. 中国生态脆弱带人地关系行为机制模型及应用. 地理学报, 60(1): 165-174

斯泰恩·汉森. 1994. 发展中国家的环境与贫困危机：发展经济学的展望. 朱荣法，译. 北京：商务印书馆

王喆. 2017. 黄土高原欠发达地区工业循环经济发展机理与模式研究——以甘肃省平凉市崆峒区为例. 北京：中国科学院研究生院博士研究生学位论文

吴志丰，李芬，张林波，等. 2014. 三江源区草地参照覆盖度提取及草地退化研究. 自然灾害学报, 23(2): 94-102

仙巍. 2011. 安宁河流域生态环境遥感分析及生态脆弱性评价. 北京：中国科学院研究生院博士研究生学位论文

谢鹏，刘晓云，刘兆荣，等. 2009. 我国人群大气颗粒物污染暴露-反应关系的研究. 中国环境科学, 29(10): 1034-1040

谢鹏，刘晓云，刘兆荣，等. 2010. 不同控制指标下的大气 PM_{10} 浓度对人群的健康影响——以2006年珠江三角洲地区为例. 中国环境科学, 30(1): 25-29

谢元博，陈娟，李巍. 2014. 雾霾重污染期间北京居民对高浓度 $PM_{2.5}$ 持续暴露的健康风险及其损害价值评估. 环境科学, 35(1): 1-8

徐琳，董锁成，艾华，等. 2007. 大旅游产业及其发展的影响和效益——以甘肃省为例. 地理研究, (2): 414-424

徐新良，刘纪远，邵全琴，等. 2008. 30 年来青海三江源生态系统格局和空间结构动态变化. 地理研究, 27(4): 829-839

亚米·卡特拉利. 1993. 贫困与沙漠化——能否打破这一恶性循环. 环境保护, (5): 12-14

杨建平，丁永健，陈仁升. 2005. 长江黄河源区高寒植被变化的 NDVI 记录. 地理学报, 60(3): 467-478

杨叔进. 1990. 关于东亚工业化经济中制成品出口结构变化的格局和区域性合作之可能的一些看法. 国际贸易, (1): 18-21

叶有华，付岚，李鑫，等. 珍稀濒危动植物资源资产价值核算体系研究. 生态环境学报, 2017, 26(5): 808-815

殷永文，程金平，段玉森，等. 2011. 某市霾污染因子 $PM_{2.5}$ 引起居民健康危害的经济学评价. 环境与健康杂志, 28 (3): 250-252

游俊，冷志明，丁建军. 2015. 中国连片特困区发展报告(2013). 北京：社会科学文献出版社

於方，王金南，曹东，等. 2009. 中国环境经济核算技术指南. 北京：中国环境科学出版社

张大维. 2001. 生计资本视角下连片贫困区的现状与治理——以集中连片特困地区武陵山区为对象. 华中师范大学学报(人文社会科学版), 50(4): 16-23

张复明. 1991. 黄土高原贫困地区生态经济恶性循环的突破和改善. 山西大学师范学院学报(综合版), 3(3): 36-40

张海龙，辛晓洲，李丽，等. 2013. 中国-东盟 5km 分辨率光合有效辐射数据集. 全球变化科学研究数据出版系统

张镱锂，丁明军，张玮，等. 2007. 三江源区植被指数下降趋势的空间特征及其地理背景. 地理研究, 26(3): 500-507

张玉海，唐光星，杨光. 2006. 科学发展观是破解喀斯特贫困恶性循环怪圈的金钥匙——从毕节试验区的发展看新农村建设的指导思想. 沈阳：第 14 届世界生产力大会论文集

张玉海. 2013. 晴隆模式：破解农村贫困与生态退化恶性循环的怪圈. 中国畜牧业, (19): 22-25

赵跃龙，刘燕华. 1996. 中国脆弱生态环境分布及其与贫困的关系. 人文地理, 11(2): 1-8

中国科学院地理科学与资源研究所，青海省三江源生态监测工作组. 2010. 青海三江源自然保护区生态建设工程生态成效监测评估报告(2005—2009)(内部资料)

邹长新，徐梦佳，高吉喜，等. 2014. 全国重要生态功能区生态安全评价. 生态与农村环境学报, 30(6): 688-693

Arnold J. 2002. Integration of watershed tools and swat model into basins. Journal of the AmericanWater Resources Association. 38(4): 1127-1141

Balassa B. 2010. Exports and economic growth: Further evidence. Journal of Development Economics, 5(2): 181-189

Chan K M A, Shaw M R, Cameron D R, *et al.* 2006. Conservation planning for ecosystem services. PLoS Biol, 4(11): 2138-2152

Daily G C, Matson P A. 2008. Ecosystem services: from theory to implementation. PNAS, 105(28): 9455-9456

Dale V H, Polasky S. 2007. Measures of the effects of agricultural practices on ecosystem services. Ecol Econ, 64: 286-296

Dong S C, Wang Z, Li Y. 2017. Assessment of Comprehensive Effects and Optimization of a Circular Economy System of Coal Power and Cement in Kongtong District, Pingliang City, Gansu Province, China. Sustainability, 9(5): 787

Duraiappah A K. 1998. Poverty and environmental degradation: A review and analysis of the Nexus. World Development, 26(12): 2166-2179

Egoh B , Reyers B, Rouget M, *et al.* 2009. Spatial congruence between biodiversity and ecosystem services in South Africa. Biol. Conserv, 142: 553-562

Fan M, Shibata H, Wang Q. 2016. Optimal conservation planning of multiple hydrological ecosystem services under land use and climate changes in Teshio river watershed, northernmost of Japan. Ecological Indicators, 62: 1-13

Fan M, Shibata H. 2015. Simulation of watershed hydrology and stream water quality under land use and climate change scenarios in Teshio River watershed, northern Japan. Ecol. Indic, 50: 79-89

Foley J A, Defries R, Asner G P, *et al.* 2005. Global consequences of land use. Science, 309: 570-574

Gao Q Z, Li Y, Xu H M, *et al.* 2014. Adaptation strategies of climate variability impacts on alpine grassland ecosystems in Tibetan Plateau. Mitigation & Adaptation Strategies for Global Change, 19(2): 199-209

Gao Q, Li Y, Wan Y, *et al.* 2013. Challenges in disentangling the influence of climatic and socio-economic factors on alpine grassland ecosystems in the source area of Asian major rivers. Quaternary international, 304: 126-132

Gao Y N, Yu G R, Li S G, *et al.* 2015. A remote sensing model to estimate ecosystem respiration in Northern China and the Tibetan Plateau. Ecological Modelling, 304(34): 43

Jiang M M, Zhou J B, Chen B, *et al.* 2008. Emergy-based ecological account for the Chinese economy in 2004. Communications in Nonlinear Science & Numerical Simulation, 13(10): 2337-2356

Leh M D K, Matlock M D, Cummings E C, *et al.* 2013. Quantifying and mapping multiple ecosystem services change in West Africa. Agric. Ecosyst. Environ, 165: 6-18

Leibenstein H. 1959. Economic Backwardness and Economic Growth. London: Chapman & Hall

Lewis W A. 1995. The Theory of Economic Growth. New York: Routledge

Li F J, Dong S C, Li F. 2012. A system dynamics model for analyzing the eco-agriculture system with policy recommendations. Ecological Modelling, 227: 34-45

Li F, Zhang L B, Li D Q, *et al.* 2015. Long-Term Ecological Compensation Policies and Practices in China: Insights from the Three Rivers Headwaters Area. Ecological Economy, 11(2): 175-184

Lü Y H, Fu B J, Feng X M, *et al.* 2012. A Policy Driven Large Scale Ecological Restoration: Quantifying Ecosystem Services Changes in the Loess Plateau of China. PLoS ONE, 2(7): e31782

Millennium Ecosystem Assessment (MA). 2005. Ecosystems and Human Well-being: Synthesis. Washington: Island Press: 1-125

Nelson E, Mendoza G, Regetz J, *et al.* 2009. Modeling multiple ecosystem services, biodiversity conservation, commodity production, and tradeoffs at landscape scales. The Ecological Society of America, 7: 4-11

Nurkse R. 1996. Problems of capital formation in underdeveloped countries. Oxford: Oxford University Press

Odum H T. 1996. Environmental Accounting—EMERGY and Environmental Decision Making. Child Development, 42(4): 1187-201

Rosenstein-Rodan P N. 1943. Problems of Industrialisation of Eastern and South-Eastern Europe. The Economic Journal, 53(210-211): 202-211

Safer E B. Mocking the Age: The Later Novels of Philip Roth. MFS Modern Fiction Studies, 54(2): 438-441

Wilcox B P, Thurow T L. 2006. Emerging Issues in Rangeland Ecohydrology: Vegetation Change and the

Water Cycle. Rangeland Ecology & Management, 59(2): 220-224

Xiao X M, Hollinger D, Aber J, *et al*. 2004. Satellite-based modeling of gross primary production in an evergreen needleleaf forest. Remote Sensing of Environment, 89(4): 519-534

Yu B, Rosewell C J. 1996. A robust estimator of the R-factor for the universal soil loss equation. Transactions of the ASAE, 39(2): 559-561